无线移动互联技术

主　编　卢晓丽　丛佩丽　杨晓燕
副主编　闫永霞　田　川　吴　雷
参　编　李光宇　刘慧全

北京理工大学出版社
BEIJING INSTITUTE OF TECHNOLOGY PRESS

内 容 简 介

本书从培养读者动手能力的需求出发，通过通俗易懂的讲解，全面、系统地介绍了无线移动互联的相关技术及其实际应用。本书以任务驱动、项目导向等最新理念为基础，按照由简单到复杂、由单一到综合的模式对无线移动互联技术的内容进行编排，引入了无线个人局域网的组建、小型家庭无线局域网的组建、微企业无线局域网的组建、微企业无线局域网的安全配置、微企业无线局域网的管理与优化、微企业无线局域网的规划与设计等6个不同类型的无线网络项目作为本课程的学习情境，突破了以知识传授为主要特征的传统学科教材模式，转变为以工作任务为中心组织教材内容。

本书实用性和可操作性较强，可以作为计算机类专业学生的教材，也可以作为有关计算机网络知识培训的教材，还可以作为网络管理人员、网络工程技术人员和信息管理人员的参考教材，适合学生循序渐进地学习。

版权专有　侵权必究

图书在版编目（CIP）数据

无线移动互联技术／卢晓丽，丛佩丽，杨晓燕主编．一北京：北京理工大学出版社，2022.1（2022.4重印）
ISBN 978-7-5763-0925-6

Ⅰ.①无… Ⅱ.①卢… ②丛… ③杨… Ⅲ.①移动通信—无线网—互联网络 Ⅳ.①TN929.5

中国版本图书馆 CIP 数据核字（2022）第 023975 号

出版发行 / 北京理工大学出版社有限责任公司	
社　　址 / 北京市海淀区中关村南大街 5 号	
邮　　编 / 100081	
电　　话 /（010）68914775（总编室）	
（010）82562903（教材售后服务热线）	
（010）68944723（其他图书服务热线）	
网　　址 / http：//www.bitpress.com.cn	
经　　销 / 全国各地新华书店	
印　　刷 / 涿州市新华印刷有限公司	
开　　本 / 787 毫米 × 1092 毫米　1/16	
印　　张 / 16.25	责任编辑 / 王玲玲
字　　数 / 382 千字	文案编辑 / 王玲玲
版　　次 / 2022 年 1 月第 1 版　2022 年 4 月第 2 次印刷	责任校对 / 刘亚男
定　　价 / 49.80 元	责任印制 / 施胜娟

图书出现印装质量问题，请拨打售后服务热线，本社负责调换

前言

　　信息化是当今世界发展的主要趋势，已成为衡量一个国家的现代化程度和综合国力的重要指标。随着智能手持终端（智能手机、平板电脑等）和笔记本电脑的迅速普及，无线网络已经成为网络建设的重点工作。无线网络是移动终端最重要的网络接入方式。全球已经进入无线移动互联时代，国家正在大力投入无线网络建设，实现学校、医院、企业、机场、轨道交通等区域的全覆盖，这对无线网络提出了更高的要求，要求无线网络提供无处不在、高带宽、随处可用、大并发、超稳定的网络服务。本书紧密结合无线网络的发展方向，将无线网络基础知识与实际应用相结合，力求内容最新、涵盖面全、理论结合实际，注重学生综合能力的培养。

　　为适应新型工业化发展的需要，本书结合信息类专业的特点，使教学内容同企业工作岗位需求密切结合，形成了较为明显的、以就业为导向的职业教育特色；根据目前高职高专院校计算机类各专业的课程设置情况，构建工作过程系统化的课程体系，由企业专家确定典型的教学案例，并提出各种与工程实践相关的技能要求，将这些意见和建议融入课程教学，使教学环节和教学内容最大限度地与工程实践相结合。

　　本书在编写过程中，以培养学生的工程实践能力和创新意识为重点。围绕无线局域网的组建与维护项目案例对无线个人局域网、小型家庭无线局域网、微企业无线局域网的组建与安全配置、管理与优化、规划与设计提出工作任务要求，以锐捷网络股份有限公司的无线AP、无线AC、交换机、路由器、无线地勘软件等为载体，引入无线网络在展览中心、公司办公室等应用场景下的典型项目案例，按照"项目引领、任务驱动"的教学模式，侧重于应用，力求做到深入浅出、循序渐进、简明通俗。

　　本书内容通俗易懂，大量采用实例、图片，把工作原理图形化、操作步骤界面化，摒弃了传统教材理论性过强的缺点，在介绍实用性知识的同时，讲解必需的理论基础。针对职业岗位能力的要求，遵循学生职业能力培养规律，以案例教学、典型网络系统建设的工作过程为依据，整合、序化教学内容。注重基本知识与基本技术的紧密结合，力求通过网络实践反映无线移动互联技术知识的全貌。

　　本书是在总结了作者多年来的无线移动互联技术教学经验的基础上编写而成的，由辽宁机电职业技术学院卢晓丽、丛佩丽及宁夏职业技术学院杨晓燕担任主编，辽宁机电职业技术学院闫永霞、辽宁农业职业技术学院田川、锐捷网络股份有限公司吴雷担任副主编，辽宁工程职业学院李光宇、锐捷网络股份有限公司刘慧全担任参编。其中，第1、2、3章由卢晓丽编写，第4章由杨晓燕编写，第5、6章由丛佩丽编写，闫永霞、田川、吴雷、李光宇、刘慧全也参与了编写。全书由卢晓丽老师统阅定稿。

由于编写时间仓促，编者水平有限，书中难免存在疏漏和不足之处，欢迎广大读者提出宝贵的意见和建议。

编 者

目 录

第 1 章 无线个人局域网的组建 ... 1
1.1 项目背景 ... 1
1.2 项目需求分析 ... 2
1.3 项目相关知识 ... 2
1.3.1 无线网络的发展趋势 ... 2
1.3.2 无线网络的分类 ... 2
1.3.3 无线局域网的定义 ... 5
1.3.4 无线局域网的传输介质 ... 6
1.3.5 无线局域网标准与协议 ... 6
1.3.6 射频 ... 7
1.3.7 无线局域网的传输质量 ... 14
1.4 项目实践 ... 17
1.4.1 WiFi 信号分析仪的使用 ... 17
1.4.2 基于蓝牙技术的无线个人局域网 ... 19
1.4.3 基于红外线技术的无线个人局域网 ... 25
1.5 项目拓展 ... 30
1.5.1 理论拓展 ... 30
1.5.2 实践拓展 ... 30

第 2 章 小型家庭无线局域网的组建 ... 32
2.1 项目背景 ... 32
2.2 项目需求分析 ... 32
2.3 项目相关知识 ... 32
2.3.1 无线局域网传输信道 ... 32
2.3.2 无线局域网天线 ... 34
2.3.3 无线传输技术 ... 36
2.3.4 无线连接技术 ... 38
2.4 项目实践 ... 42

使用无线路由器组建家庭无线局域网 ·················· 42
　2.5　项目拓展 ·················· 44
　　2.5.1　理论拓展 ·················· 44
　　2.5.2　实践拓展 ·················· 44

第3章　微企业无线局域网的组建 ·················· 45
　3.1　项目背景 ·················· 45
　3.2　项目需求分析 ·················· 45
　3.3　项目相关知识 ·················· 45
　　3.3.1　无线网络设备 ·················· 45
　　3.3.2　无线局域网的组网模式 ·················· 48
　　3.3.3　CAPWAP 隧道 ·················· 54
　　3.3.4　无线控制器 AC 热备份 ·················· 60
　　3.3.5　无线控制器 AC 漫游 ·················· 62
　3.4　项目实践 ·················· 66
　　3.4.1　无线 AP 基础管理配置 ·················· 66
　　3.4.2　组建胖 AP 单 SSID 无线局域网 ·················· 73
　　3.4.3　微企业多部门无线局域网的组建 ·················· 77
　　3.4.4　无线 AC 基础管理配置 ·················· 82
　　3.4.5　企业智能无线局域网的部署 ·················· 89
　　3.4.6　微企业办公网双 AC 热备份无线局域网的组建 ·················· 92
　　3.4.7　微企业办公网双 AC 漫游无线局域网的组建 ·················· 98
　3.5　项目拓展 ·················· 100
　　3.5.1　理论拓展 ·················· 100
　　3.5.2　实践拓展 ·················· 101

第4章　微企业无线局域网的安全配置 ·················· 102
　4.1　项目背景 ·················· 102
　4.2　项目需求分析 ·················· 102
　4.3　项目相关知识 ·················· 102
　　4.3.1　无线局域网安全概述 ·················· 102
　　4.3.2　无线局域网的安全机制 ·················· 104
　　4.3.3　802.1X 协议 ·················· 108
　　4.3.4　无线局域网认证技术 ·················· 113
　　4.3.5　无线局域网加密技术 ·················· 116
　4.4　项目实践 ·················· 118
　　4.4.1　基于 802.1X 认证的企业无线局域网 ·················· 118
　　4.4.2　基于 MAC 认证的企业无线局域网 ·················· 127
　　4.4.3　基于 Web 认证的企业无线局域网 ·················· 135

4.4.4　基于 WEP 加密的企业无线局域网 …………………………………… 142
　　4.4.5　基于 WPAI 认证的企业无线局域网 …………………………………… 150
4.5　项目拓展 …………………………………………………………………………… 154
　　4.5.1　理论拓展 …………………………………………………………………… 154
　　4.5.2　实践拓展 …………………………………………………………………… 154

第 5 章　微企业无线局域网的管理与优化 …………………………………………… 155
5.1　项目背景 …………………………………………………………………………… 155
5.2　项目需求分析 ……………………………………………………………………… 155
5.3　项目相关知识 ……………………………………………………………………… 155
　　5.3.1　故障诊断与排除 …………………………………………………………… 155
　　5.3.2　无线网络优化流程 ………………………………………………………… 158
　　5.3.3　信道调整优化 ……………………………………………………………… 159
　　5.3.4　AP 功率调整优化 ………………………………………………………… 161
　　5.3.5　集中转发与本地转发 ……………………………………………………… 161
　　5.3.6　无线用户限速 ……………………………………………………………… 161
　　5.3.7　无线组播功能（IGMP） …………………………………………………… 162
　　5.3.8　隐藏 SSID ………………………………………………………………… 163
　　5.3.9　5G 优先接入 ……………………………………………………………… 165
5.4　项目实践 …………………………………………………………………………… 167
　　5.4.1　集中转发模式 ……………………………………………………………… 167
　　5.4.2　本地转发模式 ……………………………………………………………… 176
　　5.4.3　无线用户限速配置案例 …………………………………………………… 187
　　5.4.4　隐藏 SSID 配置案例 ……………………………………………………… 190
　　5.4.5　无线三层组播配置案例 …………………………………………………… 193
　　5.4.6　无线 5G 优先接入配置案例 ……………………………………………… 196
　　5.4.7　无线局域网的优化与测试 ………………………………………………… 198
5.5　项目拓展 …………………………………………………………………………… 204
　　5.5.1　理论拓展 …………………………………………………………………… 204
　　5.5.2　实践拓展 …………………………………………………………………… 204

第 6 章　微企业无线局域网的规划与设计 …………………………………………… 205
6.1　项目背景 …………………………………………………………………………… 205
6.2　项目需求分析 ……………………………………………………………………… 205
6.3　项目相关知识 ……………………………………………………………………… 205
　　6.3.1　无线地勘软件的使用 ……………………………………………………… 205
　　6.3.2　无线网络项目的规划与设计 ……………………………………………… 222
6.4　项目实践 …………………………………………………………………………… 227
　　6.4.1　展览中心无线网络的勘测与设计 ………………………………………… 227

6.4.2　公司办公室无线网络的勘测与设计 …………………………………………… 241
　6.5　项目拓展 ……………………………………………………………………………… 249
　　6.5.1　理论拓展 …………………………………………………………………………… 249
　　6.5.2　实践拓展 …………………………………………………………………………… 249

参考文献 …………………………………………………………………………………………… 250

第 1 章

无线个人局域网的组建

无线个人局域网（Wireless Personal Area Network，WPAN）是一种采用无线连接的个人局域网。WPAN 是以个人为中心来使用的无线个人区域网，是一种低功率、小范围、低速率和低价格组网技术。

1.1 项目背景

某公司的员工小李是网络爱好者，在他的家里不但有支持红外线的手机，还有支持红外线的笔记本电脑；在单位里办公只能用台式机的蓝牙功能。由于受单位网络环境的限制及家里计算机硬件环境的限制，小李无法实现在家中或公司都能上网的需求，所以小李利用现有的资源（红外线适配器、蓝牙适配器等）构建了 WPAN，从而满足了自己上网的需求。其构建的 WPAN 网络拓扑如图 1-1 所示。

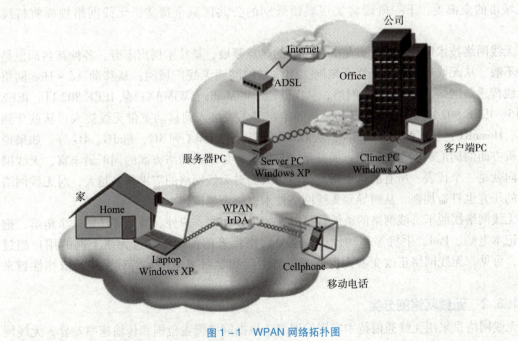

图 1-1　WPAN 网络拓扑图

无线移动互联技术

1.2 项目需求分析

　　无线个人局域网（WPAN）就是在个人周围空间形成的无线网络，现通常指覆盖范围在10 m半径以内的短距离无线网络，尤其是指能在便携式电子设备和通信设备之间进行短距离特别连接的自组织网。WPAN是一种与无线广域网（WWAN）、无线城域网（WMAN）、无线局域网（WLAN）并列但覆盖范围相对较小的无线网络。在网络构成上，WPAN位于整个网络链的末端，用于实现同一地点终端与终端间的连接，如连接手机和蓝牙耳机等。

　　WPAN是新兴的无线通信网络技术，其具有活动半径小、业务类型丰富、面向特定群体、无线的无缝连接等特性。WPAN能够有效地解决"最后的几米电缆"的问题，进而将无线联网进行到底。WPAN设备具有价格低廉、体积小、易操作和功耗低等优点，被用于诸如电话、计算机、附属设备及小范围（个域网的工作范围一般是在10 m以内）内的数字助理设备之间的通信。支持无线个人局域网的技术包括蓝牙、ZigBee、超频波段（UWB）、IrDA、HomeRF等，其中，蓝牙技术在无线个人局域网中使用最为广泛。每一项技术只有被用于特定的应用领域才能发挥最佳的作用。

1.3 项目相关知识

1.3.1 无线网络的发展趋势

　　国家"十三五"规划明确要求："加快构建高速、移动、安全、泛在的新一代信息基础设施，推进信息网络技术广泛运用，形成万物互联、人机交互、天地一体的网络空间"，"在城镇热点公共区域推广免费高速无线局域网（WLAN）接入"。目前，无线网络在机场、地铁、客运站等公共交通领域、医疗机构、教育园区、产业园区、商城等公共区域实现了重点城市的全覆盖，下一阶段将实现城镇级别的公共区域全覆盖，无线网络规模将持续增长。

　　无线网络技术最近几年一直是一个研究的热点领域，新技术层出不穷，各种新名词也是应接不暇，从无线局域网、无线个域网、无线城域网到无线广域网；从移动Ad-Hoc网络到无线传感器网络、无线Mesh网络；从WiFi到WiMedia、WiMAX；从IEEE 802.11、IEEE 802.15、IEEE 802.16到IEEE 802.20；从固定宽带无线接入到移动宽带无线接入；从蓝牙到红外、HomeRF；从UWB到ZigBee；从GSM、GPRS、CDMA到3G、超3G、4G等。如果说计算机方面的词汇最丰富，网络方面就是一个代表；如果说网络方面的词汇最丰富，无线网络方向就是一个代表。所有的这一切都是因为人们对无线网络的需求越来越大，对无线网络技术的研究也日益加强，从而导致无线网络技术也越来越成熟。

　　无线网络摆脱了有线网络的束缚，可以在家里、花园、户外、商城等任何一个角落，抱着笔记本电脑、Pad、手机等移动设备，享受网络带来的便捷。通过无线上网的用户超过90%，可见，无线网络正改变着人们的工作、生活和学习习惯，人们对无线的依赖性越来越强。

1.3.2 无线网络的分类

　　无线网络是采用无线通信技术实现的网络，根据网络覆盖范围和传输速率差异，无线网络大体可分为无线广域网、无线城域网、无线局域网和无线个域网。无线网络的传输距离与有线网络的一样，可以分为几种不同类型，如图1-2所示。

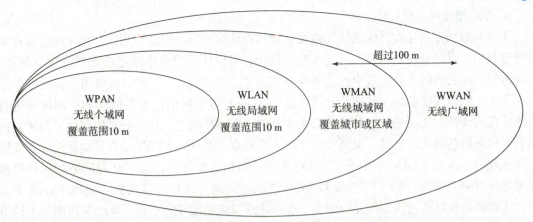

图 1-2 无线通信技术以范围分成四大类

1. 无线广域网（WWAN）

为了使用户通过远程公用网络或专用网络建立无线网络连接，这样就出现了 WWAN 技术，通过使用由无线服务提供商负责维护的若干天线基站或卫星系统，这些连接可以覆盖广大的地理区域，例如城市与城市之间、国家（地区）与国家（地区）之间。其目的是让分布较远的各局域网互连。它的结构分为末端系统（两端的用户集合）和通信系统（中间链路）两部分。目前的 WWAN 技术被称为第二代移动通信技术（2G）网络。代表技术有传统的 GSM 网络、GPRS 网络、3G 网络、4G LTE（Long Term Evolution）和正在实现的 5G 网络等类似系统。2G 网络主要包括移动通信全球系统（GSM）、蜂窝式数字分组数据（CDPD）和码分多址（CDMA）。由于系统容量、通信质量和数据传输速率的不断提高，第三代移动通信技术（3G）技术执行全球标准，并提供全球漫游功能。2019 年 1 月，中国电信、中国移动、中国联通的 4G LTE 移动网络基本完成升级，进入了 5G 时代。第五代移动通信技术（5th Generation Mobile Communication Technology，简称 5G）是具有高速率、低时延和大连接特点的新一代宽带移动通信技术，是实现人机物互联的网络基础设施。5G 作为一种新型移动通信网络，不仅要解决人与人之间的通信问题，为用户提供增强现实、虚拟现实、超高清（3D）视频等更加身临其境的极致业务体验，还要解决人与物、物与物之间的通信问题，满足移动医疗、车联网、智能家居、工业控制、环境监测等物联网应用需求。最终，5G 将渗透到经济社会的各行业各领域，成为支撑经济社会数字化、网络化、智能化转型的关键新型基础设施。

2. 无线城域网（WMAN）

WMAN 技术主要通过移动电话或车载装置进行移动数据通信，用户可以在城区的多个场所之间创建无线连接（例如，在城市之内或学校校园的多个楼宇之间），可覆盖城市中的大部分地区，而不必花费高昂的线缆铺设费用。此外，当有线网络的主要租赁线路不能使用时，WMAN 还可以作备用网络使用。WMAN 使用无线电波或红外光波传送数据。随着网络技术的发展，用户对宽带无线接入 Internet 网络的需求量日益增长。目前正在使用各种不同技术，例如多路多点分布服务（MMDS）和本地多点分布服务（LMDS），代表技术是 IEEE 802.20 标准，主要针对移动宽带无线接入（Mobile Broadband Wireless Access，MBWA）。该标准强调移动性（支持速度可高达 250 km/h），由 IEEE 802.16 宽带无线接入（Broadband Wireless Access，BWA）发展而来。另一个代表技术是 IEEE 802.16 标准体系，主要有 802.16.1、802.16.2 和 802.16.3 等。

3. 无线局域网（WLAN）

无线局域网是高速发展的现代无线通信技术在计算机网络中的应用，利用无线技术在空中传输数据、音频和视频信号。其覆盖范围较小，可以使用户在本地创建无线连接（例如，在校园里、在公司的办公大楼内或在如咖啡馆等某个公共场所）。WLAN 可用于临时办公室或其他无法铺设线缆的场所，或者用于增强现有的 LAN，使用户不受时间和空间限制进行工作。作为传统布线网络的一种替代方案或延伸，WLAN 把个人从办公桌边解放了出来，使他们可以随时随地获取信息，提高了员工的办公效率。此外，WLAN 还有其他优点，它能够方便地联网，因为 WLAN 可以便捷、迅速地接纳新加入的雇员，而不必对网络的用户管理配置进行过多的变动。WLAN 在有线网络布线困难的地方比较容易实施。使用 WLAN 方案时，不必再实施打孔铺线等作业，因而不会对建筑设施造成任何损害。WLAN 以两种不同方式运行，在基础结构 WLAN 中，无线站连接到无线接入点，后者在无线站与现有网络中枢之间起桥梁作用。在点对点（临时）WLAN 中，在有限区域（例如，会议室等）内的几个用户可以在不需要访问网络资源时建立临时网络，而无须使用接入点。

在技术标准方面，由于 WLAN 是基于计算机网络与无线通信技术，而在计算机网络结构中，逻辑链路控制（LLC）层及其之上的应用层对不同的物理层的要求可以是相同的，也可以是不同的。因此，WLAN 标准主要针对物理层和媒质访问控制层（MAC），涉及所使用的无线频率范围、空中接口通信协议等技术规范与技术标准。数据传输速率为 11～500 Mb/s（甚至更高）。无线连接距离为 50～100 m。1997 年，IEEE 批准了用于 WLAN 的 802.11 标准，其中指定的数据传输速度为 1～2 Mb/s。802.11b 正在发展成为新的主要标准，在该标准下，数据通过 2.4 GHz 的频段以 11 Mb/s 的最大速度进行传输。另一个更新的标准是 802.11a，它指定数据通过 5 GHz 频段以 54 Mb/s 的最大速度进行传输。

4. 无线个域网（WPAN）

WPAN 技术通常指近距离范围内的设备建立无线连接，其是为了实现活动半径小、业务类型丰富、面向特定群体、无线无缝连接而提出的新兴无线通信网络技术。WPAN 能够有效地解决"最后的几米电缆"的问题，进而将无线联网进行到底。在网络构成上，WPAN 位于整个网络链的末端，用于实现同一地点终端与终端间的连接，如连接手机和蓝牙耳机等。WPAN 所覆盖的范围一般在 10 m 半径以内，必须运行于许可的无线频段。WPAN 使用户能够为个人操作空间（POS）设备（如 PDA、移动电话和笔记本电脑等）创建临时无线通信。POS 指的是以个人为中心，最大距离为 10 m 的一个空间范围。目前，两个主要的 WPAN 技术是蓝牙技术和红外线。蓝牙技术是一种电缆替代技术，可以在 10 m 以内使用无线电波传送数据。蓝牙传输的数据可以穿过墙壁、口袋和公文包进行传输。"蓝牙技术特别兴趣小组（SIG）"推动着蓝牙技术的发展，于 1999 年发布了 Bluetooth 版本 1.0 规范。作为替代方案，要近距离（1 m 以内）连接设备，用户还可以创建红外连接。为了规范 WPAN 技术的发展，1998 年，IEEE 802.15 工作组成立，专门从事 WPAN 标准化工作。该工作组正在发展基于 Bluetooth 版本 1.0 规范的 WPAN 标准。该标准草案的主要目标是低复杂性、低能耗、交互性强并且能与 802.11 网络共存。

WPAN 被定位于短距离无线通信技术，但根据不同的应用场合，又分为高速 WPAN（HR - WPAN）和低速 WPAN（LR - WPAN）两种。

(1) 高速 WPAN（HR - WPAN）

发展高速 WPAN 是为了连接下一代便携式电子设备和通信设备，支持各种高速率的多媒体应用，包括高质量声像、音乐和图像传输等。其可以提供 20 Mb/s 以上的数据速率及服务质量（QoS）功能来优化传输带宽。

（2）低速 WPAN（LR-WPAN）

在人们的日常生活中，并不是都需要高速应用，所以发展低速 WPAN 更为重要。例如，在家庭、工厂与仓库自动化控制、安全监视、保健监视、环境监视、军事行动、消防队员操作指挥、货单自动更新、库存实时跟踪及游戏和互动式玩具等方面，都可以开展许多低速应用，有些低速 WPAN 甚至能够挽救我们的生命。例如，当你忘记关掉煤气炉或者睡前忘记锁门的时候，有了低速 WPAN，就可以使你获救或免于财产损失。

1.3.3　无线局域网的定义

随着 Internet 的飞速发展，通信网络从传统的布线网络发展到了无线网络，作为无线网络之一的无线局域网（Wireless Local Area Network，WLAN），满足了人们实现移动办公的梦想，为我们创造了一个丰富多彩的自由天空。

WLAN 技术由于其能够提供除了传统 LAN 技术的全部特点和优势外，在移动性上也带来巨大的便利性，因此迅速获得使用者的青睐。特别是在当前 WLAN 设备的价格进一步降低，同时其速度进一步提高达到 1 000 Mb/s 后，WLAN 技术在各行各业及家庭中得到了广泛的应用。

无线局域网是计算机网络与无线通信技术相结合的产物。所谓无线局域网，指允许用户使用红外线技术及射频技术建立远距离或近距离的无线连接，实现网络资源的共享。不需要铺设线缆，安装简单、使用灵活、易于扩展，能够实现现代人"随时保持网络连接"的状态，如企业经理在会议室临时开会，需要联网；员工在外地出差，需要接收邮件；乘客在车上在连接到 Internet 的高清电视上观看流媒体电影，这些功能是有线网络无法实现的。

无线网络与有线网络的用途十分类似，其两者最大的差别在于传输媒介的不同，利用无线电技术取代网线，可以和有线网络互为备份。无线局域网特点如下：

①灵活性和移动性。在有线网络中，网络设备的安放位置受网络位置的限制，而无线局域网在无线信号覆盖区域内的任何一个位置都可以接入网络。无线局域网另一个最大的优点在于其移动性，连接到无线局域网的用户可以移动且能同时与网络保持连接。

②安装便捷。无线局域网可以免去或最大限度地减少网络布线的工作量，一般只要安装一个或多个接入点设备，就可建立覆盖整个区域的局域网络。

③易于进行网络规划和调整。对于有线网络来说，办公地点或网络拓扑的改变通常意味着重新建网。重新布线是一个昂贵、费时、浪费资金和琐碎的过程，无线局域网可以避免或减少以上情况的发生。

④故障定位容易。有线网络一旦出现物理故障，尤其是由于线路连接不良而造成的网络中断，往往很难查明，而且检修线路需要付出很大的代价。无线网络则很容易定位故障，只需更换故障设备即可恢复网络连接。

⑤易于扩展。无线局域网有多种配置方式，可以很快从只有几个用户的小型局域网扩展到上千用户的大型网络，并且能够提供节点间"漫游"等有线网络无法实现的特性。由于无线局域网有以上诸多优点，因此其发展十分迅速。最近几年，无线局域网已经在企业、医院、商店、工厂和学校等场合得到了广泛的应用。

无线局域网在能够给网络用户带来便捷和实用的同时，也存在着一些缺陷。无线局域网的不足之处体现在以下几个方面：

①性能。无线局域网是依靠无线电波进行传输的。这些电波通过无线发射装置进行发射，而建筑物、车辆、树木和其他障碍物都可能阻碍电磁波的传输，所以会影响网络的性能。

②速率。无线信道的传输速率与有线信道相比要低得多。无线局域网的最大传输速率为 1 Gb/s，只适用于个人终端和小规模网络应用。

③安全性。本质上无线电波不要求建立物理的连接通道，无线信号是发散的。从理论上讲，很容易监听到无线电波广播范围内的任何信号，造成通信信息泄露。

1.3.4 无线局域网的传输介质

无线传输介质利用空间中传播的电磁波传送数据信号。无线局域网常用的传输技术包括扩频技术和红外技术。扩频技术的主要工作原理是在比正常频带宽的频带上扩展信号，目的是提高系统的抗干扰能力和可用性。红外传输技术通常采用散射方式，发送方和接收方不必互相对准，也不需要清楚地看到对方。

无线传输介质是一种人的肉眼看不到的传输介质，它不需要铺设线缆，不受结点布局的限制，既能适应固定网络结点的接入，也能适应移动网络结点的接入，具有安装简单、使用灵活、易于扩展的特点。

但是，与有线介质中的传输信息相比，无线介质中的传输信息的出错率要高，因为空间中的电磁波不但在穿过墙壁、家具等物体时强度有所减弱，而且容易受到同一频段其他信号源的干扰。

随着无线局域网技术的广泛应用和普及，用户对数据传输速率的要求越来越高。但是在室内这个较为复杂的电磁环境中，多径效应、频率选择性衰落和其他干扰源的存在使得实现无线信道中的高速数据传输比实现有线信道中的更加困难，WLAN 需要采用合适的调制技术。

扩频通信技术是一种信息传输方式，其信号所占用的频带宽度远大于所传信息必需的最小带宽。频带的扩展是通过一个独立的码序列来完成的，用编码及调制的方法来实现，与所传信息数据无关。在接收端则用同样的码进行相关同步接收、解扩及恢复所传信息数据。

1.3.5 无线局域网标准与协议

1997 年，IEEE 发布了 802.11 协议，这也是无线局域网领域内第一个被国际认可的协议。该标准定义了物理层和媒体访问控制（MAC）协议的规范，允许无线局域网及无线设备制造商在一定范围内建立互操作网络设备。

1999 年 9 月，IEEE 又提出了 802.11b "High Rate" 协议，用来对 802.11 协议进行补充，802.11b 在 802.11 的 1 Mb/s 和 2 Mb/s 速率基础上又增加了 5.5 Mb/s 和 11 Mb/s 两个新的网络吞吐速率。利用 802.11b，移动用户能够获得同以太网一样的性能、网络吞吐率、可用性。这个基于标准的技术使得管理员可以根据环境选择合适的局域网技术来构造自己的网络，满足他们的商业用户和其他用户的需求。802.11 协议主要工作在 OSI 七层模型的最低两层上，并在物理层上进行了一些改动，加入了高速数字传输的特性和连接的稳定性。

1. IEEE 802.11a

IEEE 802.11a 采用 OFDM 调制技术并使用 5 GHz 频段。802.11a 设备的运行频段是 5 GHz，由于使用 5 GHz 频段的电器较少，因此与运行频段为 2.4 GHz 的设备相比，802.11a 设备出现干扰的可能性更小。此外，由于频率更高，因此所需的天线也更短。

然而，使用 5 GHz 频段也有一些严重的弊端。首先，无线电波的频率越高，也就越容易被障碍物（例如墙壁）所吸收，因此，在障碍物较多时，802.11a 很容易出现性能不佳的问题。其次，这么高的频段，其覆盖范围会略小于 802.11b 或 802.11g。此外，包括俄罗斯在内的部分国家禁止使用 5 GHz 频段，这也导致 802.11a 的应用受到限制。

使用 2.4 GHz 频段也有一些优势。与 5 GHz 频段的设备相比，2.4 GHz 频段的设备的覆盖范围更广。此外，此频段发射的信号不像 802.11a 那样容易受到阻碍。然而，使用 2.4 GHz 频段有一个严重的弊端：许多电器都使用 2.4 GHz 频段，从而导致 802.11b 和 802.11g 设备容易相互干扰。

2. IEEE 802.11b

IEEE 802.11b 是最基本、应用最早的无线局域网标准，它支持的最大数据传输速率为 11 Mb/s，基本上能够满足办公用户的需要，因此得到了广泛的应用。802.11b 使用 DSSS，其指定的数据传输速率为 1 Mb/s、2 Mb/s、5.5 Mb/s 和 11 Mb/s（2.4 GHz ISM 频段）。

3. IEEE 802.11g

IEEE 802.11g 支持的最大数据传输速率为 54 Mb/s。802.11g 可通过使用 OFDM 调制技术在该频段上实现更高的数据传输速率。为向后兼容 IEEE 802.11b 系统，IEEE 802.11g 也规定了 DSSS 的使用。其支持的 DSSS 数据传输速率为 1 Mb/s、2 Mb/s、5.5 Mb/s 和 11 Mb/s，而 OFDM 数据传输速率为 6 Mb/s、9 Mb/s、12 Mb/s、18 Mb/s、24 Mb/s、48 Mb/s 和 54 Mb/s。

4. IEEE 802.11n

IEEE 802.11n 草案标准旨在不增加功率或 RF 频段分配的前提下提高 WLAN 的数据传输速率并扩大其覆盖范围。802.11n 在终端使用多个无线电发射装置和天线，每个装置都以相同的频率广播，从而建立多个信号流。多路输入/多路输出（MIMO）技术可以将一个高速数据流分割为多个低速数据流，并通过现有的无线电发射装置和天线同时广播这些低速数据流。这样，使用两个数据流时的理论最大数据传输速率可达 248 Mb/s。

通常根据数据传输速率来选择使用何种 WLAN 标准。例如，802.11a 和 802.11g 至多支持 54 Mb/s，而 802.11b 至多支持 11 Mb/s，这让 802.11b 成为"慢速"标准，而 802.11a 和 802.11g 则成为首选标准。

5. IEEE 802.11ac

IEEE 802.11ac 是 802.11 家族的一项无线网上标准，由 IEEE 标准协会制定，通过 5 GHz 频带提供高通量的无线局域网（WLAN），俗称 5G WiFi（5th Generation of WiFi）。理论上它能够提供最少 1 Gb/s 带宽进行多站式无线局域网通信，或是最少 500 Mb/s 的单一连线传输带宽。2008 年年底，IEEE 802 标准组织成立新小组，目的是创建新标准来改善 802.11—2007 标准。包括创建提高无线传输速率的标准，使无线网上能够提供与有线网上相当的传输性能。

802.11ac 是 802.11n 的继承者。在 802.11ac 中，信道宽度提升到了 80 MHz（11n 中的信道宽度为 20 MHz），在 Wave 2 阶段，信道宽度将进一步提升至 160 MHz。802.11ac 在 Wave 1 阶段支持 4 个空间流，在 Wave 2 阶段，这一数量将增加至 8 个。与 11n 的 64 QAM 相比，802.11ac 有更高的密度调制方案，达到了 256 QAM。在 Wave 2 阶段中，802.11ac 将采用具有发射波束成形功能的多用户 MIMO 技术。

1.3.6 射频

1. 射频的定义

射频（Radio Frequency, RF），其实就是射频电流，它是一种高频交流变化电磁波的简称。它采用的是一种扩展窄带信号频谱的数字编码技术,通过编码运算增加了发送比特的数量,扩大使用的带宽,使带宽上信号的功率谱密度降低,从而大大提高了系统抗电磁干扰、抗串话干扰的能力,使无线数据传输更加可靠,所以 RF 射频技术在无线通信领域具有广泛而不可替代的作用。

在射频(RF)通信中,一台设备发送振动信号,并由一台或多台设备接收,这种振动信号基于一个常数,被称为频率。发送方使用固定的频率,接收方可以调整到相同的频率,以便接收该信号。

下面以简单的例子进行说明。假设无线工作站使用的天线非常小,并且在所有方向均匀地发送或接收 RF 信号,如图 1-3(a)所示,其中的每个弧表示发射器生成的无线电波的一部分。每个弧实际上是一个球,因为无线电波是在三维空间移动的。这也可以显示为表示 RF 信号的振动波,如图 1-3(b)所示。虽然该示意图从技术上来说不正确,但这里旨在说明 RF 信号是如何在两台设备之间传输的。

用于类似功能的频率范围称为波段,例如,调幅无线波频率范围为 550~170 MHz。通常情况下无线局域网通信使用的是 2.4 GHz 的波段,而其他无线局域网使用的波段为 5 GHz。在这里,波段是使用大概的频率表示的,2.4 GHz 实际上表示的是频率范围 2.412~2.484 GHz;而 5 GHz 实际上指的是频率范围 5.150~5.825 GHz。

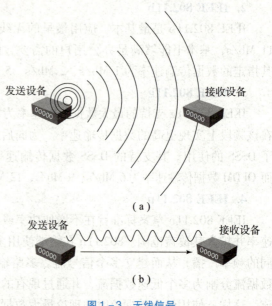

图 1-3 无线信号

无线工作站发送的信号被称为载波信号。载波信号只是一种频率固定的稳定信号。载波信号本身不包含任何音频、视频或数据,因为它是用于承载其他东西的。要发送其他信息,发射器必须对载波信号进行调制,以独特的方式插入信息(对其进行编码),接收站必须进行相反的处理,对信号进行解调,以恢复原始信息。

有些调制技术很简单,比如调幅(AM)广播采用调幅技术,即根据音频信息改变载波信号的强度;FM 广播采用调频技术,即音频的高低导致载波信号的频率发生变化;WLAN 使用的调制技术要复杂得多,因为它们的数据传输速率比音频信号高得多。WLAN 调制的理念是在无线信号中封装尽可能多的数据,并尽可能减少由于干扰或噪声而丢失的数据量。这是因为数据丢失后必须重传,从而占用更多的无线资源。

发送方和接收方载波的频率是固定的,并在特殊规定的范围内变化,这个范围就是信道(channel)。信道通常用数字或索引(而不是频率)表示。WLAN 信道是由当前使用的 802.11 标准决定的。图 1-4 所示为载波频率(中间频率)、调制、信道和波段之间的关系。

无线信道是无线通信的传输媒质,其是以无线信号作为传输媒体的数据信号传送通道的。

2. 射频的特征

RF 信号以电磁波的方式通过空气传播。在理论上,信号到达接收方时,与发送方发送

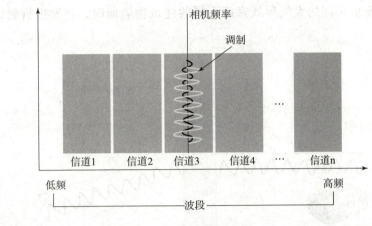

图1-4 RF信号

的相同,而实际上并非总是如此。RF信号从发送方传输到接收方时,将受其遇到的物体和材质的影响。无线信号最基本的四种传播机制为直射、反射、绕射和散射。

- 直射:即无线信号在自由空间中的传播。
- 反射:当电磁波遇到比波长大得多的物体时,发生反射。反射一般在地球表面及建筑物、墙壁表面发生。
- 绕射:当接收机和发射机之间的无线路径被尖锐的物体边缘阻挡时,发生绕射。
- 散射:当无线路径中存在小于波长的物体并且单位体积内这种障碍物体的数量较多时,发生散射。散射发生在粗糙表面、小物体或其他不规则物体上,一般树叶、灯柱等会引起散射。

(1) 反射

无线信号以电波的方式在空气中传播时,如果遇到密集的反射材质,将发生反射。图1-5所示为RF信号的反射,室内的物体,如金属家具、文件柜和金属门等可能导致反射,室外的无线信号在遇到水面或大气层时可能发生反射。

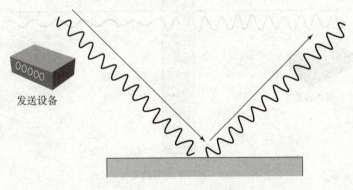

图1-5 RF信号的反射

(2) 折射

在两种密度不同介质的边界上,RF信号可能发生折射。反射是遇到表面后弹回来,而折射是在穿过表面时发生弯曲。折射信号的角度与原始信号不同,传播速度也可能降低。

例如，信号穿过密度不同的大气层或密度不同的建筑物墙面时，将发生折射，如图 1-6 所示。

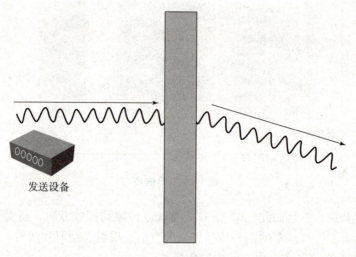

图 1-6　RF 信号的折射

（3）吸收

RF 信号进入能够吸收其能量的物质时，信号将衰减。材质的密度越大，信号的衰减越严重。图 1-7 说明了吸收对信号的影响，过低的信号强度将影响接收方。最常见的吸收情形是无线信号穿过水分，水分可能包含在无线传输路径中的树叶或无线设备附近的人体中。

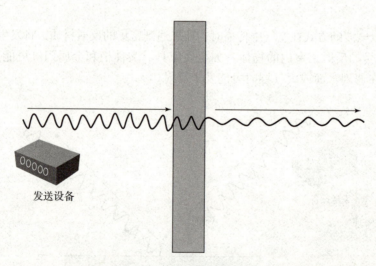

图 1-7　RF 信号的吸收

（4）散射

RF 信号遇到粗糙、不均匀的材质或由非常小的颗粒组成的材质时，可能向很多不同的方向散射，这是因为材质中不规则的细微表面将反射信号，如图 1-8 所示。无线信号穿过充满灰尘或砂粒的环境时将发生散射。

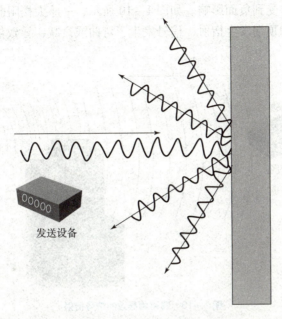

图1-8　RF信号的散射

(5) 衍射

RF信号如果遇到其不能穿过的物体或能够吸收其能量的物体,可能将出现一个阴影(其中没有信号)。如果形成这样的阴影,将导致RF信号有不能覆盖的区域。然而,在RF信号传播中,信号通常会绕过物体,最终组合成完全的电波。

图1-9说明了无线电不透明物体(阻断或吸收RF信号的物体)将导致RF信号发生衍射。衍射生成的是同心波而不是振动信号,因此将影响实际电波。在该图中,衍射导致信号能够绕过吸收它的物体,并完成自我修复。这种特殊性使得在发送方和接收方之间有建筑物时,仍然能够接收到信号,然而,信号不再与原来的相同,它因为衍射而失真。

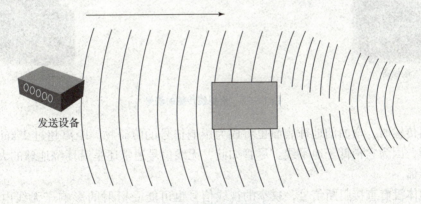

图1-9　RF信号的衍射

(6) 菲涅耳区

如果物体是悬空的,平行于地面传播的RF信号将绕物体的上、下两端发生衍射,因此信号通常能够覆盖物体的"阴影"。然而,如果非悬空物体(如建筑物或山脉)阻断了信号,在垂直方向信号将受到负面影响。如图1-10所示,一座大楼阻断了信号的部分传输路径。由于沿大楼前端和顶端发生衍射,信号发生了弯曲或衰减,导致信号无法覆盖大楼后面的大部分区域。

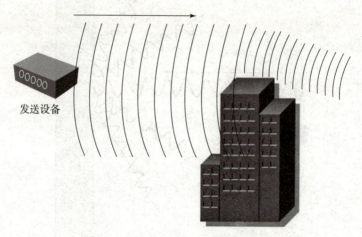

图1-10 障碍物导致的信号衍射

在狭窄的视线（line-of-sight）无线传输中,必须考虑到这种衍射,这种信号不沿所有方向传输,而是聚焦成束,如图1-11所示。要形成视线路径,在发送方和接收方的天线之间,信号不能受任何障碍物的影响。在大楼或城市之间的路径中,通常有其他大楼、树木或其他可能阻断信号的物体,在这种情况下,必须升高天线,使其高于障碍物,以获得没有障碍的路径。

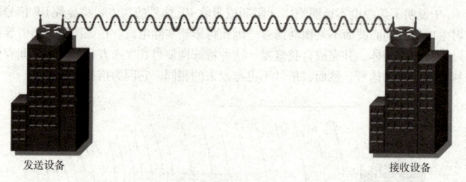

图1-11 沿视线传输的信号

远距离传输时,弯曲的地球表面也将成为影响信号的障碍物,距离超过2 km时,将无法看到远端,因为它稍低于地平线。尽管如此,无线信号通常还是沿环绕地球的大气层以相同的曲度传播。

即使物体没有直接阻断信号,狭窄的视线信号也可能受衍射的影响。无线电波波束的菲涅耳区是一个直接环绕在可见视线通路周围的椭球区域,这个区域被称为菲涅耳区,如图1-12所示,在椭球内也不能有障碍,如果菲涅耳区内有物体,部分RF信号可能发生衍射,这部分信号将弯曲,导致延迟或改变,进而影响接收方收到的信号。在传输路径的任何位置,都可以计算出菲涅耳区半径R_1。在实践中,物体必须离菲涅耳区的下边缘一定的距离,有些资料建议为半径的60%,其他资料则建议为50%。

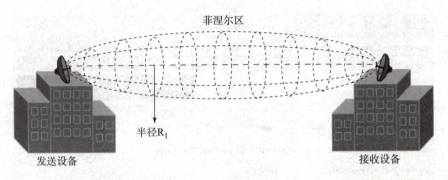

图1-12 菲涅耳区

如图1-13所示,在信号的传输路径中有一座大楼,但没有阻断信号束,但是它却位于菲涅耳区内,因此信号将受到影响。

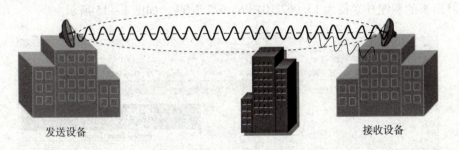

图1-13 菲涅耳区的障碍物导致信号降低

通常,应该增加视线系统的高度,使菲涅耳区的下边缘也比所有障碍物高。注意,传输路径非常长,弯曲的地球表面也将进入菲涅耳区并影响信号的传播,可以使用一个复杂的公司来计算菲涅耳区的半径。然而,我们只需要知道存在菲涅耳区,并且其中不能有任何障碍物。表1-1列出了使用频段2.4 GHz时,无线传输路径中点处的菲涅耳区半径值。

表1-1 菲涅耳区半径值

传输距离/mile①	路径中点处的菲涅耳区的半径
0.5	16
1.0	23
2.0	33
5.0	52
10.0	72

firstmilewireless网站提供了一个计算菲涅耳区半径的计算器,可以登录到网站计算菲涅耳区半径值。如果视线距离为1 mile,传输距离也为1 mile,单击"Submit"按钮进行计算即可,如图1-14所示。

① 1 mile = 1.609 km。

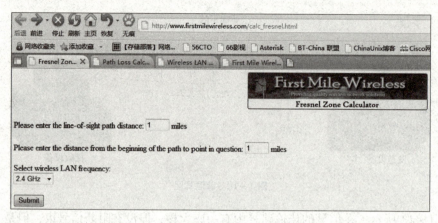

图 1-14 菲涅耳区半径计算器

计算出来的菲涅耳半径为 13.962 104 963 077 7 ft[①]，如图 1-15 所示。

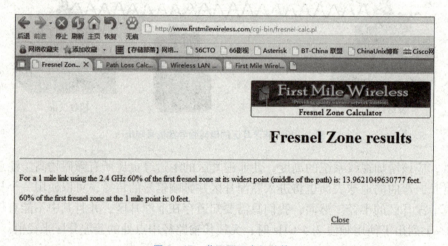

图 1-15 菲涅耳区半径计算

1.3.7 无线局域网的传输质量

无线电发射机输出的射频信号通过馈线（电缆）输送到天线，由天线以电磁波形式辐射出去。电磁波到达接收点后，由天线接收（仅接收很少一部分功率），并通过馈线送到无线电接收机。因此，在无线网络工程中，计算发射装置的发射功率与天线的辐射能力非常重要。

1. 信号强度

可以使用单位瓦（W）或毫瓦（mW）的功率或能量来度量 RF 信号的强度。表 1-2 列出了各种信号源的典型输出功率。

---

① 1 ft = 0.304 8 m。

表 1-2 典型 RF 的输出功率

信号源	输出功率
短波广播站	500 000 W
AM 广播站	50 000 W
微波炉（2.4 GHz）	600 ~ 1 000 W
手机	200 mW
无线局域网 AP（2.4 GHz）	1 ~ 200 mW

RF 的功率取值范围非常大，这使得计算起来非常困难，分贝（dB）是一种灵活的表示功率的方式，因为 dB 度量的是实际功率和参考功率的比例，又因为 dB 是对数，能够以线性方式表示更大范围的值。

在计算以 dB 为单位的功率比例时，可以使用下列公式：

$$dB = 10\lg\left(\frac{P_{\text{sig}}}{P_{\text{ref}}}\right)$$

（1）信号的衰减

RF 信号离开发射器后，将受到外部因素的影响而降低强度，这被称为信号衰减。导致信号衰减的因素如下：

- 发射器和天线之间的电缆衰减。
- 信号在空气中传输时的自由空间衰减。
- 外界的障碍物。
- 外部的噪声或干扰。
- 接收器和天线之间的电缆衰减。

信号从发射器传送到接收器的过程中，会遇到各种情况，衰减将不断累积，导致信号质量下降。

在任何环境中，自由衰减都很大，RF 信号的功率与传输距离的平方呈反比，这意味着随着接收器远离发射器，接收的信号强度将急剧降低。

接收器可能离发射器太远，无法接收到能够识别的信号，也可能它们之间有很多吸收或扭曲信号的物体。例如，即使是普通的建筑材料，如干饰面内墙、砖墙或水泥墙、木质或金属门、门框或窗户，也会导致信号衰减。因此，必须在实际环境中使用 WLAN 信号进行现场勘察。

（2）信号增益

在传输路径中，RF 信号也可能受增加其强度的因素的影响，信号增益是由下列因素导致的：

- 发送方的天线增益。
- 接收方的天线增益。

天线本身并不能提高信号的功率，其增益是指天线接收 RF 信号及将沿特殊的特定方向发射出去的能力。

天线增益通常使用单位 dBi，其计算方法与 dBm 相同，唯一的差别是，参考功率为各项同性天线发射的信号功率。dBi 值越大,表示天线增益越高,效果越好。但效果的提升也是相对的,高到一定程度,不仅提升有限,而且价格不菲,还极有可能引起其他的问题。

(3) 功率与增益之间的转换

Tx 是发射(Transmits)的简称,无线电波的发射功率是指在给定频段范围内的能量,通常有以下两种衡量或测量标准:

功率(W):相对 1 W 的线性水准。例如,WiFi 无线网卡的发射功率通常为 0.036 W 或 36 mW。

增益(dBm):相对 1 mW 的比例水准。例如,WiFi 无线网卡的发射增益为 15.56 dBm。

两种表达方式可以互换:

$$dBm = 10lg[功率 mW]$$
$$mW = 10[增益 dBm/10 dBm]$$

在无线系统中,无线被用来把电流转换成电磁波,在转换过程中,还可以对发射和接收的信号进行放大,这种能量放大的度量称为"增益(Gain)"。天线增益的度量单位为"dBi"。由于无线系统中的电磁波能量是由发射设备的发射能量和天线的放大叠加作用产生的,因此,度量发射能量最好使用统一度量,即增益(dBm)。例如,发射设备的功率为 100 mW 或 20 dBm,天线的增益为 10 dBi,则

$$发射总能量 = 发射功率 + 天线增益 = 20 dB + 10 dB = 30 dB$$

(4) 无线路径的性能

经常会在 AP 上看到其发射功率标称,这通常指的是发射器的输出功率,没有考虑天线和电缆的影响。实际发射的信号的功率取决于使用的天线类型和天线电缆的长度。

在设计完整的无线系统时,不能仅考虑发射器或 AP 的功率,还需要考虑整个无线链路中将导致增益或衰减的每个组件。

为确定路径性能或总体增益,最简单的方法是将所有的增益或衰减 dB 值相加。可以参考下面的公式:

系统增益 = 发射功率(dBm)+ 发射天线的增益(dBi)+ 接收天线的增益(dBi)- 发射端的电缆衰减(dB)- 接收端的电缆衰减(dB)- 接收器的灵敏度(dB)

注意,这里将接收器的灵敏度视为衰减,因此将其减去。接收器的灵敏度指的是可用信号的最低功率,因此必须减去它,以得到最终的增益。

天线链路的最大长度取决于整体路径性能。当总路径衰减等于或大于总路径增益时,接收器将无法收到信号。

(5) 接收信号的灵敏度

Rx 是接收(Receive)的简称,无线电波的传输是"有去无回"的,当接收端的信号能量小于标称的接收灵敏度时,接收端将不会接收任何数据,也就是说,接收灵敏度是接收端能够接收信号的最小门限值。接收灵敏度仍用 dBm 表示,通常 WiFi 无线网络设备所标识的接收灵敏度(如 -83 dBm),是指在 11 Mb/s 的速率下,误码率(Bit Error Rate)为 10^{-5}(99.999%)的灵敏度水平。

802.11b/g 要求的接收灵敏度见表 1-3。

表 1-3 接收灵敏度

调制方式	OFDM	OFDM	OFDM	OFDM	OFDM	OFDM	OFDM	OFDM
传输速率/(Mb·s^{-1})	54	48	36	24	11	5.5	2	1
接收灵敏度/dBm (BER = 10^{-5})	-68	-69	-75	-79	-83	-87	-91	-94

无线网络的接收灵敏度非常重要,例如,发射端的发射功率为 100 mW 或 20 dBm 时,如果 11 Mb/s 速率下接收灵敏度为 -83 dBm,那么理论上传输的无遮挡视距为 15 km,而接收灵敏度为 -77 dBm 时,理论上传输的无遮挡视距仅为 15 km 的一半 (7.5 km),或者相当于发射端能量减少了 1/4,即相当于 25 mW 或 14 dBm。因此,在无线网络系统中提高接收端的接收灵敏度,相当于提高发射端的发射能量。从表 1-3 中可以看出,802.11b/g 对不同的速率要求不同的接收灵敏度,这意味着接收端的信号强度越小,则速率越低,直至无法接收。由此可见,在无线网络系统中,提高接收端的接收灵敏度与提高发送端的发射功率同等重要。

1.4 项目实践

1.4.1 WiFi 信号分析仪的使用

1. 工作任务

安装 WiFi 分析仪手机客户端对身边的无线网络进行测试,了解身边无线网络的情况,对无线信号的以下内容进行分析:

① 无线信号搜索。

② 信道占用情况。

③ 无线信号详细信息,包括信号强度、信道、速率等。

④ 信号强度的判断方法。

2. 需求分析

① 工程师小王给自己的安卓手机安装 WiFi 信号分析仪。

② 使用 WiFi 信号分析仪检测无线信号使用情况。

③ 使用 WiFi 信号分析仪查看已连接无线信号的强度及信道规划情况。

3. 任务实施

工程师小王打开 WiFi 信号分析仪手机客户端,2.4 GHz WiFi 信道和信号强度如图 1-16 所示,5 GHz WiFi 信道和信号强度如图 1-17 所示。使用 WiFi 信号分析仪检测无线信号使用情况,如图 1-18 所示,具体见表 1-4。

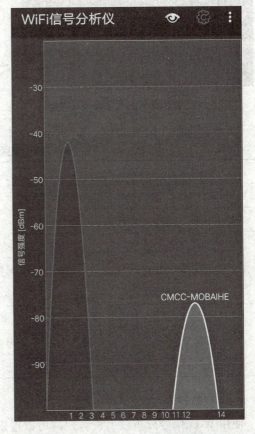

图 1-16 2.4 GHz WiFi 信道和信号强度

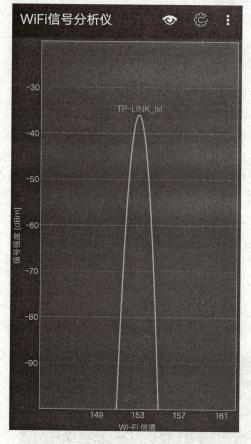

图1-17 5 GHz WiFi 信道和信号强度

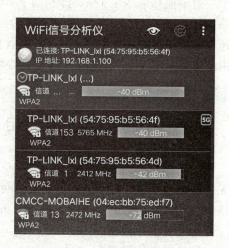

图1-18 WiFi 信号分析仪

表1-4 无线信号使用情况

WiFi 热点名称		TP_LINK_lxl
本机 MAC 地址		54:75:95:b5:56:4f
本机 IP 地址		192.168.1.100
信道（2.4 GHz）	信道号	1
	信号强度/dBm	-72
	速率/MHz	2 412
信道（5 GHz）	信道号	153
	信号强度/dBm	-40
	速率/MHz	5 765

4. 项目验证

使用 WiFi 信号分析仪手机客户端可以搜索无线信号，查看 WiFi 信道占用情况，查看无线信号详细信息（包括信号强度、信道、速率等）。

1.4.2 基于蓝牙技术的无线个人局域网

1. 工作任务

小王和小李是邻居，两人都使用台式机，都有蓝牙适配器。小王申请了家庭宽带访问互联网，小李为了节省费用，想使用蓝牙通过小王的电脑访问互联网，于是需要构建一个 WPAN 网络来实现。

2. 网络拓扑

网络拓扑如图 1-19 所示，需要 1 台服务器、1 台客户机、2 块 USB 蓝牙适配器。

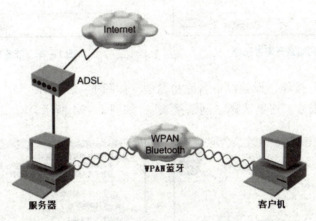

图 1-19 基于蓝牙技术的无线个人局域网拓扑图

3. 任务实施

第一步：准备工作。

需要 2 个蓝牙适配器。市场上的蓝牙适配器品种多样，一定要选择带有 WIDCOMM 的驱动程序，用来设置服务器。

第二步：安装服务器 WIDCOMM 的驱动程序。

把驱动准备好，将买蓝牙时附带的驱动盘放入光驱，开始安装。放入光盘到光驱后，一般会自动运行安装程序，如果没有运行，则自行运行安装程序，如图 1-20 所示。

图 1-20 安装蓝牙驱动

第三步：设置 Bluetooth。

右击系统托盘外蓝牙图标，选择"启动蓝牙设备"，弹出"初始 Bluetooth 配置向导"对话框，如图 1-21 和图 1-22 所示。

图 1-21 初始蓝牙配置向导

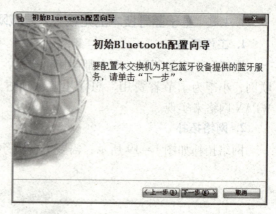

图 1-22 配置蓝牙设备

单击"下一步"按钮,设置设备名称和类型,如图 1-23 所示。
设置服务器的服务,这里选择"网络接入",如图 1-24 所示。

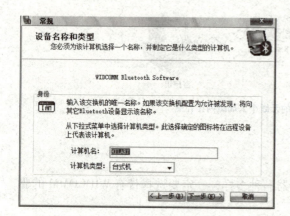

图 1-23 蓝牙设备名称和类型

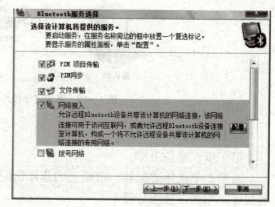

图 1-24 蓝牙服务选择

单击"配置"按钮,弹出如图 1-25 所示对话框。

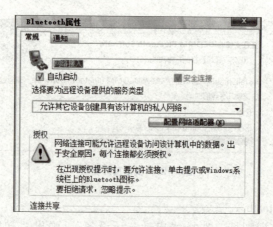

图 1-25 蓝牙属性

单击"选择要为远程设备提供的服务类型"下拉按钮,在列表中选择"允许其他设备通过本计算机创建专用网络",如图1-26所示。

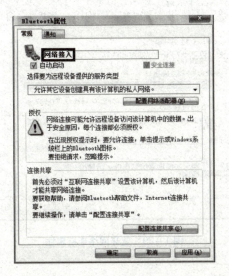

图1-26 远程设备提供的服务类型

单击"连接共享"中的"配置连接共享"按钮。此时系统会检测到新网卡,并且自动安装驱动程序,如图1-27所示。

安装完驱动程序之后,在"网络连接"界面中配置共享上网的网络连接,如图1-28所示。

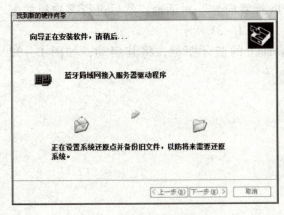

图1-27 蓝牙设备硬件向导

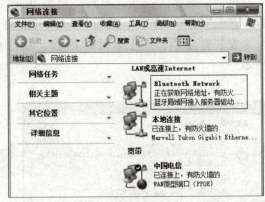

图1-28 蓝牙网络连接

小王家里使用中国电信宽带接入,所以右击"中国电信",选择"连接"。在弹出的快捷菜单中选择"属性",弹出其"属性"对话框。单击"高级"选项卡,如图1-29所示。

选中"Internet连接共享"中的"允许其他网络用户通过此计算机的Internet连接来连接"。单击"家庭网络连接"中的下拉按钮,选择"Bluetooth Network"连接,单击"确定"按钮,弹出如图1-30所示对话框。

图 1-29　蓝牙网络连接属性

图 1-30　确定蓝牙连接配置

单击"确定"按钮，回到"初始 Bluetooth 配置向导"对话框，然后进行客户机的配置。首先安装驱动程序，使用 BlueSoleil 驱动，如图 1-31 所示。

安装好之后，插上蓝牙适配器，双击桌面上的蓝牙图标，将其启动，如图 1-32 所示。

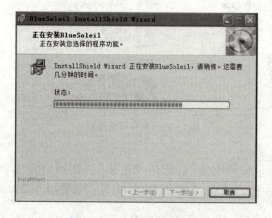

图 1-31　安装蓝牙设备驱动

图 1-32　启动蓝牙

出现"欢迎使用蓝牙"窗口,设置好设备名称和设备类型,单击"确定"按钮,如图 1-33 所示。

然后显示"IVT Corporation BlueSoleil 主窗口",如图 1-34 所示。

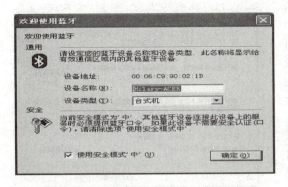
图 1-33 设置蓝牙设备名称和设备类型

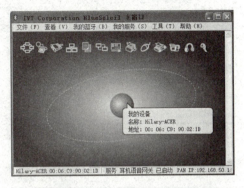
图 1-34 "IVI Corporation BlueSoleil"主窗口

单击图 1-34 中的红球,搜索附近的蓝牙设备,如图 1-35 所示。

搜索到服务器上的蓝牙设备,双击此设备开始刷新服务,如图 1-36 所示。

图 1-35 搜索蓝牙设备

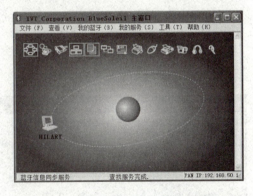
图 1-36 刷新服务

图 1-36 中出现黄色图标即为服务器已开启服务,然后返回至服务器"初始 Bluetooth 配置向导"对话框,如图 1-37 所示。

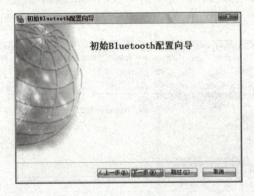
图 1-37 "初始 Bluetooth 配置向导"对话框

单击"下一步"按钮，设置检测到客户机，如图1-38所示。

选中该设备，单击"下一步"按钮，此时向导要求配对设备，如图1-39所示。

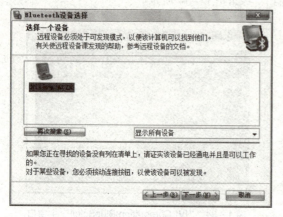

图1-38 蓝牙设备选择

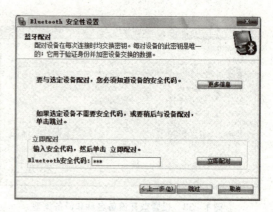

图1-39 蓝牙设备安全性设置

在图1-39中输入口令后单击"立即配对"按钮，再回到客户机前，输入刚才的口令，如图1-40所示。

再回到服务器，出现如图1-41所示的对话框。

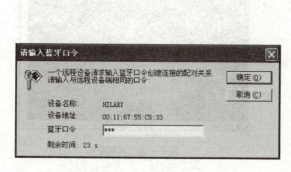

图1-40 输入口令

图1-41 蓝牙配置向导

此时单击"跳过"按钮即可，双击桌面"我的Bluetooth位置"图标，单击"查看位于有效范围内的设备"选项，弹出如图1-42所示对话框，证明配对成功。

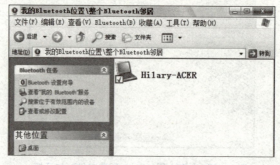

图1-42 查看蓝牙连接状态

再回到客户机,双击服务器"HILARY"刷新服务,如图1-43所示。

右键单击服务器,在弹出的快捷菜单中选择"连接"→"蓝牙网络接入服务"或"蓝牙个人局域网服务",如图1-44所示。

图1-43 刷新服务

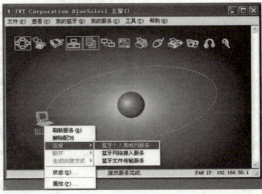
图1-44 蓝牙网络接入服务

这里选择的是后者。回到服务器,单击"确定"按钮,如图1-45所示。

此时返回至客户机,出现如图1-46所示对话框,表明客户机已经正确与服务器连通。

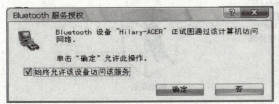
图1-45 蓝牙服务授权

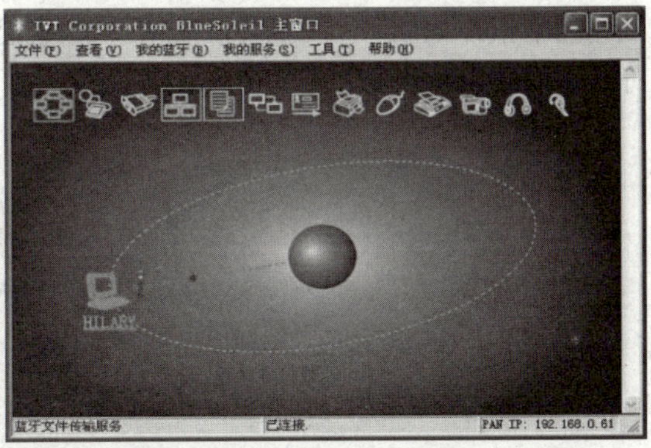

图1-46 蓝牙连接

第四步:验证测试。

在服务器上使用命令ipconfig/all查看网络连接状态,如图1-47所示。

在控制面板中打开网络连接,查看网络连接状态,如图1-48所示。

1.4.3 基于红外线技术的无线个人局域网

1. 工作任务

某公司员工小李新买了一台笔记本电脑,购买时商家随机带了一个红外适配器,小李经常使用笔记本电脑在互联网下载歌曲和图片,他想将这

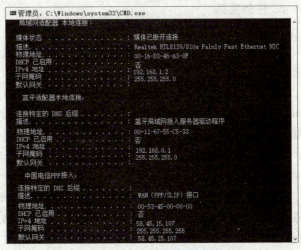
图1-47 查看本地网络连接

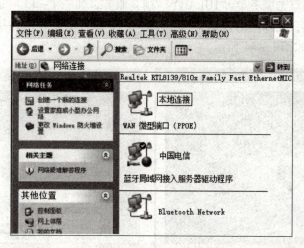

图 1-48　查看本地连接状态

些歌曲和图片上传到手机上，但却愁于没有移动存储设备，正好这台笔记本有红外适配器，而且手机也支持红外功能，所以想通过使用红外来传输数据。

2. 网络拓扑

网络拓扑如图 1-49 所示，需要 1 台笔记本电脑、1 块 USB IR750 红外适配器、1 部支持红外的手机。

图 1-49　基于红外线技术的无线个人局域网拓扑图

3. 任务实施

第一步：红外适配器硬件安装。

先不要安装红外适配器，建议在系统启动完成后再将适配器插入笔记本电脑的 USB 接口。

①将 IR750 红外适配器插入笔记本电脑的 USB 接口，系统会提示发现新的 IrDA/USB Bridge 设备，并且会自动安装设备的驱动。驱动加载完毕后，过几秒钟后，适配器开始有规律地闪烁，无须重新启动即可使用。

②在"控制面板"→"系统"→"硬件"→"设备管理器"中可以看到如图 1-50 所示的红外线设备。

③打开手机或其他红外设备的红外功能，以下操作以手机为例。将手机红外口对着红外适配器，系统提示发现新设备，然后会自动加载驱动。加载完毕后，在设备管理器里会多出一项"Standard Modem over IR link"，如图 1-51 所示，这是系统自动安装的手机红外 Modem。

第 1 章　无线个人局域网的组建

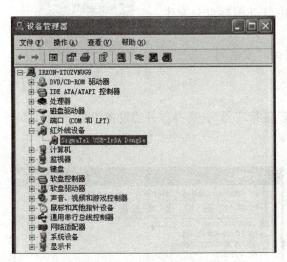

图 1-50　查看红外线设备

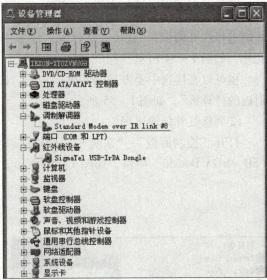

图 1-51　系统自动安装的手机红外 Modem

第二步：红外通信基本操作步骤。

① 红外通信。

驱动安装完成后，打开手机红外功能，将红外口对着红外适配器，系统提示附近有另一台计算机，并且在桌面和任务栏里都会出现新的图标，如图 1-52 所示，查看红外连接情况。

图 1-52　查看红外连接情况

单击任务栏里的红外图标，系统会弹出一个"无线链接"窗口，如图 1-53 所示。

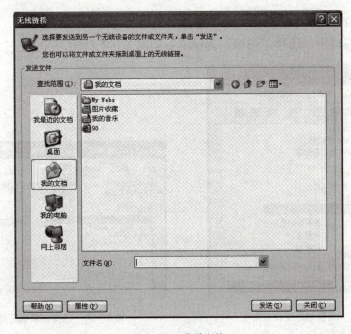

图 1-53　发送文件

选择要发送的文件,单击"发送"按钮即可(注意:有的手机不支持红外直接传输,需要在电脑上运行专用的手机管理软件才能进行红外通信)。在传输文件时,任务栏的红外图标也会发生变化,如图1-54所示。

图1-54 查看红外连接情况

也可以直接选中要发送的文件,右击,选择"发送到"—"一台附近的计算机",如图1-55所示。

②调整红外传输速率。

打开"控制面板"→"系统"→"硬件"→"设备管理器",选择红外线设备里的"SigmaTel USB-IrDA Dongle"项目,如图1-56所示。

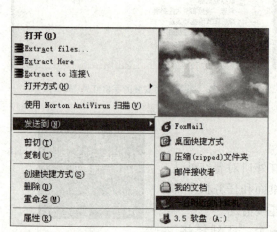

图1-55 发送文件　　　　　　　　图1-56 选择红外线设备

右击"SigmaTel USB-IrDA Dongle"选择"属性",如图1-57所示。
在弹出的新窗口中,选择"高级"选项卡,如图1-58所示。

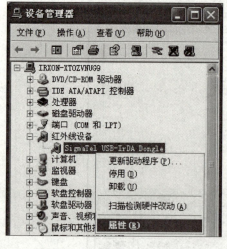
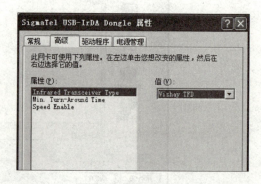

图1-57 查看红外线设备属性　　　　图1-58 选择"高级"选项卡

选择"Infrared Transceiver Type",将其右侧的值改为"Vishay TFD",可以解决与NOKIA新款手机的红外连接问题。选择"Speed Enable",这一项可以调整红外通信速率,如图1-59所示。

如果用户暂时不用该红外适配器,在"属性"→"常规"里选择"不要使用这个设备(停用)",单击"确定"按钮即可将设备禁用,如图1-60所示。

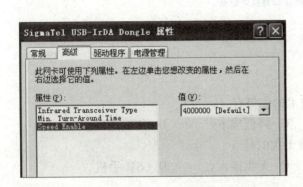

图1-59 指定红外速率

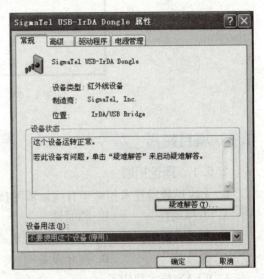

图1-60 选择红外设备用法

如果用户再次使用,则先安装设备,在"属性"→"常规"中选择"使用该设备(启用)",然后单击"确定"按钮,此设备就可以再次工作了。

③驱动卸载。

打开"控制面板"→"系统"→"硬件"→"设备管理器",在红外线设备中选择"SigmaTel USB-IrDA Dongle",如图1-61所示。

右击,选择"卸载",如图1-62所示。

图1-61 选择要卸载红外线设备

图1-62 卸载红外线设备

系统提示确认设备删除，如图1-63所示。单击"确定"按钮即可卸载该适配器驱动。

图1-63 确定卸载红外设备

1.5 项目拓展

1.5.1 理论拓展

1. 无线局域网技术相对于有线局域网技术的优势有（　　）。

　A. 可移动性　　　B. 临时性　　　C. 降低成本　　　D. 传输速度快

2. 下列设备中，不会对WLAN产生电磁干扰的是（　　）。

　A. 微波炉　　　B. 蓝牙设备　　　C. 无线接入点　　　D. GSM手机

3. WLAN技术使用了（　　）介质。

　A. 无线电波　　　B. 双绞线　　　C. 光波　　　D. 沙浪

4. 将双绞线制作成交叉线（一端按EIA/TIA568A线序，另一端按EIA/TIA568B线序），该双绞线连接的两个设备可为（　　）。

　A. PC与交换机　　　　　　　B. 交换机与路由器

　C. 服务器与路由器　　　　　D. 服务器与交换机

5. 以下障碍物对信号衰减影响最大的是（　　）。

　A. 混凝土　　　B. 人体　　　C. 金属　　　D. 玻璃

1.5.2 实践拓展

在手机上下载WiFi魔盒或WiFi信号分析仪，如图1-64所示。查看WiFi信道占用情况，查看无线信号详细信息（包括信道、速率等），完成表1-5的填写。

图1-64 WiFi魔盒与信号分析仪

表1-5　WiFi 信息

WiFi 热点名称			
本机 MAC 地址			
本机 IP 地址			
信道（2.4 GHz）	信道号		
	信号强度/dBm		
	速率/MHz		
信道（5 GHz）	信道号		
	信号强度/dBm		
	速率/MHz		

第 2 章

小型家庭无线局域网的组建

2.1 项目背景

工程师小王搬了新家，家里有 2 台笔记本、1 台台式机、3 部手机，还有一些智能家电需要接入网络进行管理，为了使布线美观，考虑组建家庭无线局域网。

2.2 项目需求分析

对于家庭用户而言，组建无线局域网是最经济、有效的解决方案，由于家庭房间布局的特点及各房间距离近的特点，组建无线局域网便成为首选。要组建无线局域网，对于台式机，需要另购无线 USB 或 PCI 插槽式网卡，同时，还需要拥有一台无线路由器。

2.3 项目相关知识

2.3.1 无线局域网传输信道

无线局域网传输信道是对无线通信中发送端和接收端之间通路的一种形象比喻，对于无线电波而言，它从发送端传送到接收端，其间并没有一个有形的连接，它的传播路径也有可能不只一条，为了形象地描述发送端与接收端之间的工作，可以想象两者之间有一个看不见的道路衔接，把这条衔接通路称为信道，无线信道也就是常说的无线的"频段（Channel）"。

无线信道中电波的传播不是单一路径，而是从许多路径来的众多反射波的合成。由于电波通过各个路径的距离不同，因而从各个路径来的反射波到达时间不同，也就是各信号的时延不同。当发送端发送一个极窄的脉冲信号时，移动台接收的信号由许多不同时延的脉冲组成，称为时延扩展。

由于从各个路径来的反射波到达时间不同，相位也就不同。不同相位的多个信号在接收端叠加，有时叠加而加强（方向相同），有时叠加而减弱（方向相反），导致接收信号的幅度急剧变化，即产生了快衰落。这种衰落是由多种路径引起的，所以称为多径衰落。接收信号除瞬时值出现快衰落之外，场强中值（平均值）也会出现缓慢变化，主要是由地区位置的改变及气象条件变化造成的，以致电波的折射传播随时间变化而变化，多径传播到达固定接收点的信号的时延随之变化。这种由阴影效应和气象原因引起的信号变化称为慢衰落。

无线信道也就是通常所说的"通道（Channel）"，是以无线信号作为传输媒体的数据信号传送通道，工作在 2.4 GHz 和 5 GHz 频段。每个信道的无线频宽为 20 MHz，每两个相邻的信道间有 5 MHz 的保护间隔。2.4 GHz 频段为 2.4～2.483 5 GHz，共有 14 个信道，美国使用 11 个信道，欧洲使用 13 个信道，日本使用 14 个信道，中国使用 13 个信道，如图 2-1 所示，其中独立信道（非重叠）有 3 个，分别为 1、6、11。

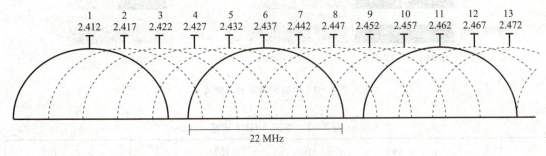

图 2-1　2.4 GHz 频段信道

以中国为例，2.4 GHz 能用的范围仅有 2.4～2.483 5 GHz，以 5 MHz 区分一个信道，共有 13 个信道，见表 2-1。

表 2-1　中国 2.4 GHz 信道

信道	1	2	3	4	5	6	7	8	9	10	11	12	13
频率/GHz	2.412	2.417	2.422	2.427	2.432	2.437	2.442	2.447	2.452	2.457	2.462	2.467	2.472

5 GHz 频段为 5.15～5.35 GHz、5.470～5.725 GHz、5.725～5.850 GHz。中国 5 GHz 频段为 5.725～5.850 GHz，其中独立信道（非重叠）有 5 个，分别为 149、153、157、161、165，如图 2-2 和图 2-3 所示。

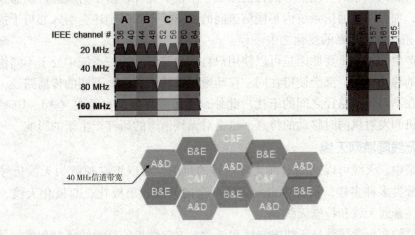

图 2-2　IEEE WiFi 5G 信道分布图

以中国为例，5 GHz 能用的范围仅有 5.725～5.850 GHz，以 5 MHz 区分一个信道，共有 5 个信道，见表 2-2。

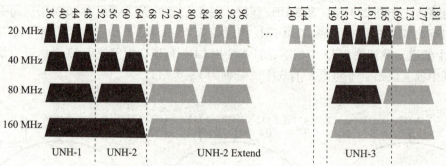

图 2-3 中国 5 GHz 频段信道

表 2-2 中国 5 GHz 信道

信道	149	153	157	161	165
频率/GHz	5.745	5.765	5.785	5.805	5.825

虽然可供通信用的无线频谱从数十 MHz 到数十 GHz，但由于无线频谱在各个国家都是一种被严格管制使用的资源，因此，对于某个特定的通信系统来说，频谱资源是非常有限的。并且目前移动用户处于快速增长中，因此必须精心设计移动通信技术，以使用有限的频谱资源。无线信道具有以下特点：

（1）传播环境复杂

前面已经说明了电磁波在无线信道中传播会存在多种传播机制，这会使接收端的信号处于极不稳定的状态，接收信号的幅度、频率、相位等均可能处于不断变化之中。

（2）存在多种干扰

电磁波在空气中的传播处于一个开放环境之中，而很多的工业设备或民用设备都会产生电磁波，这就对相同频率的有用信号的传播形成了干扰。此外，由于射频器件的非线性还会引入互调干扰，如果同一通信系统内不同信道间的隔离度不够，则还会引入邻道干扰。

（3）网络拓扑处于不断的变化之中

无线通信产生的一个重要原因是可以使用户自由地移动。同一系统中处于不同位置的用户及同一用户的移动行为，都会使得在同一移动通信系统中存在着不同的传播路径，并进一步会产生信号在不同传播路径之间的干扰。此外，近年来兴起的自组织（Ad-Hoc）网络，更是具有接收机和发射机同时移动的特点，也会对无线信道的研究产生新的影响。

2.3.2 无线局域网天线

在无线网络中，天线可以达到增强无线信号的目的，可以把它理解为无线信号的放大器。无线天线分类多种多样，可分为定向天线、全向天线、单极化、双极化天线、常规天线、隐蔽天线、普通天线和特殊天线等。

天线最重要的两个参数就是天线方向性和增益。方向性指的是天线辐射和接收是否有指向，即天线是否对某个角度过来的信号特别灵敏和辐射能量是否集中在某个角度。天线根据水平面方向性的不同，可以分为全向天线和定向天线等。

增益表示天线功率放大倍数，数值越大，表示信号的放大倍数越大，也就是说，增益数值越大，则信号越强，传输质量就越好。目前市场中销售的无线路由大多都是自带 2 dBi 或

3 dBi 的天线，用户可以按不同需求更换 4 dBi、5 dBi 甚至是 9 dBi 的天线。

1. 定向天线和全向天线

根据天线辐射方向不同，可分为定向天线和全向天线。

定向天线是指在某一个或某几个特定方向上发射及接收电磁波特别强，而在其他的方向上发射及接收电磁波则为零或极小的一种天线。定向天线能量集中，增益相对全向天线要高，适用于远距离点对点通信。同时，由于具有方向性，抗干扰能力比较强。比如一个小区里，需要横跨几幢楼建立无线连接时，就可以选择这类天线，如图 2-4 所示。

全向天线安装起来比较方便，可以将信号均匀分布在中心点周围 360°全方位区域，不需

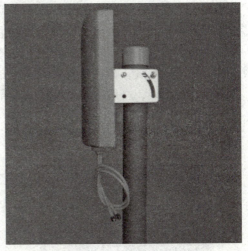

图 2-4 定向天线

要考虑两端天线安装角度的问题，全向天线的特点是覆盖面积广、承载功率大、架设方便、极化方式（水平极化或垂直极化）可灵活选择。室外全向天线和室内全向天线如图 2-5 所示。

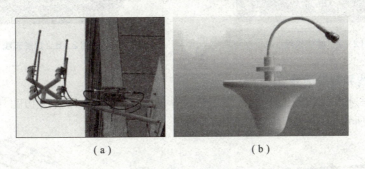

(a)　　　　　　　　　(b)

图 2-5 全向天线
(a) 室外全向天线；(b) 室内全向天线

2. 单极子天线、双极子天线

根据天线极化方式不同，可分为单极子天线、双极子天线。现在市面上买到的天线多为双极子天线。双极子天线由两根粗细和长度都相同的导线构成，中间为两个馈电端。图 2-6 (a) 所示为单极子天线，图 2-6 (b) 所示为双极子天线。双极子天线的性能比单极子天线好很多。

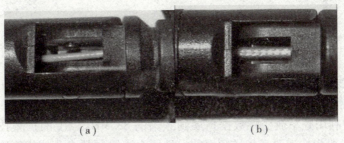

(a)　　　　　　　　　(b)

图 2-6 单极子天线 (a) 和双极子天线 (b)

3. 常规天线和隐式天线

根据天线架构的不同,可分为常规天线和隐式天线。当人们提到无线设备时,其标志性特点就具有一根或多根天线,高增益天线和 MIMO 多天线等技术都能有效增大信号覆盖范围,但随着无线设备的不断衍变,出于便携性、美观性等方面的考虑,一些厂商采用内置天线设计,即隐式天线,牺牲性能来换取其更小巧的体积和更时尚的外观,如图 2-7 所示。

对于常规天线,一般普通无线路由器背后都配有 1 根或多根无线天线,如图 2-8 所示。

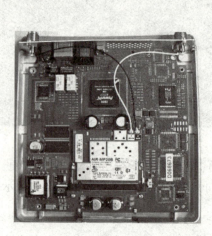

图 2-7 隐式天线

图 2-8 常规天线

4. 普通天线和特殊天线

实际上,特殊天线的分类不是特别严格,毕竟特殊天线所具备的功能和作用是多方位的,如图 2-9 所示。

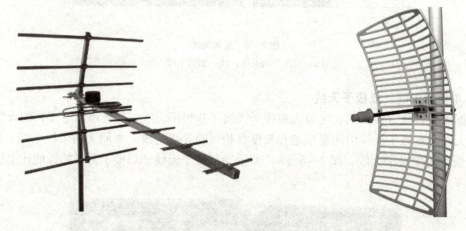

图 2-9 特殊天线

2.3.3 无线传输技术

1. FHSS 技术

FHSS 是一种利用频率捷变将数据扩展到频谱的 83 MHz 以上的扩频技术。频率捷变是无线设备在 RF 频段内快速改变发送频率的一种能力。跳频技术是依靠快速地转换传输的频率来实现的,每一个时间段内使用的频率和前后时间段的都不一样,所以发送者和接收者必须保持一致的跳变频率,这样才能保证接收的信号正确。

在 FHSS 系统中,载波根据伪随机序列来改变频率或跳频,有时它也称为跳码。伪随机序列定义了 FHSS 信道,跳码是一个频率的列表。载波以指定的时间间隔跳到该列表中的频率上,发送器使用这个跳频序列来选择它的发射频率。载波在指定的时间内保持频率不变。接着,发送器花少量的时间跳到下一个频率上。当遍历了列表中的所有频率时,发送器就会重复这个序列。这种方式的缺点是速度慢,只能达到 1 Mb/s,如图 2-10 所示。

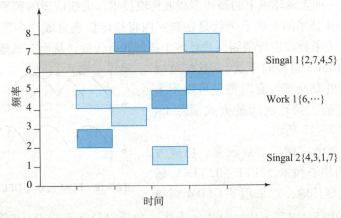

图 2-10　跳频技术 FHSS

2. DSSS 技术

基于 DSSS 的调制技术有三种:

最初 IEEE 802.11 标准规定在 1Mb/s 数据速率下采用 DBPSK。

若提供 2 Mb/s 的数据速率,则要采用 DQPSK,这种方法每次处理两个比特码元,成为双比特。

另一种是基于 CCK 的 QPSK,是 802.11b 标准采用的基本数据调制方式。它采用了补码序列与直序列扩频技术,是一种单载波调制技术,通过 PSK 方式传输数据,传输速率为 1 Mb/s、2 Mb/s、5.5 Mb/s 和 11 Mb/s。CCK 通过与接收端的 Rake 接收机配合使用,能够在高效率地传输数据的同时,有效地克服多径效应。IEEE 802.11b 使用了 CCK 调制技术来提高数据传输速率,最高可达 11 Mb/s。但是当传输速率超过 11Mb/s 时,CCK 为了对抗多径干扰,需要更复杂的均衡及调制,实现起来非常困难。因此,802.11 工作组为了推动无线局域网的发展,又引入新的调制技术,如图 2-11 所示。

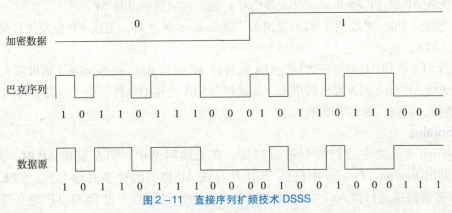

图 2-11　直接序列扩频技术 DSSS

3. PBCC 调制技术

PBCC 调制技术已作为 802.11g 的可选项被采纳。PBCC 也是单载波调制，但它与 CCK 不同，它使用了更多复杂的信号星座图。PBCC 采用 8PSK，而 CCK 使用 BPSK/QPSK；另外，PBCC 使用了卷积码，而 CCK 使用区块码。因此，它们的解调过程是不同的。PBCC 可以完成更高速率的数据传输，其传输速率为 11 Mb/s、22 Mb/s 和 33 Mb/s。

4. OFDM 技术

OFDM 技术是一种无线环境下的高速多载波传输技术。无线信道的频率响应曲线大多是非平坦的，而 OFDM 技术的主要思想就是在频域内将给定信道分成许多正交子信道，在每个子信道上使用一个子载波进行调制，并且各子载波并行传输，从而有效地抑制无线信道的时间弥散所带来的 ISI（符号间干扰）。这样就减少了接收机内均衡的复杂度，有时甚至可以不采用均衡器，仅通过插入循环前缀的方式消除 ISI 的不利影响，如图 2-12 所示。

OFDM 技术有非常广阔的发展前景，已成为第 4 代移动通信的核心技术。IEEE 802.11a/g 标准为了支持高速数据传输，都采用了 OFDM 调制

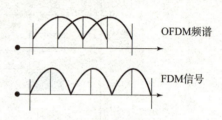

图 2-12　FDM 信号与 OFDM 信号频谱比较

技术。目前，OFDM 结合时空编码、分集、干扰（包括符号间干扰 ISI 和邻道干扰 ICI）抑制及智能天线技术，最大限度地提高物理层的可靠性。若再结合自适应调制、自适应编码及动态子载波分配、动态比特分配算法等技术，可以使其性能进一步优化。

2.3.4　无线连接技术

在无线网络中，当 STA 接入网络时，需要经过 Scanning（扫描）、Joining（加入）、Authentication（验证）与 Association（结合）四个阶段。

①Scanning（扫描）是 STA 端的无线网卡能自动"听"，以确定附近是否有一个 WLAN 系统。通过 Scanning 之后，STA 可以得到多个可加入的 WLAN 信息。

②Joining（加入）是 STA 内部需决定应与哪一个 WLAN 结合。

③Joining 之后，则是与 AP 之间的 Authentication（验证）与 Association（结合）两个动作。

④Scanning 发生于所有其他动作之前，因为 Client 靠 Scanning 来找寻找 WLAN。

无线的连接就是 STA 与 AP 的无线握手过程，包括如下几个阶段：

- 无线 AP 通过广播 Beacon（无线信标）帧，在网络中寻找 AP。
- 当网络中的 AP 收到了 STA 发出的广播 Beacon 帧之后，无线 AP 也发送广播 Beacon 帧来回应 STA。
- 当 STA 收到 AP 的回应之后，STA 向目标 AP 发起 Request Beacon（请求帧）。
- 无线 AP 响应 STA 发出的请求，如果符合 STA 连接的条件，给予应答，即向无线 AP 发出应答帧，否则，将不予理睬。

1. Scaning

Scanning 可分为主动扫描与被动扫描。在无线网络中，STA 发现 AP 时，AP 每隔 100 ms 发出 Beacon，Beacon 中包括 SSID 及与该 AP 相关的许多其他参数。STA 首先通过主动/被动扫描进行接入，在通过认证和关联两个过程后，才能和 AP 建立连接，如

图 2-13 所示。

(1) 主动扫描

当 STA 主动寻找无线网络时，通过主动扫描对周围的无线网络进行扫描。主动扫描是由 STA 发出一个探测帧要求，当 STA 要做主动扫描时，会发出此要求到网络上。这个要求会包含一个 SSID 或是广播型 SSID。假如是单一 SSID 的探测帧，则 SSID 相同的 AP 会回应；假如探测帧中的 SSID 属于广播型，

图 2-13 建立无线连接过程

则所有的 AP 都会响应。发出探测帧的目的是找寻 WLAN，一旦发现适当的 AP，此 STA 开始做验证与结合动作。

依据是否携带指定 SSID，主动扫描可以分为两种：

- 当 STA 没有携带指定 SSID 发送探测请求帧时，STA 预先配有一个信道列表，STA 在信道列表中的信道上广播探测请求帧。AP 收到探测请求帧后，回应探测响应帧。STA 会选择信号最强的 AP 进行关联。这种方法适用于 STA 通过主动扫描可以获知是否存在可使用的无线网络服务的情况，如图 2-14 所示。

- 当 STA 携带指定 SSID 客户端发送探测请求帧时，因为 STA 携带指定的 SSID，只会单播发送探查请求帧，相应的 AP 接收后回复请求。这种方法适用于无线客户端通过主动扫描可接入指定的无线网络的情况，如图 2-15 所示。

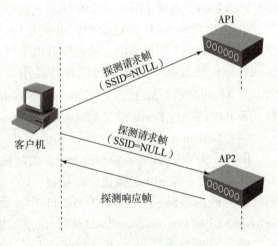

图 2-14 主动扫描过程
（Probe Request 中的 SSID 为 NULL）

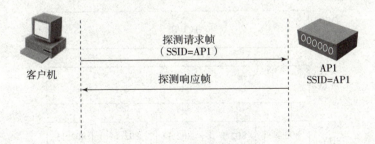

图 2-15 单播发送探查请求帧

(2) 被动扫描

被动扫描是指 STA 通过侦听 AP 定期发送的 Beacon 帧来发现网络。用户预先配有用于扫描的信道列表，在每个信道上监听信标。例如架构模式下由 AP 送出的 Beacon 或 Ad-Hoc

模式下 STA 轮流送出的 Beacon。然后比较各个 Beacon，找出将要"加入"(Joining) 的 SSID 值。之后启动验证与结合动作。若有多台的 SSID 相同，则选取信号最强及封包错误率最低的 AP。

被动扫描要求 AP 周期性发送 Beacon 帧。当用户需要节省电量时，可以使用被动扫描。一般 VoIP 语音终端通常使用被动扫描方式，如图 2-16 所示。

（3）SSID

SSID（Service Set Identifier）是 WLAN 系统中唯一区分字母大小写，并且字母长度为 2~32 位所表示的服务集标识符。在一个 ESS（Extended Service Set）中，SSID 是唯一的，相同 SSID 下的 AP 属于同群组，若此 AP 支持 802.1Q VLAN，则属于同 VLAN 的 User 也属于同 SSID，此时的 SSID 比较虚拟，也就是说，同一台 AP 可支持多个 SSID。此名称有助于网络的区隔，是最基本的安全方法，并且用于

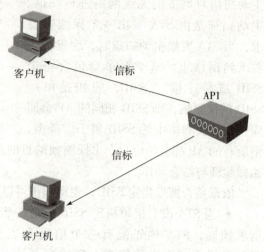

图 2-16 被动扫描过程

STA 与 AP 的结合。SSID 存在于 Beacon、Probe Request/Response（探测查询帧/探测回应帧）及其他的一些 Frame 中（如 Association Frame）。

（4）Beacon

Beacon 为 Beacon Management Frame 的简称，AP 约每隔 100 ms 广播一个 Beacon，或在 Ad-Hoc 模式下各 STA 轮流送出短封包。ISO 定义了 OSI 七层模型中，第一层称为物理层，第二层为数据链路层。在 IEEE 802.11 中，物理层（或称 PHY）再被拆为上半的 PLCP（Physical Layer Convergence Protocol），以及下半的 PMD（Physical Medium Dependent）。OSI 第二层也被拆为上半的 LLC（Logical Link Control），以及下半的 MAC（Medium Access Control）。而 802.11 本身只定义 PHY 及 MAC，LLC 则在 802.2 中被定义，如图 2-17 所示。

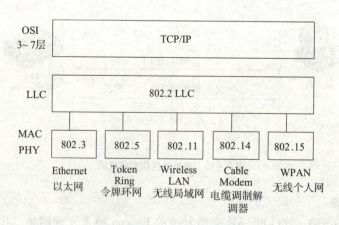

图 2-17 IEEE 802.X 标准体系

Beacon 帧分为三部分（图 2-18）：
- 第一部分为 PHY Header，此 Header 可再细分为 PMD 与 PLCP 两部分。Preamble 用来让接收者做 Carrier Detect 及同步，PLCP Header 则包括速度（如 5.5 Mb/s）、帧长度等。
- 第二部分为 MAC Header，包括 Frame Control、BSSID 等字段。其中，BSSID 表示 AP 的 MAC Address。
- 第三部分为 Beacon Frame Body（信标架构组成）。

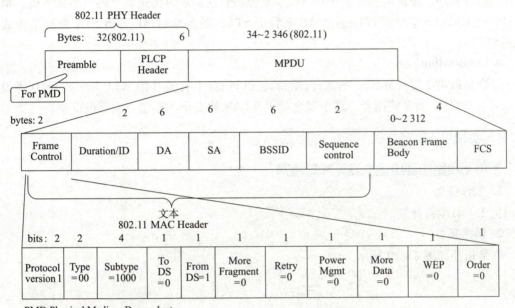

图 2-18 Beacon 帧格式

Beacon 利用其内的时间戳表示传送的正确时间。当 STA 收到 Beacon 时，则将自己的时间与 Beacon 进行同步，同步的时间可让时间敏感的功能，例如 FHSS 的跳频时间或者收到帧后何时需回答等，能够精确地发生。每隔约 100 ms，Beacon 能持续修正各 STA 的内部定时器。

STA 查看 Beacon 中的 SSID，以决定是否做结合。当找到适当的 SSID 时，STA 再检查其 MAC 地址，以与之结合。例如 STA 被设定为可接收任何 SSID，则 STA 可与第一个发出 Beacon 或信号最强的 AP 做结合。

2. Joining

当 STA 通过 Scanning 得到多个 Beacon 或 Probe Response 信息时，STA 考虑应加入哪一个 WLAN 的动作，Joining 发生于 STA 内部的动作。802.11 并未规定点的优先级，而由厂商自行定义。很多生产厂商都以信号好坏作标准，也有很多生产厂商以 STA 的多个 SSID 的顺序作首选标准。

3. Authentication

当 STA 与 AP 完成 Scanning 和 Joining 的过程后,由 AP 通过验证和结合两个动作,完成 WLAN 的连接动作。WLAN 的连接包括两个步骤:第一步骤为验证,第二步骤为结合。

验证是与 WLAN 相连的第一个动作,是 AP 响应 STA 的联机请求所做的动作。有时这个动作是虚的,STA 也可以不用身份证明即能完成验证。这个"虚验证"(Open Authentication)为一般 AP 与网卡出厂的预设状态。在架构模式下,由 STA 送出一个验证请求到 AP 而开始验证程序。验证流程可发生在 AP,AP 会将验证请求再传送到上游的验证主机,例如 RADIUS。RADIUS 会依照程序通过 AP 来验证 STA,最后通过 AP 告诉 STA 验证是否成功完成。

4. Association

结合是指第 2 层(MAC)的结合,而验证只与 PC 卡有关(因 WEP Key 或 SSID 等设定只与网卡有关),而非使用者。这个观念对于 WLAN 的安全、排错方面都很重要。

2.4 项目实践

使用无线路由器组建家庭无线局域网

1. 工作任务

见 2.1 节项目背景。

2. 网络拓扑

网络拓扑如图 2-19 所示。

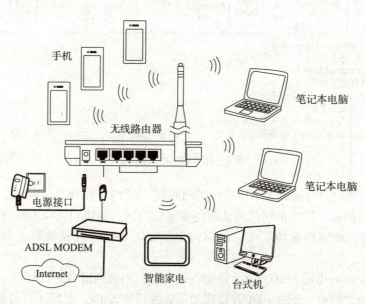

图 2-19 家庭无线局域网拓扑图

3. 任务实施

将其中一台电脑通过网线与无线路由器相连,然后根据路由器背面的登录地址和账号信息登录路由器管理界面,如图 2-20 所示。在 IE 地址栏中输入"http://192.168.1.1",按 Enter 键后输入用户名和密码,默认为"admin",登录后可以修改路由器的用户名和密码。

第2章 小型家庭无线局域网的组建

图2-20 无线路由器

在无线路由器管理界面中，首先根据Internet运营商所提供的上网方式进行设置。切换至"WAN接口"项，根据服务商所提供的连接类型来选择WLAN口连接类型，如果服务商提供的是静态IP地址登录方式，则根据所提供的IP相关信息进行设置。

开启DHCP服务器，以满足无线设备的任意接入。如图2-21所示，选中"DHCP服务器"选项中的"开"，即开启DHCP服务器功能。同时，设置地址池的开始地址和结束地址，可以根据与当前路由器所连接的电脑数量进行设置，例如范围为192.168.1.100 ~ 192.168.1.199，地址租期120 min，最后单击"保存"按钮。

开启无线共享热点，如图2-22所示。切换至"无线网络基本设置"选项卡，然后设置SSID号，同时勾选"开启无线功能"选项，最后单击"保存"按钮完成设置。当然，还可以对无线共享安全方面进行更为详细的设置，例如设置登录无线路由热点的密码等。

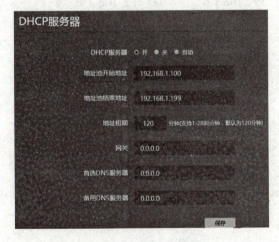

图2-21 DHCP服务器设置

图2-22 开启无线共享热点

4. 项目验证

打开手机、笔记本电脑、台式机、智能家电的WLAN开关，如果此时存在无线路由器发出的无线热点，则终端就会搜索到该信号，即SSID为"TP-LINK_841_B"，如图2-23所示，并可以进行连接操作。

图 2-23 终端连接 WiFi

2.5 项目拓展

2.5.1 理论拓展

1. 无线局域网的最初协议是（　　）。
   A. IEEE 802.11　　　B. IEEE 802.5　　　C. IEEE 802.3　　　D. IEEE 802.1
2. 中国的 2.4 GHz 标准共有 13 个频点，互不重叠的频点有（　　）个。
   A. 11　　　　　　　B. 13　　　　　　　C. 3　　　　　　　D. 5
3. 下列属于合法的 IPv4 地址为（　　）。
   A. 192:168:1:6　　　B. 192,168,1,6　　　C. 192.168.1.6　　　D. 192 168 1 6
4. 2.4 GHz 信道的中心频率间隔不低于（　　）。
   A. 5 MHz　　　　　B. 20 MHz　　　　　C. 25 MHz　　　　D. 83.5 MHz
5. 当同一区域使用多个 AP 时，工作于 2.4 GHz 通常使用（　　）信道。
   A. 1、2、3　　　　　B. 1、6、11　　　　C. 1、5、10　　　　D. 以上都不是

2.5.2 实践拓展

利用无线路由器组建家庭无线局域网，对无线路由器进行相应的设置，用户接入无线局域网的 SSID 为 "Student"，密码 "自己的班级学号"。对无线局域网进行相关的测试与验证，在手机上开启 WiFi 信号分析仪或 WiFi 魔盒，截取自己组建的无线局域网 WiFi 信号信息，利用计算机的 WirelessMon 软件中的 Summary 视图截取无线信息，包括 SSID 名称、无线信道、信号强度、加密方式等。

第 3 章

微企业无线局域网的组建

3.1 项目背景

随着公司业务的发展及办公人员数量的增加,越来越多的员工开始携带笔记本电脑进行办公,因此对无线网络覆盖的需求越来越强烈。但公司原有的网络只进行了有线网络的部署,并不涉及无线覆盖,无法满足现有员工的移动办公需求。所以需要对办公网络进行无线覆盖,满足移动办公网络接入的需求。

3.2 项目需求分析

根据客户需求部署无线网络满足移动办公的需求。考虑到无线网络性能、可靠性、稳定性等方面的要求,该项目将通过部署无线 AC、无线 AP 来完成无线网络覆盖。

3.3 项目相关知识

3.3.1 无线网络设备

WLAN 可独立存在,也可与有线局域网共同存在并进行互联。在 WLAN 中,最常见的组件如下:

- 工作站。
- 无线网卡。
- 无线接入点(AP)。
- 无线交换机。

1. 工作站(Station,STA)

工作站是一个配备了无线网络设备的网络节点。具有无线网络适配器的个人计算机称为无线客户端。无线客户端能够直接相互通信或通过 AP 进行通信。

笔记本电脑和工作站作为无线网络的终端接入网络中。笔记本电脑、掌上电脑、个人数字助理和其他小型计算设备正变得越来越普及,笔记本电脑和台式机最主要的区别是笔记本电脑的组件体积小,而且用 PCMCIA(个人计算机存储卡国际协会)插槽取代了扩展槽,从而可以接入无线网卡、调制解调器及其他设备。使用 WiFi 标准的设备的一个明显优势,就是目前很多笔记本电脑和 PDA 都预装了无线网卡,可以直接与其他无线产品或者其他符合 WiFi 标准的设备进行交互。

2. 无线网卡（Wireless LAN Card）

无线网卡一般有 PCMCIA、USB、PCI 等几种，主要有用于便携机的 PCMCIA 无线网卡和用于台式机的 USB 无线网卡安装到 PC 上。无线网卡作为无线网络的接口，实现与无线网络的连接，作用类似于有线网络中的以太网网卡。无线网卡根据接口类型的不同，主要分为三种类型，即 PCMCIA 无线网卡、PCI 接口无线网卡和 USB 接口无线网卡。

PCMCIA 无线网卡仅适用于笔记本电脑，支持热插拔，可以非常方便地实现移动式无线接入。PCI 接口无线网卡适用于台式计算机使用，安装起来相对要复杂些。USB 接口无线网卡适用于笔记本电脑和台式机，支持热插拔，而且安装简单，即插即用。目前 USB 接口的无线网卡得到了大量用户的青睐。

无线网卡的主要功能是通过无线设备透明地传输数据包，工作在 OSI 参考模型的第 1 层和第 2 层。除了用无线连接取代线缆连接外，这些适配器就像标准的网络适配器那样工作，不需要其他特别的无线网络功能。RG－WG54U 是锐捷网络推出的基于标准 802.11g 协议的无线局域网外置 USB 接口网卡产品，如图 3-1 所示。图 3-2 所示为 LINKSYS USB 无线网卡 WUSB54GC。

图 3-1　RG-WG54U 无线局域网 USB 网卡

图 3-2　WUSB54GC 无线局域网 USB 网卡

3. 无线接入点（Wireless Access Point）

无线接入点（AP）相当于基站，AP 的主要作用是将无线网络接入以太网，其次将各无线网络客户端连接到一起，相当于以太网的集线器，使装有无线网卡的 PC 可以通过 AP 共享有线局域网络甚至广域网络的资源。一个 AP 能够在几十至上百米的范围内连接多个无线用户。

（1）什么是 AP

AP 的作用是提供无线终端的接入功能，类似于以太网中的集线器。当网络中增加一个无线 AP 之后，即可成倍地扩展网络覆盖直径。另外，也可使网络中容纳更多的网络设备。通常情况下，一个 AP 最多可以支持 30 台计算机接入，推荐数量为 25 台以下。锐捷 RG－AP220－E 无线 AP 如图 3-3 所示，锐捷 RG－P－720 双路双频三模室内型无线 AP 如图 3-4 所示。

图 3-3　锐捷 RG-AP220-E 无线 AP

无线 AP 基本上都拥有一个以太网接口，用于实现与有线网络的连接，从而使无线终端能够访问有线网络或 Internet 的资源。单纯性无线 AP 就是一个无线的交换机，仅仅是提供一个无线信号发射的功能。单纯性无线 AP 的工作原理是将网络信号通过双绞线传送过来，经过 AP 产品的编译，将电信号转换成无线电信号发送出去。根据不同的功率，可以实现不同程度、不同范围的网络覆盖，一般无线 AP 的最大覆盖距离可达 300 m。此外，一些AP 还具有高级的功能，以实现网络接入控制，例如 MAC 地址过滤、DHCP 服务器等。

图 3-4　RG-P-720 双路双频三模室内型无线 AP

无线 AP 主要用于宽带家庭、大楼内部及园区内部，典型距离覆盖几十米至上百米。大多数无线 AP 还带有接入点客户端模式（AP Client），可以和其他 AP 进行无线连接，延展网络的覆盖范围。

（2）AP 的工作模式

WLAN 可以根据用户的不同网络环境需求，实现不同的组网方式。AP 可支持以下 6 种组网方式。

- AP 模式：又被称为基础架构（Infrastructure）模式，由 AP、无线工作站及分布式系统（DSS）构成，覆盖的区域称为基本服务集（BSS）。其中，AP 用于在无线 STA 和有线网络之间接收、缓存和转发数据，所有的无线通信都经过 AP 完成。
- 点对点桥接模式：两个有线局域网间通过两台 AP 将它们连接在一起，实现两个有线局域网之间通过无线方式的互联和资源共享，也可以实现有线网络的扩展。
- 点对多点桥接模式：点对多点的无线网桥能够把多个离散的远程网络连成一体，通常以一个网络为中心点发送无线信号，其他接收点进行信号接收。
- AP 客户端模式：该模式看起来比较特别，中心的 AP 设置成 AP 模式，可以提供中心有线局域网络的连接和自身无线覆盖区域的无线终端接入。远端有线局域网络或单台 PC 所连接的 AP 设置成 AP Client 客户端模式，远端无线局域网络便可访问中心 AP 所连接的局域网络了。
- 无线中继模式：无线中继模式可以实现信号的中继和放大，从而延伸无线网络的覆盖范围。无线分布式系统（WDS）的无线中继模式提供了全新的无线组网模式，可适用于那些场地开阔、不便于铺设以太网线的场所，像大型开放式办公区域、仓库、码头等。
- 无线混合模式：无线分布式系统（WDS）的无线混合模式可以支持点对点、点对多点、中继应用模式下的 AP，同时工作在两种工作模式状态，即桥接模式 + AP 模式。这种无线混合模式充分体现了灵活、简便的组网特点。

4. 无线交换机（Wireless Switch）

在商用领域，为了使运作更方便、快捷，企业中导入的个人移动设备（如 Notebook、

PDA、WiFi Phone 等具备无线上网功能的移动装置）也日渐增加。当无线技术在企业中广泛应用，面临大量设置、集中管理的问题时，企业用户呼唤着新技术、新产品的出现，于是以无线网络控制器作为集中管理机制的无线交换机就产生了。锐捷 RG – MXR – 8 无线交换机如图 3 – 5 所示。

图 3 – 5　RG – MXR – 8 无线交换机

早期的无线网络通信是基于 AP 平台实现的，这种传统意义上的 AP 是最早构成无线网络的节点，当然，它很稳定，并且遵循 802.11 系列无线协议。但是在越来越多的使用环境下，第一代无线 AP 已经开始在很多方面变得弱小，甚至出现了一些问题，最明显的就是不好管理。在这种趋势的催生下，Symbol 于 2002 年 9 月提出了一个全新的无线网络理念——无线交换机系统。

无线交换机系统摒弃了以 AP 为基础传输平台的传统方法，转而采用了 back end – front end 方式。所谓 back end – front end 方式，是指将一台无线交换机置于用户的机房内，称为 back – end，而将若干类似于天线功能的 AP 置于前端，称为 front – end。

5. 无线路由器（Wireless Router）

无线路由器是带有无线覆盖功能的路由器，它主要应用于用户上网和无线覆盖。市场上流行的无线路由器一般都支持专线 XDSL、Cable、动态 XDSL、PPTP 四种接入方式。它还具有其他一些网络管理的功能，如 DHCP 服务、NAT 防火墙、MAC 地址过滤等功能。

根据 IEEE 802.11 标准，一般无线路由器所能覆盖的最大距离通常为 300 m，不过覆盖的范围主要与环境的开放与否有关，在设备不加外接天线的情况下，在视野所及之处约 300 m；若属于半开放性空间或有隔离物的区域，传输距离为 35 ~ 50 m。如果借助外接天线（做链接），则传输距离可以达到 30 ~ 50 km 甚至更远，这要视天线本身的增益而定。因此，需视用户的需求而加以应用。

无线路由器也像其他无线产品一样，属于射频（RF）系统，需要工作在一定的频率范围之内，才能够与其他设备相互通信，这个频率范围叫作无线路由器的工作频段。但不同的产品由于采用不同的网络标准，故采用的工作频段也不太一样。目前无线路由器主要遵循 IEEE 802.11b、IEEE 802.11a、IEEE 802.11g 等网络标准。

3.3.2　无线局域网的组网模式

802.11 定义了两种类型的设备：一种是无线终端站，通常是由一台 PC 机加上一块无线网卡构成；另一种为 AP，它的作用是提供无线和有线网络之间的桥接。一个 AP 通常由一个无线输出口和一个有线的网络接口构成。桥接软件符合 802.1d 桥接协议。AP 就像是无线网络的一个无线基站，将多个无线的接入站聚合到有线的网络上。无线的终端可以是 802.11 PCMCIA 卡、PCI 接口、ISA 接口，或者是在非计算机终端上的嵌入式设备（例如 802.11 手机）。

802.11 定义了两种模式：Ad – Hoc 模式和 Infrastructure（基础架构）模式。Infrastructure 模式中，无线网络至少有一个和有线网络连接的无线接入点，以及一系列无线终端站，这种配置称为一个 BSS（Basic Service Set，基本服务集）。一个 ESS（Extended Service Set，扩展服务集）是由两个或多个 BSS 构成的单一子网。

1. Ad – Hoc 模式

Ad – Hoc 模式，也称为点对点模式（Peer to Peer）或 IBSS（Independent Basic Service Set），是一种简单的系统构成方式。以这种方式连接的设备之间可直接通信，而不用通过一个无线接入点来和有线网络连接。

在 Ad – Hoc 模式里，每一个客户机都是点对点的，只要在信号可达的范围内，都可以进入其他客户机获取资源而不需要连接 AP。对 SOHO 建立无线网络来说，这是最简单而且最实惠的方法。Ad – Hoc 模式是点对点的对等结构，相当于有线网络中的两台计算机直接通过网卡互联，中间没有接入设备，信号是直接在两个通信端点对点传输的，如图 3 – 6 所示。

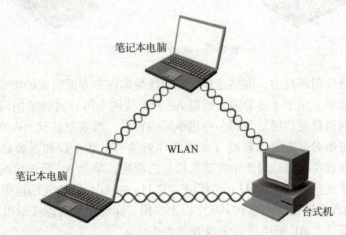

图 3 – 6　Ad – Hoc 模式

2. Infrastructure（基础结构）模式

Infrastructure 模式具有网络易于扩展、便于集中管理、能提供用户身份验证等方面的优势，另外，数据传输性能也明显高于 Ad – Hoc 模式。在 Infrastructure 模式中，可以通过速率的调整来发挥相应网络环境下的最佳连接性能，AP 和无线网卡还可针对具体的网络环境调整网络连接速率，如 11 Mb/s 的 IEEE 802.11b 的速率可以调整为 1 Mb/s、2 Mb/s、5.5 Mb/s 和 11 Mb/s。

Infrastructure 模式要求使用 AP。在这种模式里，两台电脑间的所有无线连接都必须通过 AP，不管 AP 是有线连接在以太网还是独立的。AP 可以扮演中继器的角色来扩展独立无线局域网的工作范围，这样可以有效地使无线工作站间的距离翻倍。

Infrastructure 模式属于集中式结构，其中无线 AP 相当于有线网络中的交换机或集线器，起着集中连接无线节点和数据交换的作用。通常无线 AP 都提供了一个有线以太网接口，用于与有线网络设备的连接，例如以太网交换机。Infrastructure 模式网络如图 3 – 7 所示。

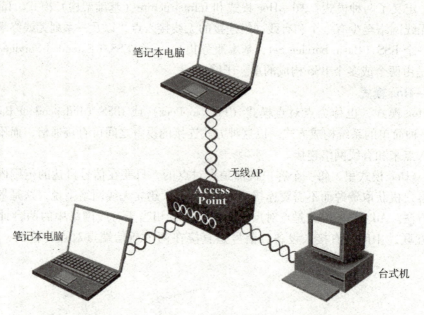

图 3-7 Infrastructure 模式

在实际的网络应用环境中，网络连接性能往往受到许多方面因素的影响，所以实际连接速率远低于理论速率。出于上述原因，所以 AP 和无线网卡可针对特定的网络环境动态调整速率。由于无线网络部署的场景不同、应用不同的要求，需要对连接 AP 的无线节点的数量进行控制。如果应用对带宽要求较高（如多媒体教学、电话会议和视频点播等），单个 AP 所连接的无线节点数要少些；对于带宽要求较低的应用，单个 AP 所连接的无线节点数可以适当多些。如果是支持 IEEE 802.11a 或 IEEE 802.11g 的 AP，因为它的速率可达到 54 Mb/s，理论上单个 AP 的理论连接节点数在 100 个以上，但实际应用中所连接的用户数最好在 20 个以内。同时，要求单个 AP 所连接的无线节点要在其有效的覆盖范围内，这个距离通常为室内 100 m 左右、室外 300 m 左右。BSS（Basic Service Set，基本服务集）是由一台 AP 和数台终端所组成的无线局域网，如图 3-8 所示。

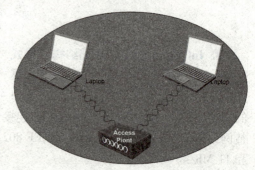

一个 BSS 可以通过 AP 进行扩展。当超过一个 BSS 连接到有线 LAN 时，就称为 ESS（Extended Service Set，扩展服务集），一个或多个以上的 BSS 即可被定义成一个 ESS。用户可以在 ESS 上漫游及存取 BSS 系统中的任何资源。在 Infrastructure 模式

图 3-8 BSS

的网络中，每个 AP 必须配置一个 ESSID，每个客户端必须与 AP 的 ESSID 匹配才能接入无线网络中，如图 3-9 所示。

如果单个 AP 不满足覆盖范围，可以增加任意多的单元来扩展，建议相互邻接的 BSS 单元存在 10%~15% 的重叠，如图 3-10 所示，这样可以允许远程用户进行漫游而不丢失 RF 连接。为了确保最好的性能，位于边缘的单元应该使用不同的信道。

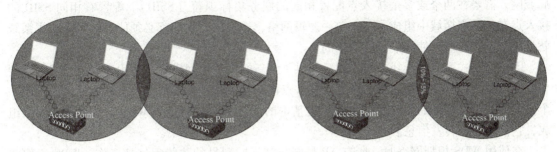

图 3-9　ESS　　　　　　　　　图 3-10　ESS 单元存在重叠

另外，Infrastructure 模式的 WLAN 不仅可以应用于独立的无线局域网中，如小型办公室无线网络、SOHO 家庭无线网络，也可以它为基本网络结构单元组建成庞大的 WLAN 系统，如 ISP 在"热点"位置为各移动办公用户提供的无线上网服务，在宾馆、酒店、机场为用户提供的无线上网区等。如图 3-11 所示，一家宾馆的无线网络解决方案，宾馆中各楼层的无线用户通过接入该楼层的并与有线网络相连接的无线 AP 实现与 Internet 的连接。

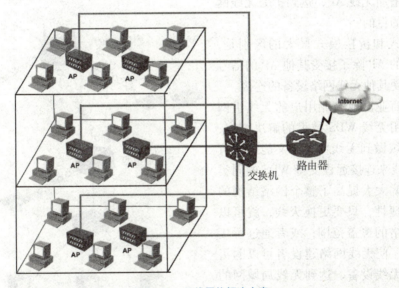

图 3-11　无线网络解决方案

3. 无线分布式系统（WDS）

WDS 是 Wireless Distribution System，即无线网络部署延展系统的简称，是指用多个无线网络相互连接的方式构成一个整体的无线网络。简单地说，WDS 就是利用两个（或以上）无线 AP 通过相互连接的方式将无线信号向更深远的范围延伸。

WDS 把有线网络的信息通过无线网络传送到另外一个无线网络环境，或者是另外一个有线网络。因为通过无线网络形成虚拟的网络线，所以有人认为这是无线网络的桥接功能。严格来说，无线网络桥接功能通常是一对一的，但是 WDS 架构可以做到一对多，并且桥接的对象可以是无线网络或者是有线系统。所以 WDS 最少要有两台同功能的 AP，上限则由厂商设计的架构来决定。

IEEE 802.11 标准将分布式系统定义为用于连接接入点的基础设施。要建立分布式无局域网，需要在两个或多个接入点配置相同的服务集标识符（SSID）。配置有相同 SSID 的接入点在二层广播域中组成了一个单一逻辑网络，这意味着它们都必须能通信。分布式系统就是用来连接它们，使它们能够通信的。

无线分布式系统的无线中继模式，提供了全新的无线组网模式，适用于场地开阔，不便于架设电缆的场所。它可以将多个无线接入点连接在一起，共同覆盖一个较大的区域，是一个低成本、扩展较好的无线组网方案。最基本的无线分布式系统（WDS）由两个接入点组成，它们能互相转发信息。

在使用 WDS 规划网络时，所有 AP 是同品牌、同型号的才能很好地工作。WDS 工作在 MAC 物理层，两个设备必须相互配置对方的 MAC 地址。WDS 可以被链接在多个 AP 上，但对等的 MAC 地址必须配置正确，并且对等的两个 AP 须配置相同的信道和相同的 SSID。

WDS 具有无线桥接（Bridge）和无线中继（Repeater）两种不同的应用模式。

①桥接模式用于连接两个不同的局域网，桥接两端的无线 AP 只与另一端的 AP 沟通，不接受其他无线网络设备的连接。

②中继模式通过在一个无线网络覆盖范围的边缘增加无线 AP，达到扩大无线网络覆盖范围的目的。

中继模式和桥接模式最大的区别是，中继模式中的 AP 除了接受其他 AP 的信号外，还会接受其他无线网络设备的连接。

在大型商业区或企业用户的无线组网环境下，选用无线 WDS 技术的解决方案，可以在本区域做到无线覆盖，又能通过可选的定向天线来连接远程支持 WDS 的同类设备。这样就大大提高了整个网络结构的灵活性和便捷性，只要更换天线，就可以扩展无线网络的覆盖范围，或者通过桥接实现该功能，使无线网络建设者可以购买尽可能少的无线设备，达到无线局域网的多种连接组网工程，实现组网成本的降低。WDS 的应用如图 3-12 所示。

图 3-13 所示为 WDS 点对点（一对一）的应用。

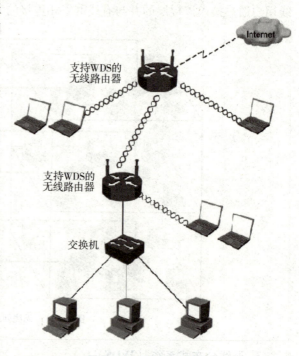

图 3-12　WDS 的应用

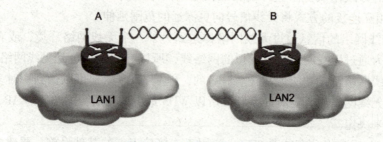

图 3-13　WDS 一对一应用

图 3-14 所示为 WDS 的一对多的应用。

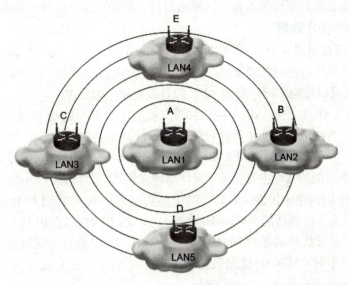

图 3-14　WDS 一对多应用

严格来说，无线网络桥接功能通常指的是一对一，但是 WDS 架构可以做到一对多，并且桥接的对象可以是无线网络或者有线系统。一般的 AP 在使用了无线的桥接功能之后，就无法使用其他的无线功能了，比如基本的 AP 功能，但具有 WDS 功能后，就不会出现这个现象。在整个 WDS 无线网络中，把多个 AP 通过桥接或中继器的方式连接起来，使整个局域网络以无线的方式为主。

两种模式的主要不同点在于，对于中继模式，从某一接入点接收的信息包可以通过 WDS 连接转发到另一个接入点；然而桥接模式，通过 WDS 连接接收的信息包只能被转发到有线网络或无线主机。换句话说，只有中继模式可以进行 WDS 到 WDS 信息包的转发。

图 3-15 所示为 WDS 的桥接功能。

图 3-16 所示为 WDS 的中继功能。

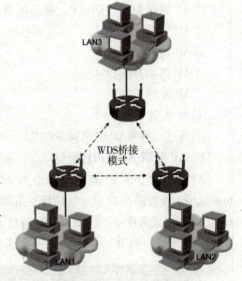

图 3-15　WDS 的桥接功能

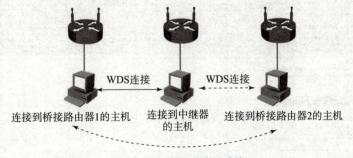

图 3-16　WDS 的中继功能

合理设计和选择无线分布式系统（WDS）的无线网络，能更好地支持及满足企业、电信热点覆盖的应用，从而实现扩大覆盖区域的目标，轻松在这个区域内漫游。

3.3.3 CAPWAP 隧道

在瘦 AP + 无线控制器（AC）的方案中，所有的 AP 都由 AC 统一控制。随着瘦 AP 方案迅速得到普及，各个厂商之间的兼容性变得越来越重要，这是制定 CAPWAP 协议的主要原因，目的是使 AC 可以控制不同厂商的 AP，但是现在还未能实现。

AC 通过 CAPWAP 来控制 AP，在集中转发模式下，STA 的所有报文都由 AP 封装成 CAPWAP 报文后，再由 AC 解封装后进行转发。即使是本地转发模式，AP 依然由 AC 通过 CAPWAP 报文进行控制。因此，CAPWAP 可以说是瘦 AP 方案中最为重要的技术之一。

目前 CAPWAP 功能的实现主要基于三层网络传输模式，即所有的 CAPWAP 报文都被封装成 UDP 报文格式在 IP 网络中传输，而 CAPWAP 隧道也是由 AC 的接口 IP 地址和 WTP 的 IP 地址来维护的（对应无线控制器的 loopback0 地址及 AP 的 IP 地址）。因此，保证 CAPWAP 隧道运行正常的前提是无线控制器的 loopback0 地址与 AP 的 IP 地址之间路由可达。

CAPWAP 协议中对 CAPWAP 状态机进行了完整的描述，整个过程为 Discovery→Join→Image Data→Configuration→Data Check→Run。

CAPWAP 的建立需要经历以下 7 个过程：

①AP 通过 DNS、DHCP、静态配置 IP 地址、广播等方式获取到 AC 的 IP 地址；
②AP 发现 AC；
③AP 请求加入 AC；
④AP 自动升级；
⑤AP 配置下发；
⑥AP 配置确认；
⑦通过 CAPWAP 隧道转发数据。

1. AP 获取 AC 的 IP 地址

AP 首先要获取 IP 地址。AP 获取 AC 的 IP 地址有多种方式，例如 DNS 解析、DHCP 的 Option 选项、配置静态 IP 地址、广播、组播等。在锐捷无线产品的实际部署过程中，通过 DHCP + Option138 方式分配 AP 与 AC 的 IP 地址。其中，Option138 配置为 IP 数组类型，可以配置多个 AC 的 IP 地址。如图 3-17 所示，AP 第一次启动后，需要先获取自身及 AC 的 IP 地址。

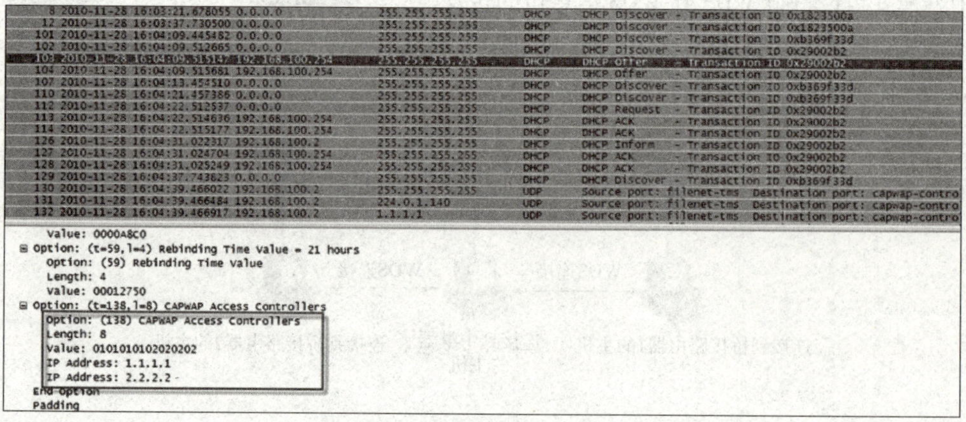

图 3-17 AP 获取 AC 的 IP 地址

当 AP 第一次获取到 AC 的 IP 地址后，该地址会被保存在 flash 中，不过不是在 config. text 配置文件中。因此，以后 AP 再启动时，只要能获取到自己的 IP 地址，即使没有获取 AC 的 IP 地址，也能与之前配置的 AC 建立 CAPWAP 隧道。

2. AP 发现 AC

AP 获取到 AC 的 IP 地址后，发送 Discovery 报文，CAPWAP 状态机进入 Discovery 状态。

（1）报文分析

CAPWAP 控制报文的 Discovery 帧结构，由于它完成的是查找现有 AC 的过程，此时控制隧道还未建立，所以它是所有控制报文中唯一非加密数据报文。图 3-18 所示为控制报文 Discovery Request 与 Discovery Response 的报文格式。

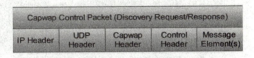

图 3-18 报文分析

在无线的瘦 AP 方案中，AP 获取到 AC 的 IP 地址后，马上发出多个 Discovery Request 报文，报文包括：

- 广播的 Discovery Request 报文。
- 组播 Discovery Request，目的地址为 224.0.1.140。
- 单播 Discovery Request，目的地址为 AC 的 IP 地址。AC 的 IP 地址可以有多个，所以这种类型的报文可能有多个。

因为 Discovery Request 报文内的数据是非加密的，因此，可以在报文中直观地看到 Discovery Request 报文的信息，如图 3-19 所示。报文信息中包括 AP 的型号 AP220-E，以及该 AP 的软硬件信息等。

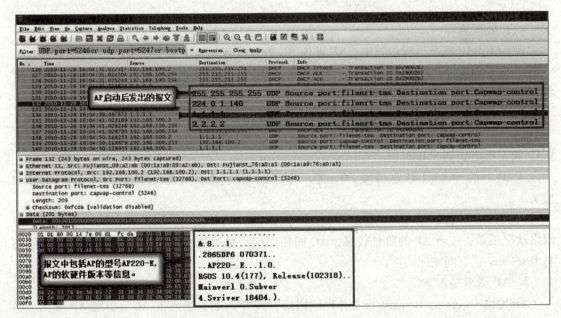

图 3-19 AP 的型号信息

AC 回应的 Discovery Response 报文内的数据也是非加密的。如图 3-20 所示，AP 发出 Discovery Request 后，IP 地址为 1.1.1.1 的 AC 给予回应。回应的报文中包括 AC 的软硬件版本、AC 的名称等。

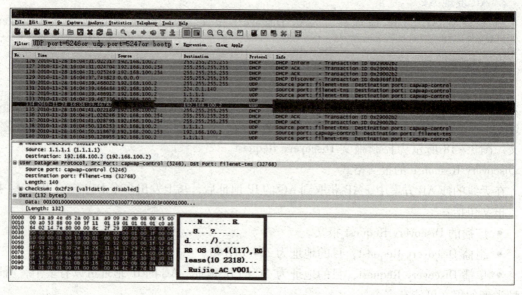

图 3-20 AC 的相关信息

这里 AC 的名称不是 AC 的 hostname，而是用于集群冗余配置的名称。配置如下：

```
Ruijie(config)# ac-controller
Ruijie(config-ac)# ac-name ruijie-ac
```

（2）处理流程

在 CAPWAP 状态机流程图中，AP 发现 AC 的过程包括以下 4 个步骤：

①AP 启动后 AP 处于 Idle 状态，当 AP 发出 Discovery Request 报文后，AP 上的 CAPWAP 状态机更新到 Discovery 状态。

②AC 收到 Discovery Request 后，响应 Discovery Response，状态机状态不发生变化。

③AP 发出 Discovery Request 一段时间后，没有收到 Discovery Response，AP 上的 CAP-WAP 状态机更新到 Sulking。

④AP 上的 Sulking 状态持续 30 s 后，转到 Idle 状态，又开始发送 Discovery Request 报文。

Discovery Request 和 Discovery Response 采用 UDP 明文发送。因此，在第③步中，如果网络状况很差，或者 AP 的数量较多，AC 即使回应，也可能会导致 AP 一直在 Sulking 状态与 Discovery 状态间来回切换。

3. AP 请求加入 AC

AP 发出 Discovery Request 报文并得到回应，则开始准备加入该 AC。如果 AP 发出 Discovery Request 后得到多个 AC 回应，并且多个 AC 在该 AC 上定义的优先级不同，那么 AP 会优先申请加入优先级最高的 AC。

以下为配置举例：在 AC1 与 AC2 上均定义了 AP0001 的优先级，如果同时收到 AC1 与

AC2 的回应，那么 AP0001 向 AC1 请求加入。

```
Ruijie(config)# ap-config AP0001
Ruijie(config-ap)#primary-base AC1
Ruijie(config-ap)# secondary-base AC2
```

AP 加入 AC 前，先进行 DTLS 验证。当 AP 与 AC 之间的 DTLS 握手成功后，AP 发出 Join 请求开始请求加入。

在 AP 请求加入 AC 的整个过程中，所有的报文都是经过加密的。下面是 AP 请求加入 AC 的 6 个步骤：

①AP 将自己的状态更新到 DTLS Setup，AC 新建状态机，初始值为 DTLS Setup 状态。

②AP 和 AC 之间开始进行 DTLS 握手，如果 60 s 内 DTLS 握手还是不成功，则将自己的状态更新成 DTLS Teardown。

③AP 和 AC 之间 DTLS 握手成功后，将自己的状态更新为 Join 状态，并发出 Join Request 报文。

④AC 收到 Join Request 报文，并回应 Join Response 报文。如果 AC 从 DTLS 握手开始的时间算起，60 s 内还没有收到 Join Request，则状态更新成 DTLS Teardown。

⑤AP 收到 Join Response 报文，如果 Result Code 为 Success，则 AP 加入 AC 成功；如果 Result Code 不为 Success，状态机状态更新到 DTLS Teardown。如果 AP 没有收到 Join Response 报文，并且 AP 在重传 Join Request 报文 4 次以后，还没有收到 Join Response，状态更新成 DTLS Teardown。

⑥AP 在 DTLS Teardown 状态持续 5 s 后，进入 Sulking 状态，再等 30 s 后恢复到 Idle 状态，AC 在 5 s 后将状态机删除。

4. AP 自动升级

Image Data 状态是 AC 对 AP（WTP）升级的过程，目的是使 AP 的版本可正常关联 AC。下面是 AP 自动升级的 7 个步骤：

①AP 收到 Join Response 后，先比较当前运行的软件版本和 AC 要求运行的软件版本是否一致，如果不一致，则发送 Image Data Request 请求进行自动升级。

②AP 发出 Image Data Request 后，将状态更新成 Image Data。如果 AP 的 Image Data Request 在传输过程中丢失，重传多次都没有到达 AC，则 AP 和 AC 的状态机要更新到 DTLS Teardown。

③AC 收到 Image Data Request 报文后，进入 Image Data 状态，并回应 Image Data Response 报文。

④AC 将新的主程序通过若干个 Image Data Request 发送到 AP。

⑤AP 收到 Image Data Response 后，30 s 后还没有收到 AC 发来的 Image Data Request，则状态转 DTLS Teardown。

⑥AP 对每一个收到的主程序分片消息响应 Image Data Response。

⑦AP 升级成功或者失败后，设备重启。

AC 通过 CAPWAP 控制报文下发升级版本给 AP，而不是通过 CAPWAP 数据报文。AP 升级过程中会有大量的控制报文，如图 3-21 所示。通过报文过滤可以看出控制报文的占用文件大小略大于 AP 版本。

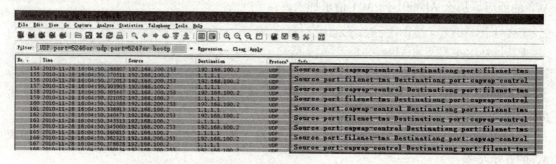

图 3-21 AP 升级过程中的控制报文

5. AP 配置下发

当 AP 对版本进行比较后，判定 AP 不需要升级，或者当 AP 已经升级完毕时，AC 开始下发配置给 AP。

以下为配置下发的主要过程：

①AP 收到 AC 发来的 Join Response，其 Result Code 为 Success，并且 AP 当前运行的版本和要求运行的版本一致，AP 发出 Config Status Request，进入 Config 状态。

②AC 收到 Config Status Request 后，进入 Config 状态，并回应 Config Status Response，通知 AP 按要求进行配置。如果 AC 在发出 Join Response 后，60 s 内没有收到 Config Status Request，则状态转为 DTLS Teardown。

③AP 收到 Config Status Response，配置同步完成。如果 AP 发出 Config Status Request 后，51 s 内没有收到 Config Status Response，则状态转为 DTLS Teardown。

6. AP 配置确认

AC 下发配置后，还需要确认配置是否在 AP 上执行成功。以下为配置确认的主要过程：

①AP 收到 Config Status Response 后，状态进入 Data Check，并发送 Change State Event Request 报告配置执行情况。

②AC 收到 Change State Event Request，如果当前是 Config 状态，则状态转为 Data Check，并回应 Change State Event Response。如果 AC 在发出 Config Status Response 后，25 s 内没有收到 Change State Event Request，则状态转为 DTLS Teardown。

③AP 收到 Change State Event Response 后，如果当前是 Data Check 状态，则状态转为 Run，并创建 CAPWAP 数据通道，开始数据转发。

当 AP 进入 Run 状态，说明 AP 与 AC 的控制和数据通道建立已成功，用户可以根据需要对指定的 AP 做配置设置，如创建 WLAN、设置信道、调整发射功率等，并可实时监控 AP 的运行状态。

7. 通过 CAPWAP 隧道转发数据

AP 进入 Run 状态后，AP 与 AC 开始转发用户数据，同时也需要定期检查 CAPWAP 通道是否正常工作。

以下为检查 CAPWAP 通道的主要过程：

①AP 进入 Run 状态后，开始创建数据通道，并每隔 30 s 发送 1 个数据通道保活报文。

②AC 收到第 1 个保活报文，如果当前是 Data Check 状态，则进入 Run 状态，并回应

Data Channel 保活报文。如果 AC 在发出 Change State Event Response 后，30 s 内没有收到第 1 个 Data Channel 保活报文，则状态转为 DTLS Teardown。

③AP 和 AC 收到保活报文后，如果 60 s 内没有收到第 1 个数据通道保活报文，则认为数据通道断掉，状态转为 DTLS Teardown。

④当 AP 或者 AC 检测到数据通道断掉后，CAPWAP 状态机更新到 DTLS Teardown。

现在数据通道断开不会导致隧道断开，而是控制通道断开才会导致 CAPWAP 隧道断开。因此，步骤③、步骤④不会导致状态机变化。事实上，Keepalive 在数据通道传输，是数据通道的保活报文，而控制通道是依靠 Echo 进行保活的。

以下是 STA 无线终端用户的数据转发，用户数据通过 CAPWAP 数据通道传输。CAPWAP 数据报文分为以下两种格式：

- 非加密格式：其中 Wireless Payload 为用户的数据报文，如图 3 – 22 所示。由于它是非加密的，所以这种数据报文只能应用在 Wireless Payload 内的无线数据已做过安全加密的基础之上。例如无线信号已经采用 WEP、WPA 或者 WPA2 进行加密。

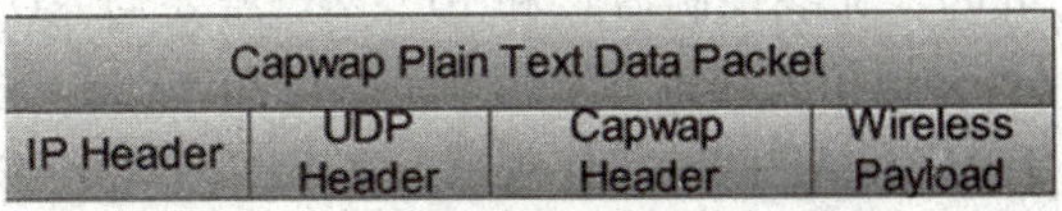

图 3 – 22 CAPWAP 数据报文的非加密格式

这里的无线数据加密指的是无线信号的加密，目的是即使别人在空气中获取到该报文，也很难破解出 Wireless Payload 的用户数据。而当 AP 将无线报文（802.11 的数据报文）转为 802.3 有线以太网的数据报文后，Wireless Payload 内的数据是不加密的。

因此，通过抓包分析，可以看到用户的交互数据。如图 3 – 23 所示，可以直观地看到用户的 PING 报文如何被封装成 CAPWAP 数据报文。源 IP 地址为 192.168.101.2，目的 IP 地址为 192.168.100.1。

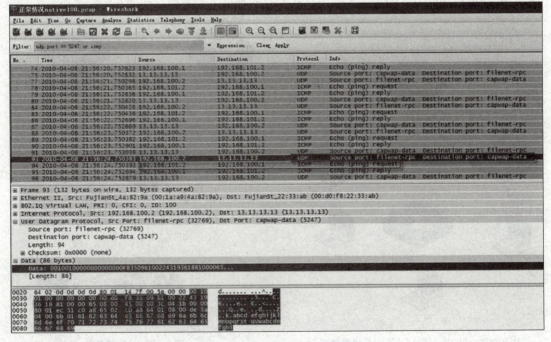

图 3 – 23 抓包分析 CAPWAP 数据

- 加密格式：Wireless Payload 用户数据被加密后无法直接看出来，这种封装格式使用户的数据报文在有线上传输更加安全，同时也对 AC 的性能要求更高。

一般情况下，AP 上线时通过 AP 名称与 AP 配置名称的匹配来决定 AP 使用哪个配置。而 MAC 地址绑定是比名称匹配更强的绑定关系，其优先级高于名称匹配。因此，只要 AP 配置所绑定的 MAC 地址与 AP 的 MAC 地址一致，则 AP 上线时使用该配置。用户可以通过 no ap – config ap – name 命令删除指定的离线 AP 配置，也可以通过 no ap – config all 命令删除本 AC 上所有离线的 AP 配置。

3.3.4 无线控制器 AC 热备份

在无线局域网的部署中，当前有两种部署方式：瘦 AP 模式和胖 AP 模式。其中，瘦 AP 模式逐渐成为主流的部署方式。在瘦 AP 模式的部署中，有两类无线设备：AC（Access Controller，无线控制器）和 AP。AP 需要与 AC 建立连接，然后用户在 AC 上进行统一配置，AC 会把相关配置下发给 AP。AC 和 AP 通过协作，从而为用户提供无线局域网的服务。关于 AC 和 AP 间的协作规范，在 RFC5415 即 CAPWAP 协议中定义。

热备状态建立成功的两台 AC，其中一台 AC 作为主设备，另外一台作为备份设备，两台设备的硬件配置与基本业务功能配置一致。两台 AC 各自拥有独立的 IP，AP 分别同两台 AC 建立 CAPWAP 隧道。主 AC 处理所有的业务，并将所产生的用户表项等信息传送到备份 AC 进行备份；热备 AC 除了处理备份，还要处理 AC 与 AP 之间 CAPWAP 的管理报文。

在 CAPWAP 协议中规定，当 AC 与 AP 建立了 CAPWAP 连接后，AC 与每台 AP 间都会建立一条 CAPWAP 通信隧道，AC 发送给 AP 的每个报文，都必须通过 CAPWAP 通信隧道；而 AP 发给 AC 的每个报文，也必须通过 CAPWAP 通信隧道。CAPWAP 通信隧道是一种点到点的隧道，也是一种单播隧道，如图 3 – 24 所示。

AC 的热备份功能是在 AC 发生不可达（故障）时，为 AC 与 AP 之间提供毫秒级的 CAPWAP 隧道切换能力，确保已关联用户业务最大程度上不间断，如图 3 – 25 所示。

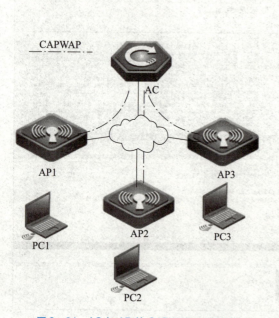

图 3 – 24　AC 与 AP 的 CAPWAP 通信隧道

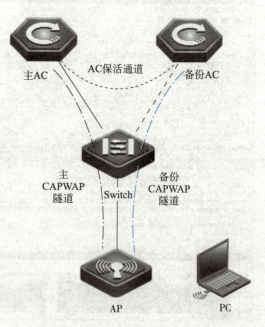

图 3 – 25　AC 热备份

AC 热备份的工作过程如下：
①两台 AC 通过协商确定主 AC 和备份 AC，AC 间通过保活机制进行保活；
②AP 与主 AC 建立主 CAPWAP 隧道，与备份 AC 建立备份 CAPWAP 隧道；
③用户使用无线客户端关联到 AP；
④用户通过 AP 及 AC 的主 CAPWAP 隧道与外部进行网络通信；
⑤当主 AC 发生故障，备份 AC 检测到保活超时，马上通知 AP；
⑥备份 AC 与 AP 之间的备用 CAPWAP 隧道被激活；备份 AC 变成主 AC；
⑦用户的业务在备份 CAPWAP 隧道激活后恢复正常；
⑧当原主 AC 恢复正常，与新主 AC 重新建立热备关系时，原主 AC 变成备份 AC；AP 与之建立备份 CAPWAP 隧道；用户的业务不会中断。

AC 间通过三层通道保活，在设计热备份拓扑时，必须保证 AC 间三层通道可达。AC 热备份根据工作模式分为 Active/Standby（简称 A/S）模式和 Active/Active（简称 A/A）模式。

1. A/S 模式

在 A/S 模式下，一台 AC 处于 Active 状态，为主设备；另一台 AC 处于 Standby 状态，为备份设备。如图 3-26 所示，主设备处理所有业务，并将业务状态信息传送到备份设备进行备份；备份设备不处理业务，只进行备份业务。在 A/S 模式下，所有 AP 与主设备建立主 CAPWAP 隧道，与备份设备建立备份 CAPWAP 隧道。两台 AC 都正常工作时，所有业务都由主 AC 处理；主 AC 故障后，所有业务会切换到备份 AC 上进行处理。

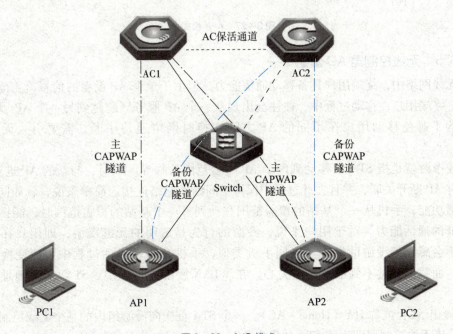

图 3-26　A/S 模式

2. A/A 模式

A/A 模式下，两台 AC 均作为主设备处理业务流量，同时又作为另一台设备的备份设备，备份对端的业务状态信息。如图 3-27 所示，假定两台 AC 分别为 AC1 和 AC2，那么 A/A 模式下，部分 AP 与 AC1 建立主 CAPWAP 隧道，与 AC2 建立备份 CAPWAP 隧道；同时，另一部分 AP 与 AC2 建立主 CAPWAP 隧道，与 AC1 建立备份 CAPWAP 隧道。两台 AC 都正常工作时，两台 AC 分别负责与其建立主 CAPWAP 隧道的 AP 的业务处理；其中一台 AC，假定 AC1，出现故障后，与 AC1 建立主 CAPWAP 隧道的 AP 将业务切换到备份 CAPWAP 隧道，之后 AC2 负责处理所有 AP 的业务。

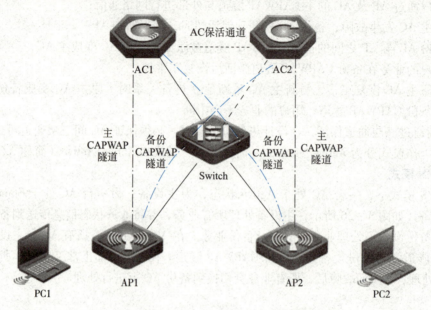

图 3-27 A/A 模式

3.3.5 无线控制器 AC 漫游

在无线网络中，终端用户具备移动通信能力。但由于单个 AP 设备的信号覆盖范围都是有限的，终端用户在移动过程中，往往会出现从一个 AP 服务区跨越到另一个 AP 服务区的情况。为了避免移动用户在不同的 AP 之间切换时网络通信中断，需要引入无线漫游技术。

无线漫游就是指 STA 在移动到两个 AP 覆盖范围的临界区域时，与新的 AP 进行关联，并与原有 AP 断开关联，并且在此过程中保持不间断的网络连接。简单来说，就如同手机的移动通话功能，手机从一个基站的覆盖范围移动到另一个基站的覆盖范围时，能提供不间断、无缝的通话能力。对于用户来说，漫游的行为是透明的无缝漫游，即用户在漫游过程中，不会感知到漫游的发生。这同手机类似，手机在移动通话过程中可能变换了不同的基站，而我们感觉不到也不必去关心。在 WLAN 漫游的过程中，STA 的 IP 地址始终保持不变。

● 漫出 AC：或称 HA（Home-AC）。一个 STA 首次向漫游组内的某个无线控制器进行关联时，该无线控制器即为该 STA 的漫出 AC。

● 漫入 AC：或称 FA（Foreign-AC）。与 STA 正在连接，并且不是 HA 的无线控制器，该无线控制器即为该 STA 的漫入 AC。

● AC 内漫游：一个 STA 从无线控制器的一个 AP 漫游到同一个无线控制器内的另一个 AP 中，即称为 AC 内漫游。

● AC 间漫游：一个 STA 从无线控制器的 AP 漫游到另一个无线控制器内的 AP 中，即称为 AC 间漫游。

漫游的目的是使用户在移动的过程中可以通过不同的 AP 来保持对网络的持续访问。根据漫游过程前后用户接入的 AP 所属 AC 的不同，可以分为同 AC 内漫游和跨 AC 漫游（即 AC 间漫游）。下面对 AC 内漫游和 AC 间漫游这两种漫游过程进行详细说明。

1. AC 内漫游

（1）AC 内二层漫游（图 3-28）

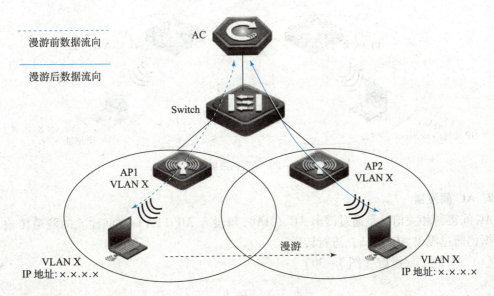

图 3-28　AC 内二层漫游

具体漫游过程如下：

①终端通过 AP1 申请同 AC 发生关联，AC 判断该终端为首次接入用户，为其创建并保存相关的用户数据信息，以备将来漫游时使用。

②该终端从 AP1 覆盖区域向 AP2 覆盖区域移动；终端断开同 AP1 的关联，漫游到与同一 AC 相连的 AP2 上。

③终端通过 AP2 重新同 AC 发生关联，AC 判断该终端为漫游用户，由于漫游前后在同一个子网中（同属于 VLAN X），AC 仅需更新用户数据库信息，将数据通路改为由 AP2 转发，即可达到漫游的目的。

（2）AC 内三层漫游（图 3-29）

具体漫游过程如下：

①终端通过 AP1（属于 VLAN X）申请同 AC 发生关联，AC 判断该终端为首次接入用户，为其创建并保存相关的用户数据信息，以备将来漫游时使用。

②该终端从 AP1 覆盖区域向 AP2（属于 VLAN Y）覆盖区域移动；终端断开同 AP1 的关联，漫游到同一与 AC 相连的 AP2 上。

③终端通过 AP2 重新同 AC 发生关联，AC 判断该终端为漫游用户，更新用户数据库信息；尽管漫游前后不在同一个子网中，AC 仍然把终端视为从原始子网（VLAN X）连过来的，允许终端保持其原有 IP 并支持已建立的 IP 通信。

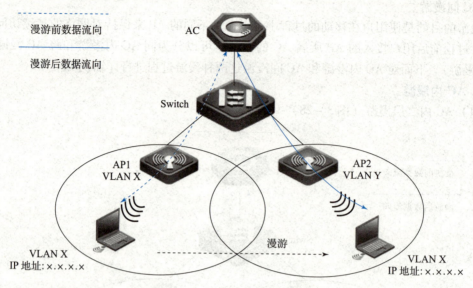

图 3-29 AC 内三层漫游

2. AC 间漫游

AC 间漫游相关信息是通过漫出 AC（HA）与漫入 AC（FA）之间建立的隧道传输，最终数据仍通过漫出 AC（HA）进行转发。

（1）AC 间二层漫游（图 3-30）

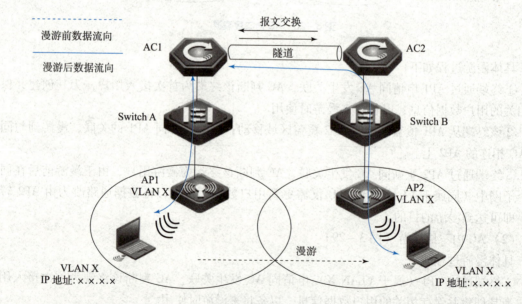

图 3-30 AC 间二层漫游

具体漫游过程如下：

①终端通过 AP1 申请同 AC1（属于 VLAN X）发生关联，AC 判断该终端为首次接入用户，为其创建并保存相关的用户数据信息，以备将来漫游时使用。

②该终端从 AP1 覆盖区域向 AP2 覆盖区域移动；终端断开同 AP1 的关联，漫游到 AP2，

AP2 同另一个无线控制器 AC2（属于 VLAN X）相连。

③终端申请同漫入 AC（AC2）发生关联，漫入 AC（AC2）向其他 AC 通告该终端的信息；漫出 AC（AC1）收到消息后，将漫游用户的信息同步到漫入 AC（AC2）。

④在终端 IP 地址不变的情况下，跨 AC 的二层漫游最终数据仍通过漫出 AC（AC1）来转发：

a. 从终端用户发出的数据先发到漫入 AC（AC2），再由漫入 AC（AC2）通过隧道传送到漫出 AC（AC1），最后由漫出 AC（AC1）进行普通转发。

b. 发送至漫游用户的数据报文也会先送到漫出 AC（AC1），再由漫出 AC（AC1）通过隧道传送到漫入 AC（AC2），由漫入 AC（AC2）转发给终端用户。

（2）AC 间三层漫游（图 3-31）

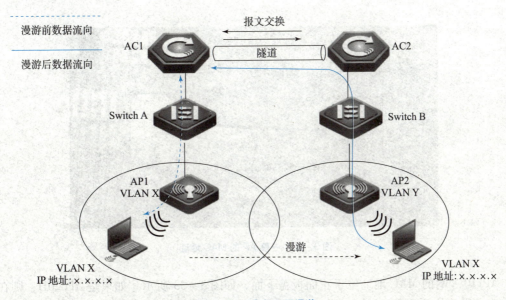

图 3-31　AC 间三层漫游

具体漫游过程如下：

①终端通过 AP1 申请同 AC1（属于 VLAN X）发生关联，AC 判断该终端为首次接入用户，为其创建并保存相关的用户数据信息，以备将来漫游时使用。

②该终端从 AP1 覆盖区域向 AP2 覆盖区域移动；终端断开同 AP1 的关联，漫游到 AP2，AP2 同另一个无线控制器 AC2（属于 VLAN Y）相连。

③终端申请同 AC2 发生关联，AC2 判断出该终端为一个漫游用户；AC1 将漫游终端用户的信息同步到 AC2。

④漫游前后在不同 AC 不同子网，在保持用户 IP 地址不变的情况下，跨 AC 的三层漫游最终数据仍通过漫出 AC（AC1）来转发：

a. 从终端用户发出的数据先发送到漫入 AC（AC2），再由漫入 AC 通过隧道传送到漫出 AC（AC1），最后由漫出 AC（AC1）进行普通转发。

b. 发送至漫游用户的数据报文也会先送到漫出 AC（AC1），再由漫出 AC（AC1）通过隧道传送到漫入 AC（AC2），由漫入 AC（AC2）转发给终端用户。

在 AC 间三层漫游模型中，为了确保报文正确转发，AC1 和 AC2 上都必须创建 VLAN X

和 VLAN Y。

3.4 项目实践

3.4.1 无线 AP 基础管理配置

1. 工作任务

公司购买了无线 WALL AP 和放装型 AP，现需要对这些 AP 进行安装和基础管理。

2. 任务实施

（1）无线 AP 的安装（以 AP110-W 为例）

①收集 AP 的 MAC 地址并记录下来；确认每个 AP 的位置。一般 AP 的 MAC 地址位于 AP 背面，如图 3-32 所示。

图 3-32 一般 AP 的 MAC 地址

AP110-W 的 MAC 地址位于正面板盖下面，如图 3-33 所示。如果是 AP620H，则在设备外观上无法查看到 AP MAC 地址，可以在包装上查看到，或者将 AP 上电，通过"show ap-st aclist"命令收集。

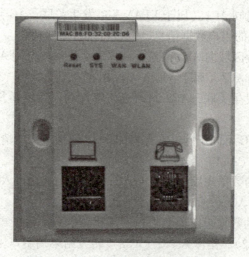

图 3-33 无线 AP110-W 的 MAC 地址

②以安装 AP110 – W 为例。需要准备十字螺丝刀、一字螺丝刀、电话线、网线、标准 86 盒、螺丝等安装工具，如图 3 – 34 所示。

图 3 – 34 安装无线 AP 所需工具

- 将 86 盒安装到墙面，网线和电话线一端穿入 86 盒，分别连接到 AP 主机上对应的接口，如图 3 – 35 所示。

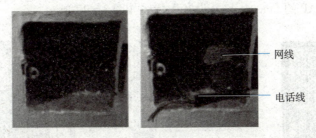

图 3 – 35 86 盒的安装

- 将电话线和网线分别连接到 AP 相应的接口，如图 3 – 36 所示。

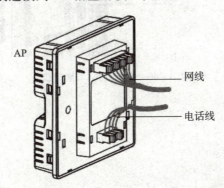

图 3 – 36 86 盒与 AP 电话端子的连接

- 将面框从面板上取下，再将 AP 面板安装到 86 盒，如图 3 – 37 所示。
- 使用 M4 × 25 螺丝拧紧 AP，如图 3 – 38 所示。

图 3 – 37 安装 AP 面板到 86 盒

图 3 – 38 使用螺丝拧紧 AP

- 面框安装到 AP 面板上（对准右侧边的两个防呆柱扣下），即安装完成，如图 3-39 所示。

（2）通过 Console 方式管理无线 AP

①工作载体：需要带有超级终端和 COM 口的计算机，计算机的 COM 口在主机箱后面、显示器接口的旁边（9孔），如图 3-40 所示。当使用没有 COM 口的计算机或笔记本登录设备时，需要购买 COM 口转 USB 接口的线缆，如图 3-41 所示。使用配置线（一头类似于网线水晶头，另一头比较大，上面有 9 个孔）的 9 孔接头连接计算机 COM 口或 COM 口转 USB 接口线缆的 COM 口，配置线的另一端（类似于网线水晶头接口）连接 AP 的 Console 口。设备配置线如图 3-42 所示。

图 3-39　面框安装到 AP 面板

 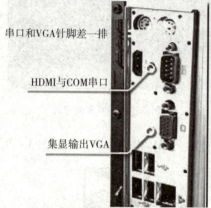 

图 3-40　主机箱的 COM 接口

图 3-41　COM 口转 USB 接口的线缆

图 3-42　设备配置线

②配置超级终端：在计算机上运行超级终端，如果是首次使用超级终端，会出现如图 3-43 所示的信息。

单击"取消"按钮便打开超级终端,名称任意填写,然后单击"确定"按钮,如图3-44所示。

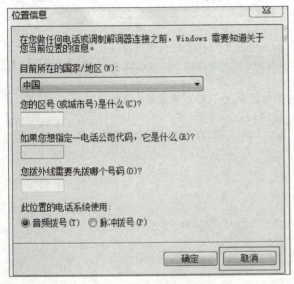

图3-43 登录超级终端

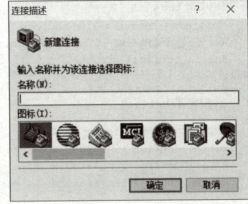

图3-44 设置新建连接名称

设置终端通信参数为:波特率为9 600位/s、8位数据位、无奇偶校验、1位停止位、无数据流控制,如图3-45所示。

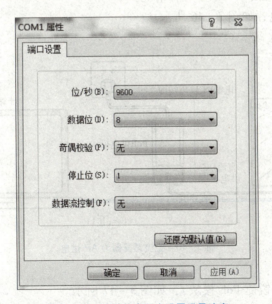

图3-45 终端仿真程序设置登录速率

③单击"确定"按钮后,终端上显示AP的自检信息。自检结束后,提示用户按Enter键,之后将出现命令行提示符(如ruijie>),即登录成功。

(3)通过Telnet方式管理无线AP

①通过Console方式登录AP后进行IP地址及路由配置,以实现Telnet登录。

```
Ruijie>enable
Ruijie#configure terminal
Ruijie(config)#interface bvi 1    （AP上的管理接口）
Ruijie(config-if-bvi 1)#ip address 192.168.110.1 255.255.255.0
Ruijie(config-if-bvi 1)#exit
Ruijie(config)#interface gigabitEthernet 0/1    （AP的以太网接口）
Ruijie(config-if-GigabitEthernet 0/1)#encapsulation dot1Q 1    （封装VLAN 1,数据不加vlan tag）
%Warning:Remove all IP address.    （正常提示,默认管理地址是在该接口下）
Ruijie(config-if-GigabitEthernet 0/1)#exit
Ruijie(config)#ip route 0.0.0.0 0.0.0.0 192.168.110.254    （配置默认路由,让跨网段可以访问AC）
```

②配置Telnet密码。

```
Ruijie(config)#line vty 0 4
Ruijie(config-line)#password student    （telnet密码student）
Ruijie(config-line)#login
Ruijie(config-line)#exit
```

③配置Enable密码。

```
Ruijie(config)#enable password teacher    （enable密码teacher）
```

（4）通过Web方式管理无线AP

①无线AP与设备连接分为以下三种情况：

- 直流适配器供电，如图3-46所示。

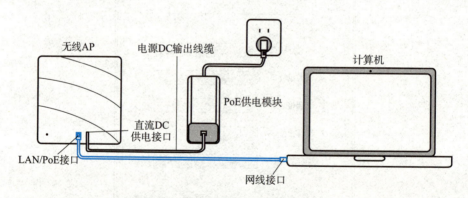

图3-46 直流适配器为AP供电

- PoE模块供电（锐捷PoE模块），如图3-47所示。
- PoE交换机供电，如图3-48所示。在PoE交换机上创建一个不使用的VLAN，设备为VLAN 2，再将连接电脑和AP的端口配置成Access端口并划入该VLAN。

②通过Web页面登录设备。

计算机IP地址需要设置成和AP默认地址同一网段，例如AP默认的IP地址为192.168.110.1/24，计算机的IP地址可以配置为192.168.110.2/24，网关和DNS服务器IP地址可以不

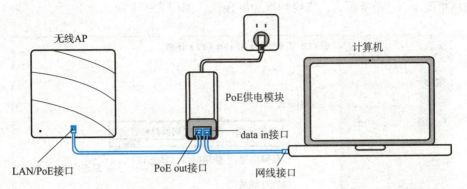

图 3-47 PoE 模块为 AP 供电

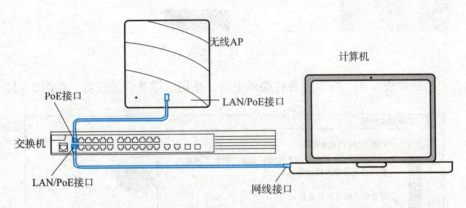

图 3-48 PoE 交换机为 AP 供电

用配置。在浏览器中输入 192.168.110.1（建议使用谷歌或者 IE 浏览器），即可登录 AP 进行管理，如图 3-49 所示。

在弹出的页面中输入用户名和密码，均是 admin，单击"登录"按钮，如图 3-50 所示。

图 3-49 通过 Web 界面登录 AP

图 3-50 输入 AP 的用户名和密码

默认情况下 AP 是瘦模式，需要切换为胖模式，如图 3-51 所示。

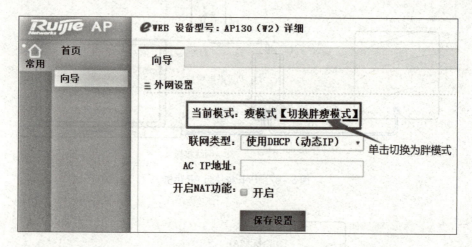

图 3-51 切换 AP 模式

单击"切换胖瘦模式"后，设备将提示重启，重启后重新登录设备，如图 3-52 所示。

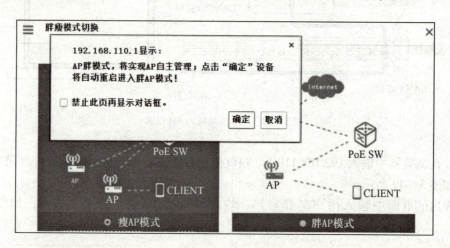

图 3-52 AP 切换为胖模式后重启设备

设备重启后使用 192.168.110.1 或者 192.168.111.1 登录，如图 3-53 所示，自动弹出配置向导。

- 单击"AP 只做接入模式"。
- 管理 VLAN 默认为 1，这边无须更改。
- 联网类型，选择使用静态 IP（独立 IP），当前也可选择使用 DHCP，但为了保证后续更好登录设备进行维护，不建议使用 DHCP 方式。
- 管理 IP 地址，建议配置为上连设备下发的同网段 IP 地址，方便后续再直接登录 AP 进行维护，多台 AP 同时接入路由器时，一定需要将管理 IP 地址配置为不同的 IP 地址，防止 IP 冲突。
- 管理 IP 掩码，建议配置为上连设备下发的同网段的 IP 子网掩码。
- 默认网关，可选择不配置。

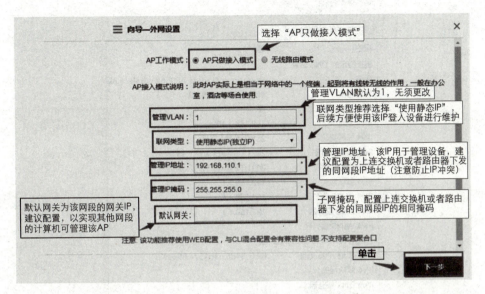

图 3-53 AP 自动弹出配置向导

单击"下一步"按钮,如图 3-54 所示,配置 WiFi 名称和 WiFi 密码。配置完成后单击"完成配置"按钮。WiFi 名称不建议配置为中文名称,如果配置为中文名称,可能会由于终端编码格式问题而导致搜索到的 WiFi 名称为乱码或者无法搜到信号。WiFi 密码至少 8 位。

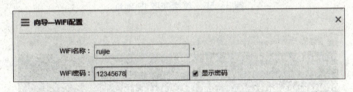

图 3-54 配置 WiFi 名称和密码

将接入网络的双绞线连接 AP,AP 使用不同的供电方式,其接入网络情况如下:
- AP 使用 PoE 模块供电:PoE 模块的 data in 口接入能够上网的网线。
- AP 使用交换机供电:将交换机接入能够上网的网线,AP 与交换机互联。
- AP 使用供电适配器供电:AP 的 LAN/PoE 口接入能够上网的网线。

3. 项目验证

终端能够连接到无线网络并获取地址,如图 3-55 所示。

终端能够 ping 通 DNS,并且能够上网,如图 3-56 所示。

3.4.2 组建胖 AP 单 SSID 无线局域网

1. 工作任务

由于该无线网络中只有一台无线 AP,不需要花费太长时间和太多精力去管理与配置 AP,可以让 AP 工作于胖模式。工作于胖模式的无线 AP 类似于一台二层交换机,担任有线和无线数据转换的角色,没有路由和 NAT 功能。网络中接入层没有智能型交换机,要在有线网的基础上添加一个 AP 来实现无线覆盖。

2. 网络拓扑

网络拓扑如图 3-57 所示。

无线移动互联技术

图 3-55 终端获取 IP 地址

图 3-56 终端 ping 通 DNS

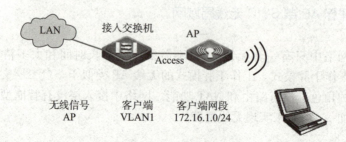

图 3-57 胖 AP 单 SSID 无线局域网拓扑图

3. 任务实施

（1）配置要点
- 连接好网络拓扑，保证 AP 能被供电，能正常开机。
- 保证要接 AP 的网线接在电脑上，电脑可以使用网络，使用 ping 测试。
- 完成 AP 基本配置后，验证无线 SSID 能否被无线用户端正常搜索到。
- 配置无线用户端的 IP 地址为静态 IP，并验证网络连通性。
- AP 其他可选配置（DHCP 服务、无线的认证及加密方式）。
- 第一次登录 AP 配置时，需要切换 AP 为胖模式工作，切换命令：ruijie > ap – mode fat。

（2）配置步骤
- AP 只做接入模式

步骤1：为无线用户配置 VLAN 和 DHCP 服务器（给连接的 PC 分配地址，如网络中已经存在 DHCP 服务器，可跳过此配置）。

```
Ruijie>enable
Ruijie#configure terminal
Ruijie(config)#vlan 1    （创建无线用户 VLAN）
Ruijie(config-vlan)#exit
Ruijie(config)#service dhcp    （开启 DHCP 服务）
Ruijie(config)#ip dhcp excluded-address 172.16.1.253 172.16.1.254    （不下发地址范围）
Ruijie(config)#ip dhcp pool test    （配置 DHCP 地址池，名称是"test"）
Ruijie(dhcp-config)#network 172.16.1.0 255.255.255.0    （下发 172.16.1.0 地址段）
Ruijie(dhcp-config)#dns-server 218.85.157.99    （下发 DNS 地址）
Ruijie(dhcp-config)#default-router 172.16.1.254    （下发网关）
Ruijie(dhcp-config)#exit
```

如果 DHCP 服务器在有线网络中配置，请在全局配置无线广播转发功能，否则，会出现用户获取 IP 地址不稳定的现象。

```
Ruijie(config)#data-plane wireless-broadcast enable
```

步骤2：配置 AP 的以太网接口，让无线用户的数据可以正常传输。

```
Ruijie(config)#interface GigabitEthernet 0/1
Ruijie(config-if-GigabitEthernet 0/1)#encapsulation dot1Q 1    （指定 AP 有线口 VLAN）
```

要封装相应的 VLAN，否则无法通信。

```
Ruijie(config-if-GigabitEthernet 0/1)#exit
```

步骤3：创建指定 SSID 的 WLAN，在指定无线子接口绑定该 WLAN，以使其能发出无线信号。

```
Ruijie(config)#dot11 wlan 1
Ruijie(dot11-wlan-config)#ssid AP    （SSID 名称为 AP）
Ruijie(dot11-wlan-config)#exit
Ruijie(config)#interface Dot11radio 1/0.1
```

```
Ruijie(config-if-Dot11radio 1/0.1)#encapsulation dot1Q 1  （指定AP射频子接口VLAN）
Ruijie(config-if-Dot11radio 1/0.1)#wlan-id 1  （在AP射频子接口使能WLAN）
Ruijie(config-if-Dot11radio 1/0.1)#exit
Ruijie(config)#interface Dot11radio 2/0.1
Ruijie(config-if-Dot11radio 2/0.1)#encapsulation dot1Q 1  （指定AP射频子接口vlan）
Ruijie(config-if-Dot11radio 2/0.1)#wlan-id 1  （在AP射频子接口使能WLAN）
Ruijie(config-if-Dot11radio 2/0.1)#exit
```

步骤4：配置Interface VLAN 地址和静态路由。

```
Ruijie(config)#interface BVI 1  （配置管理地址接口）
Ruijie(config-if-BVI 1)#ip address 172.16.1.253 255.255.255.0  （该地址只能用于管理,不能作为无线用户网关地址）
Ruijie(config-if-BVI 1)#exit
Ruijie(config)#ip route 0.0.0.0 0.0.0.0 172.16.1.254
Ruijie(config)#end
Ruijie#write  （确认配置正确,保存配置）
```

- AP做路由模式（NAT模式，只有部分AP支持）

步骤1：配置无线用户VLAN和DHCP服务器（给连接的PC分配地址，NAT模式，无线用户的网关和DHCP都做在AP上）。

```
Ruijie>enable
Ruijie#configure terminal
Ruijie(config)#vlan 1  （创建无线用户VLAN）
Ruijie(config-vlan)#exit
Ruijie(config)#service dhcp  （开启DHCP服务）
Ruijie(config)#ip dhcp excluded-address 172.16.1.253 172.16.1.254  （不下发地址范围）
Ruijie(config)#ip dhcp pool test  （配置DHCP地址池,名称是"test"）
Ruijie(dhcp-config)#network 172.16.1.0 255.255.255.0  （下发172.16.1.0地址段）
Ruijie(dhcp-config)#dns-server 218.85.157.99  （下发DNS地址）
Ruijie(dhcp-config)#default-router 172.16.1.254  （下发网关）
Ruijie(dhcp-config)#exit
```

步骤2：创建指定SSID的WLAN，在指定无线子接口绑定该WLAN，以使其能发出无线信号。

```
Ruijie(config)#dot11 wlan 1
Ruijie(dot11-wlan-config)#ssid AP  （SSID名称为AP）
Ruijie(dot11-wlan-config)#exit
Ruijie(config)#interface Dot11radio 1/0.1
Ruijie(config-if-Dot11radio 1/0.1)#encapsulation dot1Q 1  （指定AP射频子接口VLAN）
Ruijie(config-if-Dot11radio 1/0.1)#wlan-id 1  （在AP射频子接口使能WLAN）
Ruijie(config-if-Dot11radio 1/0.1)#exit
Ruijie(config)#interface Dot11radio 2/0.1
```

```
Ruijie(config-if-Dot11radio 2/0.1)#encapsulation dot1Q 1    (指定 AP 射频子接口 VLAN)
Ruijie(config-if-Dot11radio 2/0.1)#wlan-id 1    (在 AP 射频子接口使能 WLAN)
Ruijie(config-if-Dot11radio 2/0.1)#exit
```

步骤3：配置 ACL 允许内网用户做 NAT 转换。

```
Ruijie(config)#access-list 1 permit any
```

步骤4：配置 AP 的以太网接口，指定 g0/1 口为上连口，在接口上配置公网地址，并设置为 outside 方向。

```
Ruijie(config)#interface GigabitEthernet 0/1
Ruijie(config-if-GigabitEthernet 0/1)#ip address 100.168.12.200 255.255.255.0
Ruijie(config-if-GigabitEthernet 0/1)#ip nat outside
Ruijie(config-if-GigabitEthernet 0/1)#exit
```

步骤5：BVI 1 配置地址作为内网用户的网关，并且设置为 inside 方向。

```
Ruijie(config)#interface vlan 1
Ruijie(config-if-BVI 1)#ip address 172.16.2.1 255.255.255.0
Ruijie(config-if-BVI 1)#ip nat inside
Ruijie(config-if-BVI 1)#exit
```

步骤6：配置 NAT 转换列表。

```
Ruijie(config)#ip nat inside source list 1 interface GigabitEthernet 0/1 overload
```

步骤7：配置默认路由指向出口网关。

```
Ruijie(config)#ip route 0.0.0.0 0.0.0.0 100.168.12.1
Ruijie(config)#end
Ruijie#write(确认配置正确,保存配置)
```

4. 项目验证

①使用"show run"命令查看配置信息。
②用户能通过无线网络获取到 IP，并能正常上网。

3.4.3　微企业多部门无线局域网的组建

1. 工作任务

随着某公司业务的不断发展，公司规模不断扩大，办公人员数量逐渐增多，之前部署了有线网络。由于公司业务需要，业务部和销售部员工需要通过 WLAN 的方式接入互联网。公司购买了一台无线 AP 实现用多部门用户接入无线网络的需求。

2. 网络拓扑

网络拓扑如图 3-58 所示。

3. 任务实施

（1）组网需求

①在有线网络的基础上，添加一个无线 AP 实现网络覆盖。无线 AP 广播 2 个 SSID，分

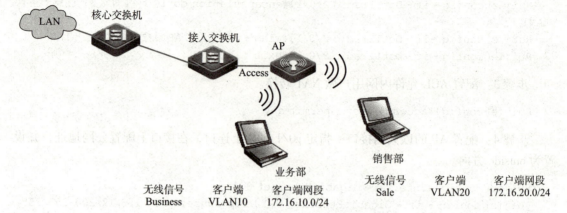

图3-58 微企业多部门无线局域网拓扑图

别对应两个 VLAN：业务部对应 VLAN10，销售部对应 VLAN20。

②AP 接在可网管的接入设备上（接口配置为 Trunk），交换机已经划分为 VLAN1、VLAN10、VLAN20，AP 充当透明设备实现无线覆盖，用户能通过不同 SSID 无线接入 VLAN1、VLAN10、VLAN20 获取 IP 地址上网。

③VLAN10 网段为 172.16.10.0；VLAN20 网段为 172.16.20.0。

（2）配置要点

①连接好网络拓扑，保证 AP 能被供电，能正常开机。

②保证要接 AP 的网线接在电脑上，电脑可以使用网络，使用 ping 测试。

③完成 AP 基本配置后，验证无线 SSID 能否被无线用户端正常搜索到。

④配置无线用户端的 IP 地址为静态 IP，并验证网络连通性。

⑤进行 AP 其他可选配置，如 DHCP 服务、无线的认证及加密方式等。

（3）配置步骤

①无线 AP 配置。

第一次登录 AP 配置时，需要切换 AP 为胖模式工作，切换命令为"ruijie＞ap－mode fat"。

步骤1：创建相关 VLAN。

```
Ruijie＞enable(进入特权模式)
Ruijie#configure terminal(进入全局配置模式)
Ruijie(config)#vlan 1(创建 VLAN1)
Ruijie(config-vlan)#exit
Ruijie(config)#vlan 10(创建无线用户 VLAN10,对应业务部)
Ruijie(config-vlan)#exit
Ruijie(config)#vlan 20(创建无线用户 VLAN20,对应销售部)
Ruijie(config-vlan)#exit
```

步骤2：开启 DHCP 服务。

```
Ruijie(config)#service dhcp
```

配置 DHCP 服务器排除地址段：

Ruijie(config)#ip dhcp excluded-address 172.16.10.253 172.16.10.254(DHCP 不下发地址:172.16.10.253、172.16.10.254)
Ruijie(config)#ip dhcp excluded-address 172.16.20.253 172.16.20.254

配置 VLAN10 地址池给业务部用户使用：

Ruijie(config)#ip dhcp pool Business(为业务部用户设置地址池)
Ruijie(dhcp-config)#network 172.16.10.0 255.255.255.0(DHCP 下发 172.16.10.0/24 网段)
Ruijie(dhcp-config)#dns-server 218.85.157.99(下发的 DNS 地址)
Ruijie(dhcp-config)#default-router 172.16.10.254(下发网关)
Ruijie(dhcp-config)#exit

配置 VLAN20 地址池给销售部用户使用：

Ruijie(config)#ip dhcp pool Sale(为销售部用户设置地址池)
Ruijie(dhcp-config)#network 172.16.20.0 255.255.255.0(DHCP 下发 172.16.20.0/24 网段)
Ruijie(dhcp-config)#dns-server 218.85.157.99(下发 DNS 地址)
Ruijie(dhcp-config)#default-router 172.16.20.254(下发网关)
Ruijie(dhcp-config)#exit

如果 DHCP 服务器在有线网络中配置，请在全局配置无线广播转发功能，否则，会出现用户获取 IP 地址不稳定的现象。

Ruijie(config)#data-plane wireless-broadcast enable

步骤 3：配置 interface gig 0/1.10 子接口并封装相关 VLAN10，配置 interface gig 0/1.20 子接口并封装相关 VLAN20。

Ruijie(config)#interface GigabitEthernet 0/1
Ruijie(config-if-GigabitEthernet 0/1)#encapsulation dot1Q 1(封装 VLAN)
Ruijie(config-if-GigabitEthernet 0/1)#interface GigabitEthernet 0/1.10(配置 interface gig 0/1.10 子接口)
Ruijie(config-subif-GigabitEthernet 0/1.10)#encapsulation dot1Q 10(封装 VLAN)
Ruijie(config-subif-GigabitEthernet 0/1.10)#interface GigabitEthernet 0/1.20(配置 interface gig 0/1.20 子接口)
Ruijie(config-subif-GigabitEthernet 0/1.20)#encapsulation dot1Q 20(封装 VLAN)
Ruijie(config-subif-GigabitEthernet 0/1.20)#exit

步骤 4：创建指定 SSID 的 WLAN，在指定无线子接口绑定该 WLAN，以使其能发出无线信号。

创建指定 SSID 的 WLAN：

Ruijie(config)#dot11 wlan 10(创建 WLAN10 接口)
Ruijie(dot11-wlan-config)#ssid Business(业务部 SSID:Business)
Ruijie(dot11-wlan-config)#exit
Ruijie(config)#dot11 wlan 11(创建 WLAN11 接口)

```
Ruijie(dot11-wlan-config)#ssid Sale(销售部 SSID:Sale)
Ruijie(dot11-wlan-config)#exit
```

配置射频口1，封装VLAN，并与WLAN关联：

```
Ruijie(config)#interface Dot11radio 1/0.10
Ruijie(config-if-Dot11radio 1/0.10)#encapsulation dot1Q 10(指定AP射频子接口 1/0.10 的VLAN)
Ruijie(config-if-Dot11radio 1/0.10)#wlan-id 10(与WLAN10 关联)
Ruijie(config-if-Dot11radio 1/0.10)#exit
Ruijie(config)#interface Dot11radio 1/0.20
Ruijie(config-if-Dot11radio 1/0.20)#encapsulation dot1Q 20(指定AP射频子接口 1/0.20 的VLAN)
Ruijie(config-if-Dot11radio 1/0.20)#wlan-id 11(与WLAN11 关联)
Ruijie(config-if-Dot11radio 1/0.20)#exit
```

配置射频口2，封装VLAN，并与WLAN关联：

```
Ruijie(config)#interface Dot11radio 2/0.10
Ruijie(config-if-Dot11radio 2/0.10)#encapsulation dot1Q 10(指定AP射频子接口 2/0.10 的VLAN)
Ruijie(config-if-Dot11radio 2/0.10)#wlan-id 10(与WLAN10 关联)
Ruijie(config-if-Dot11radio 2/0.10)#exit
Ruijie(config)#iinterface Dot11radio 2/0.20
Ruijie(config-if-Dot11radio 2/0.20)#encapsulation dot1Q 20(指定AP射频子接口 2/0.20 的VLAN)
Ruijie(config-if-Dot11radio 2/0.20)#wlan-id 11(与WLAN11 关联)
Ruijie(config-if-Dot11radio 2/0.20)#exit
```

步骤5：配置管理地址（因为AP做DHCP服务器，所以BVI 10和BVI 20需要配置对应IP地址，以保证地址可以正常分配；如果AP不做DHCP服务器，那么除了地址池不用配置，BVI 10和BVI 20的地址也不用配置）。

```
Ruijie(config)#interface BVI 1
Ruijie(config-if-BVI 1)#ip address 172.16.1.253 255.255.255.0
Ruijie(config-if-BVI 1)#exit
Ruijie(config)#interface BVI 10
Ruijie(config-if-BVI 10)#ip address 172.16.10.253 255.255.255.0
Ruijie(config-if-BVI 10)#exit
Ruijie(config)#interface BVI 20
Ruijie(config-if-BVI 20)#ip address 172.16.20.253 255.255.255.0
Ruijie(config-if-BVI 20)#exit
```

步骤6：配置AP缺省路由：

```
Ruijie(config)#ip route 0.0.0.0 0.0.0.0 172.16.1.254
```

步骤7：保存配置

```
Ruijie(config)#end    (退出到特权模式)
Ruijie#write    (确认配置正确,保存配置)
```

②接入交换机配置。

配置互联接口：

```
Ruijie>enable
Ruijie#configure terminal
Ruijie(config)#interface fastEthernet 0/1
Ruijie(config-if-FastEthernet 0/1)#switchport mode trunk
Ruijie(config-if-FastEthernet 0/1)#interface fastEthernet 0/2
Ruijie(config-if-FastEthernet 0/2)#switchport mode trunk
Ruijie(config-if-FastEthernet 0/2)#exit
```

创建 VLAN（必须配置，否则 AP 数据无法通过）：

```
Ruijie(config)#vlan 1
Ruijie(config-vlan)#vlan 10
Ruijie(config-vlan)#vlan 20
Ruijie(config-vlan)#exit
```

保存配置：

```
Ruijie(config)#end
Ruijie#write
```

③核心交换机配置：

配置互联接口：

```
Ruijie>enable
Ruijie#configure terminal
Ruijie(config)#interface fastEthernet 0/2
Ruijie(config-if-FastEthernet 0/2)#switchport mode trunk
Ruijie(config-if-FastEthernet 0/2)#exit
```

创建 VLAN：

```
Ruijie(config)#vlan 1
Ruijie(config-vlan)#vlan 20
Ruijie(config-vlan)#vlan 30
Ruijie(config-vlan)#exit
```

配置各个 VLAN 网关地址：

```
Ruijie(config)#interface vlan 1
Ruijie(config-if-vlan 1)#ip address 172.16.1.254 255.255.255.0
Ruijie(config-if-vlan 1)#interface vlan 20
Ruijie(config-if-vlan 20)#ip address 172.16.10.254 255.255.255.0
Ruijie(config-if-vlan 20)#interface vlan 30
Ruijie(config-if-vlan 30)#ip address 172.16.20.254 255.255.255.0
Ruijie(config-if-vlan 30)#exit
```

DHCP 功能（可选配置）：
在 AP 或网关设备上选择其中一个设备配置 DHCP 即可。

保存配置：

```
Ruijie(config)#end
Ruijie#write
```

4. 项目验证

无线用户可以搜索到 SSID Business 和 Sale，用户能通过无线获取到 IP，并能正常上网。

3.4.4 无线 AC 基础管理配置

1. 工作任务

随着某公司业务的不断发展，公司规模不断扩大，办公人员数量逐渐增多，需要购买多台无线 AP 才能满足用户接入需求，为了减少管理无线 AP 的工作量，公司购买了无线 AC 进行统一管理无线 AP，现需要对新购置的无线 AC 进行基础管理。

2. 网络拓扑

网络拓扑如图 3-59 所示。

图 3-59 AC 管理网络拓扑图

3. 任务实施

（1）通过 Web 方式管理 AC

● 使用 Telnet 或 Console 登录设备并开启 AC Web 功能。

登录设备步骤请查看 Console 方式登录和 Telnet 方式登录。

```
Ruijie#configure terminal    （进入全局配置模式）
Ruijie(config)#enable service Web-server    （开启 Web 服务）
```

● 配置或修改管理地址和用户名密码。

```
Ruijie(config)#vlan 1    （创建管理 VLAN,VLAN1 默认就有的,其他 VLAN 需要创建）
Ruijie(config-vlan)#exit
Ruijie(config)#interface vlan 1    （默认 AC 的所有接口属于 VLAN1,默认管理地址是 192.168.110.1,如果要在其他 VLAN 上配置,则配置其他 VLAN）
Ruijie(config-if-VLAN 1)#ip address 192.168.110.1 255.255.255.0
Ruijie(config-if-VLAN 1)#exit
Ruijie(config)#Webmaster level 0 username admin password 123456    （创建用户名为 admin,密码是 123456）
Ruijie(config)#ip route 0.0.0.0 0.0.0.0 192.168.110.254    （配置默认路由）
Ruijie(config)#end
Ruijie#write(保存配置)
```

● 使用浏览器登录设备，对设备进行管理。

打开电脑上的浏览器，输入 "http://192.168.110.1"，按 Enter 键，如图 3-60 所示，默认用户名为 admin，密码为 123456。

图 3-60　无线 AC 的 Web 管理界面

无线 AC 版本 11.x 后，Web 默认用户名和密码都是 admin，开启 Web 服务器后，需要使用 admin 账号登录。如果在命令行界面下创建其他账号，登录 Web 会出现没有授权页面的现象，此时可以使用 admin 登录 Web 页面。在"系统"→"管理员权限"中找到新建的账号，单击"编辑"按钮，授权该账号可以管理的页面，如图 3-61 所示。

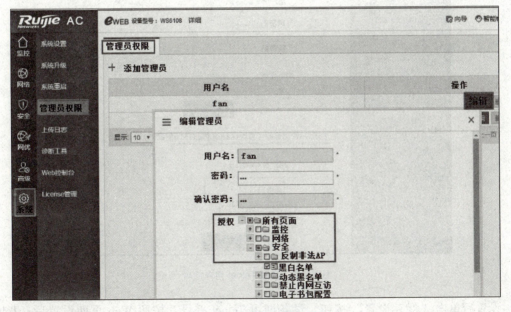

图 3-61　授权账号管理页面

(2) 通过 Web 页面配置 AC Telnet 功能

登录 AC 的 Web 页面后，选择"系统"→"系统设置"，如图 3-62 所示。

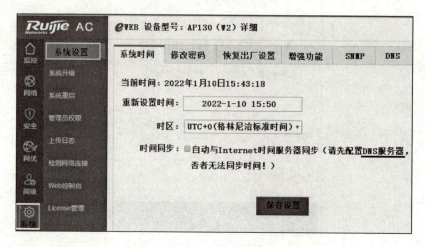

图 3-62 系统设置页面

之后选择"修改密码"，设置 Telnet 密码，如图 3-63 所示。

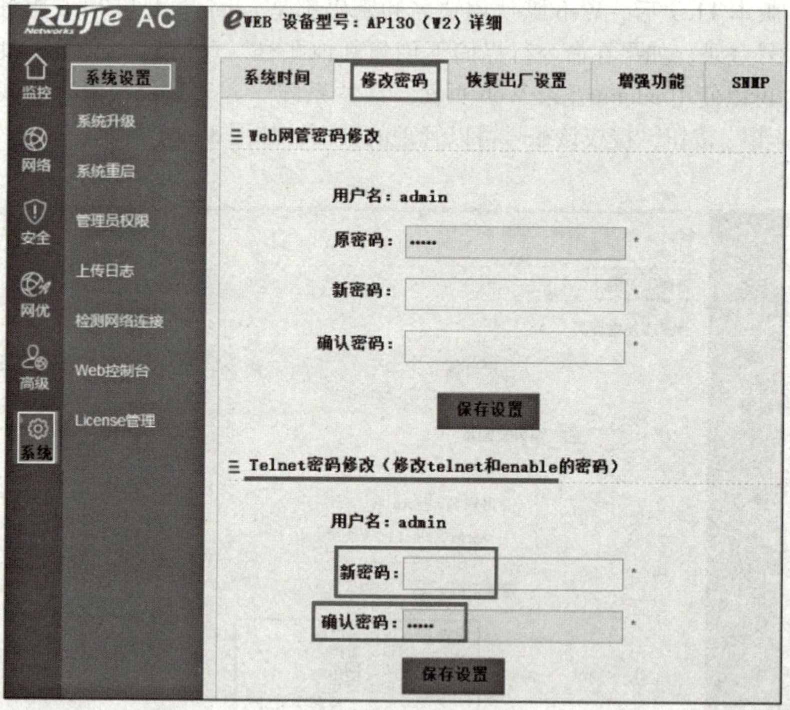

图 3-63 设置 Telnet 用户密码

设置后单击"保存设置"按钮，设备即可 Telnet 登录。按照 Web 页面设置后，Telnet 密码和 Enable 密码是相同。通过 Console 登录 AC，开启 AC Telnet 及配置 Enable 密码。

Console 登录方式设置参考"日常维护"→"设备登录"→"Console 方式登录"。

配置 AC IP 地址及路由：

```
Ruijie>enable
Ruijie#configure terminal
Ruijie(config)#interface vlan 1     （默认 AC 上的所有接口都属于 VLAN1）
Ruijie(config-if-vlan 1)#ip address 192.168.110.1 255.255.255.0
Ruijie(config-if-vlan 1)#exit
Ruijie(config)#ip route 0.0.0.0 0.0.0.0 192.168.110.254    （配置默认路由，实现跨网段访问 AC）
```

配置 Telnet 密码：

```
Ruijie(config)#line vty 0 4
Ruijie(config-line)#password student     （Telnet 密码 student）
Ruijie(config-line)#login
Ruijie(config-line)#exit
```

配置 Enable 密码：

```
Ruijie(config)#enable password teacher     （Enable 密码 teacher）
Ruijie(config)#end
Ruijie#write
```

（3）项目验证（确认 Telnet 配置是否成功）

在"开始"→"运行"中输入 cmd 命令，单击"确定"按钮，在弹出的 cmd 命令行中，输入"telnet 192.168.1.1"（AC 的 IP 地址），如图 3-64 所示。

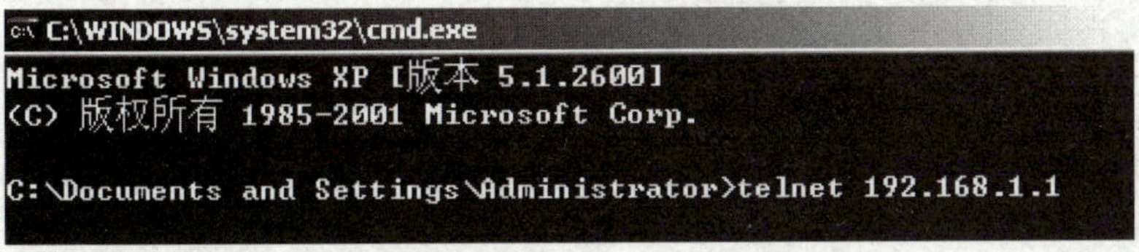

图 3-64　使用 Telnet 登录 AC

按 Enter 键后，出现输入密码界面，该密码是 Telnet 登录密码，密码输入时隐藏不显示。输入正确的密码后按 Enter 键，进入设备的用户模式，出现 Ruijie>模式，如图 3-65 所示。

在 Ruijie>模式下输入"enable"后，提示输入特权密码，输入正确的密码后按 Enter 键，进入特权模式，如图 3-66 所示。

图 3-65　输入密码界面

图 3-66　成功实现 Telnet 登录

测试完毕，保存配置。

Ruijie(config)#end
Ruijie#write

（4）通过 SSH 方式管理 AC
①开启 AC 的 SSH 服务功能（默认 SSH 功能没有开启）。

Ruijie#configure terminal　（进入全局配置模式）
Ruijie(config)#enable service ssh-server　（开启 SSH 服务）

②生成加密密钥。

Ruijie(config)#crypto key generate dsa　（加密方式有两种：DSA 和 RSA，可以随意选择）
Choose the size of the key modulus in the range of 360 to 2048 for your
Signature Keys. Choosing a key modulus greater than 512 may take
a few minutes.
How many bits in the modulus[512]:（直接按 Enter 键）
% Generating 512 bit DSA keys...[ok]

③配置 AC 的 IP 地址。

Ruijie(config)#interface vlan 1　（此处与 AP 配置不同，AP 在 Interface BVI 1 中配置）
Ruijie(config-if-VLAN 1)#ip address 192.168.1.1 255.255.255.0
Ruijie(config-if-VLAN 1)#exit
Ruijie(config)#ip route 0.0.0.0 0.0.0.0 192.168.1.2

需求一：SSH 登录仅使用密码验证。

Ruijie(config)#line vty 0 4　（进入 SSH 密码配置模式，0 4 表示开启远程虚拟线路 0~4，允许共 5 个用户同时登录路由器）
Ruijie(config-line)#password ruijie　（配置 SSH 密码为 ruijie，修改密码时，同样使用该命令）
Ruijie(config-line)#login　（对 SSH 登录设备启用密码认证）
Ruijie(config-line)#exit　（退出到全局配置模式）
Ruijie(config)#enable password ruijie　（配置 Enable 密码为 ruijie，修改密码时，同样使用该命令）
Ruijie(config)#end　（退出到特权模式）
Ruijie#write

确认配置是否正确：

打开 SecureCRT 软件（SSH 登录 AC 需要用支持 SSH 客户端的软件，Windows 的 CMD 模式不支持 SSH，这里使用 SecureCRT 软件作为 SSH 客户端），选择如图 3-67 所示图标。

图 3-67　SecureCRT 界面

协议选择 SSH2,主机名输入路由器的 IP 地址,如图 3-68 所示。

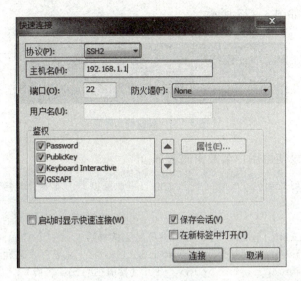

图 3-68　SSH 配置界面

单击"连接"按钮,在如图 3-69 所示选项框中单击"接受并保存"按钮。

出现输入用户名界面,如图 3-70 所示,随便输入一个用户名,例如,输入"xxx"作为用户名。

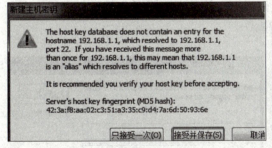

图 3-69　新建主机密钥

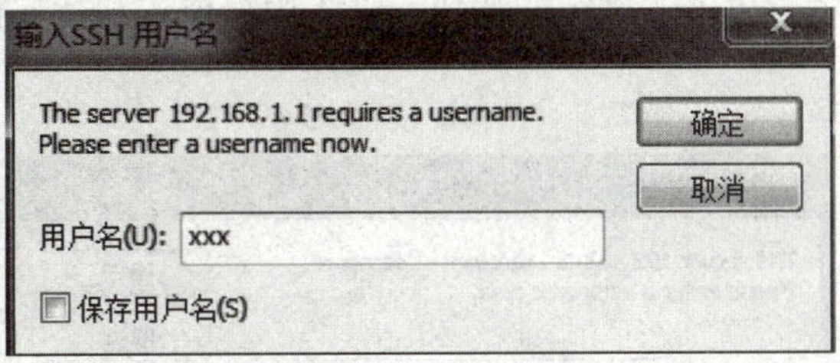

图 3-70　用户名界面

单击"确定"按钮,出现输入用户名和密码界面,输入远程登录密码,如图 3-71 所示。

单击"确定"按钮,进入用户模式,即 Ruijie > 模式,如图 3-72 所示。

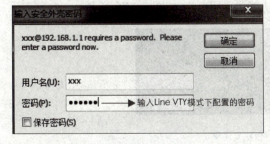

图 3-71　密码界面

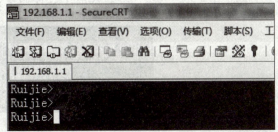

图 3-72　用户模式界面

在 Ruijie > 模式下输入 "enable" 后，提示输入特权密码。输入正确的密码后按 Enter 键，进入特权模式，如图 3-73 所示。

图 3-73　特权模式界面

需求二：SSH 登录使用用户名及密码验证。

Ruijie(config)#line vty 0 4　（进入 SSH 密码配置模式，0 4 表示开启远程虚拟线路 0~4，允许共 5 个用户同时登录设备）
Ruijie(config-line)#login local　（对 SSH 登录设备启用基于用户名和密码的认证）
Ruijie(config-line)#exit　（退出到全局配置模式）
Ruijie(config)#username admin password ruijie　（配置用户名和密码）
Ruijie(config)#enable password ruijie　（配置 Enable 密码）
Ruijie(config)#end　（退出到特权模式）
Ruijie#write

确认配置是否正确：

使用 SecureCRT 软件的 SSH 功能登录无线 AC，在用户名界面输入用户名 "admin"，如图 3-74 所示。

单击 "确定" 按钮，出现输入用户名和密码界面，输入远程登录密码，如图 3-75 所示。单击 "确定" 按钮，进入用户模式和特权模式。

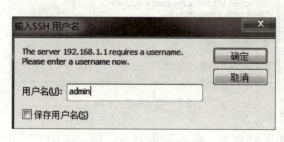

图 3-74　SSH 用户名界面

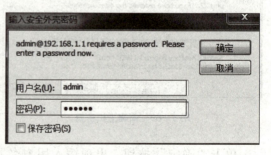

图 3-75　SSH 密码界面

4. 项目验证

① 使用 "show service" 命令确认 SSH 服务功能是否开启，如图 3-76 所示。

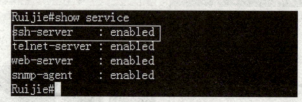

图 3-76　show service 命令

②使用“show ssh”命令查看 SSH 服务的状态，如图 3－77 所示。

```
Ruijie#show ssh
Connection Version Encryption       Hmac         State           Username
         0     2.0 aes256-cbc       hmac-sha1    Session started admin
Ruijie#
```

图 3－77　show ssh

③使用“show users”命令查看当前登录的用户，如图 3－78 所示。

```
Ruijie#show users
    Line          User         Host(s)              Idle        Location
   0 con 0                     idle                 00:00:22
*  1 vty 0        admin        idle                 00:00:00    192.168.1.2
Ruijie#
```

图 3－78　show users

3.4.5　企业智能无线局域网的部署

1. 工作任务

小张在某企业担任网络管理员的职务，目前需要构建中小型园区无线网络，对公司进行无线网络的配置。需要配置一个开放式无线网络，并为客户端动态分配地址。网络中的 AP 需要由 AC 统一进行管理和配置，无线 AP 通过 AC 下发配置和管理，无线 AP 能发出信号和接入无线客户端。

2. 网络拓扑

无线网络拓扑结构如图 3－79 所示。VLAN 与 IP 等相关信息见表 3－1。

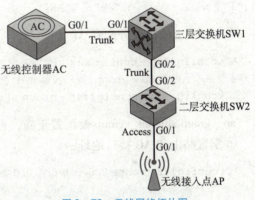

图 3－79　无线网络拓扑图

表 3－1　VLAN 与 IP 等相关信息

设备	VLAN	IP	网关
AP	VLAN10	192. 168. 10. 0/24	192. 168. 10. 1 网关在 AC 上
无线用户	VLAN20	192. 168. 20. 0/24	192. 168. 20. 1 网关在三层交换机上
AC（与三层交换机互通）	VLAN30	192. 168. 30. 0/24	用户和 AP 的 DHCP 都在三层交换机上

3. 任务实施

（1）无线控制器 AC 的配置

①VLAN 配置：

```
AC>enable  （进入特权模式）
AC#configure terminal  （进入全局配置模式）
AC(config)#vlan 10  （AP 的 VLAN）
```

```
AC(config-vlan)#vlan 20    （用户的 VLAN）
AC(config-vlan)#vlan 30    （AP 与三层交换机(SW1)互联的 VLAN）
```

②配置 AP VLAN 网关：

```
AC(config)#interface vlan 10    （AP 的网关）
AC(config-int-vlan)#ip address 192.168.10.1 255.255.255.0    （IP 不必配置）
AC(config-int-vlan)#interface vlan 20    （用户的 SVI 接口必须配置）
AC(config-int-vlan)#exit
```

③wlan-config 配置，创建 SSID：

```
AC(config)#wlan-config 2 student    （配置 wlan-config,ID 是 2,SSID(无线信号)是 student）
AC(config-wlan)#exit
```

④ap-group 配置，关联 wlan-config 和用户 VLAN：

```
AC(config)#ap-group student_group
AC(config-ap-group)#interface-mapping 2 20（把 wlan-config 2 和 VLAN20 进行关联,"2"是 wlan-config,"20"是 VLAN）
```

⑤把 AC 上的配置分配到 AP 上：

```
AC(config)#ap-config xxx    （把 AP 组的配置关联到 AP 上,XX 为某个 AP 的名称时,那么表示只在该 AP 下应用 ap-group;第一次部署时,默认 XXX 实际是 AP 的 MAC 地址）
AC(config-ap-config)#ap-group student_group
```

ap-group student_group 要配置正确，否则会出现无线用户搜索不到 SSID 的现象。

⑥配置路由和 AC 接口地址：

```
AC(config)#ip route 0.0.0.0 0.0.0.0 192.168.30.2    （192.168.30.2 是三层交换机的地址）
AC(config)#interface vlan 30    （与三层交换机相连使用的 VLAN）
AC(config-int-vlan)#ip address 192.168.30.1 255.255.255.0
AC(config-int-vlan)#interface loopback 0
AC(config-int-loopback)ip address 1.1.1.1 255.255.255.255    （定义 loopback0 接口,用于 AP 寻找 AC 的地址,包含在 DHCP 的 option138 字段中）
AC(configint-loopback)#interface GigabitEthernet 0/1
AC(config-int-GigabitEthernet0/1)#switchport mode trunk    （与三层交换机相连的接口）
```

⑦保存配置：

```
AC(config-int-GigabitEthernet0/1)#end    （退出到特权模式）
AC#write    （确认配置正确,保存配置）
```

(2) 三层交换机 SW1 的配置

①VIAN 配置，创建用户 VLAN、AP VLAN 和互联 VLAN：

```
SW1>enable    （进入特权模式）
SW1#configure terminal    （进入全局配置模式）
```

```
SW1(config)#vlan 10      （AP 的 VLAN）
SW1(config-vlan)#vlan 20  （用户的 VLAN）
SW1(config-vlan)#vlan 30  （与 AC 互联的 VLAN）
SW1(config-vlan)#exit
```

②配置接口和接口地址：

```
SW1(config)# interface GigabitEthernet 0/1
SW1(config-int-GigabitEthernet 0/1)#switchport mode trunk  （与 AC 无线交换机
相连的接口）
SW1(config int-GigabitEthernet 0/1)#interface GigabitEthernet 0/2
SW1(config-int-GigabitEthernet 0/2)#switchport mode trunk  （与接入交换机相连
的接口）
SW1(config-int-GigabitEthernet 0/2)#interface vlan 10    （AP 的同一个网段的地
址，用于 AP 的 DHCP 寻址，如果不配置地址，那么 AP 将获取不到 IP）
SW1(config-int-vlan)#ip address 192.168.10.2 255.255.255.0
SW1(config-int-vlan)#interface vlan 20   （无线用户的网关地址）
SW1(config-int-vlan)#ip address 192.168.20.1 255.255.255.0
SW1(cofig-int-vlan)#interface vlan 30   （和 AC 无线交换机的互联地址）
SW1(config-int-vlan)#ip address 192.168.30.2 255.255.255.0
SW1(config-int-vlan)#exit
```

③配置 AP 的 DCHP：

```
SW1(config)#service dhcp   （开启 DHCP 服务）
SW1(config)#ip dhcp pool ap_student  （创建 DHCP 地址池，名称是 ap_student）
SW1(config-dhcp)#option 138 ip 1.1.1.1   （配置 option 字段，指定 AC 的地址，即 AC 的
loopback 0 地址）
SW1(config-dhcp)#network 192.168.10.0 255.255.255.0  （分配给 AP 的地址）
SW1(config-dhcp)#default-route 192.168.10.1  （分配给 AP 的网关地址）
SW1(config-dhcp)#exit
```

AP 的 DHCP 中的 option 字段和网段、网关要配置正确，否则会出现 AP 获取不到 DHCP 信息而导致无法建立隧道的现象。

④配置无线用户的 DHCP：

```
SW1(config)#ip dhcp pool user_student  （配置 DHCP 地址池，名称是 user_student）
SW1(config-dhcp)#network 192.168.20.0 255.255.255.0  （分配给无线用户的地址）
SW1(config-dhcp)#default-route 192.168.20.1  （分配给无线用户的网关）
SW1(config-dhcp)#dns-server 8.8.8.8   （分配给无线用户的 DNS）
SW1(config-dhcp)#exit
```

⑤配置静态路由：

```
SW1(config)#ip route 1.1.1.1 255.255.255.255 192.168.30.1  （配置静态路由，指明到
达 AC 的 loopback 0 的路径）
```

⑥保存配置：

```
SW1(config)#exit   （退出到特权模式）
SW1#write    （确认配置正确，保存配置）
```

(3) 配置二层交换机

①VLAN 配置（接入交换机只配置 AP 的 VLAN 就可以）：

```
SW2 > enable    （进入特权模式）
SW2#configure terminal    （进入全局配置模式）
SW2(config)#vlan 10    （AP 的 VLAN）
SW2(config-vlan)#exit
```

②配置接口：

```
SW2(config)#interface GigabitEthernet 0/1
SW2(config-int-GigabitEthernet 0/1)#switchport access vlan 10    （与 AP 相连的接口,划入 AP 的 VLAN）
SW2(config-int-GigabitEthernet 0/1)#interface GigabitEthernet 0/2
SW2(config-int-GigabitEthernet 0/2)#switchport mode trunk    （与核心交换机相连的接口）
```

③保存配置：

```
SW2(config-int-GigabitEthernet 0/2)#end    （退出到特权模式）
SW2#write    （确认配置正确,保存配置）
```

4. 项目验证

①使用无线客户端连接无线网络。

②在无线交换机上使用"show ap-config summary"命令查看 AP 的配置，使用"show ap-config running-config"命令查看 AP 详细配置。

③使用"show ac-config client summary by-ap-name"命令可查看关联到无线的客户端。

3.4.6 微企业办公网双 AC 热备份无线局域网的组建

1. 工作任务

某金融机构对无线网络的稳定性和防灾能力要求非常高，需要通过无线控制器（AC）的热备份功能进行实现。在 AC 发生不可达（故障）时，为 AC 和 AP 提供毫秒级的 CAPWAP 隧道切换能力，确保已关联用户业务不间断，最大限度地保证无线用户的可用性及稳定性。双 AC 热备份可以大大增强无线网络的稳定性和防灾能力，但需要增加无线控制器 AC 设备的额外配置。在瘦 AP 架构上，AP 需要和 AC 建立 CAPWAP 隧道之后才能正常工作。

2. 网络拓扑

网络拓扑如图 3-80 所示。

3. 任务实施

无线 AC 启用热备份功能，当 AC-1 宕机或者链路中断时，用户可以迅速切换到备用 AC-2。在主、备份 AC 上的 AP 配置必须完全一致，并且如果 AP 配置有调整，必须两台 AC 一起调整。Web 一代认证不支持热备份、内置 Web 认证不支持热备份。

（1）配置思路

①AC-1、AC-2、AP 需要路由可达。

②启用热备份功能，配置 AP DHCP 的 option 138 时，需要配置主、备份 AC 的 loopback 地址。例如 option 138 1.1.1.1 2.2.2.2。

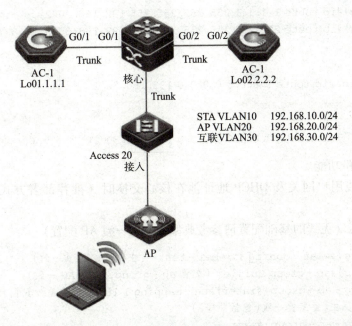

图 3-80 AC 热备份网络拓扑图

③主、备份 AC 间关于 AP、ap-group 的配置必须完全一致。大部分配置只要求主、备份两边均有配置，而部分配置需要保证配置顺序一致。

interface-mapping 命令需要保证在同一个 ap-group 下配置顺序一致，或者主、备份 AC 均强制指定相同的 ap-wlan-id。

④热备份组中的 WLAN 必须是唯一的，不能映射在其他 ap-group 中。

```
AC(config)#ap-group ruijie    （配置 ap-group）
AC(config-ap-group)#interface-mapping 1 10    （映射 WLAN1）
AC(config-ap-group)#exit
AC(config)#wlan hot-backup 1.1.1.1
AC(config-hotbackup)#context 10
AC(config-hotbackup-ctx)#ap-group ruijie    （该 ap-group 被加入热备份中，则
WLAN1 不能在其他 ap-group 中进行映射(11.x 版本没有该限制)）
```

⑤对热备份 AP 所在的 ap-group 上配置修改，最好先在主 AC 上进行操作，再在备份 AC 上进行操作，这样可以防止配置修改引起 AP 的主、备份 AC 发生变化而导致 AP 工作不正常。建议在配置修改后让 AP 重新与主、备份 AC 建立连接。

⑥离线 AP 预配置需特别注意 ap-name 配置。离线预配置 ap-name 设置 AP 的名字，虽然主、备份 AC 配置一致，但 AP 在加入第一台 AC 后，会被修改成新名字，导致在第二台 AC 上线时找不到对应离线配置，从而可能认为该 AP 主、备份配置不一致，从而导致该 AP 无法正常工作。如果一定要修改 ap-name，在主、备份 AC 上同时配置 ap-mac，或者等到 AP 在主、备份 AC 均上线后，再在主、备份 AC 上进行 ap-name 修改。

(2) 配置步骤

①配置路由，实现 AC-1、AC-2、AP 路由可达。

核心配置：

核心(config)#ip route 1.1.1.1 255.255.255.255 192.168.30.2
核心(config)#ip route 2.2.2.2 255.255.255.255 192.168.30.3

AC-1 配置：

AC-1(config)#ip route 0.0.0.0 0.0.0.0 192.168.30.1

AC-2 配置：

AC-2(config)#ip route 0.0.0.0 0.0.0.0 192.168.30.1

②启用热备份功能。

方案 1：无线用户网关及 DHCP 地址池在核心交换时（推荐部署方式），热备份配置如下。

AC-1 配置：（无线的基础配置请参考典型功能——瘦 AP 配置）

AC-1(config)#wlan-config 1 rebei-test （主、备 AC 配置一致）
AC-1(config)#ap-group ruijie （配置 ap-group，主、备 AC 一致）
AC-1(config-ap-group)#interface-mapping 1 10 （如果遇到多个 interface-mapping 的情况,请确保主、备配置一致(包括顺序)）
AC-1(config-ap-group)#exit
AC-1(config)# wlan hot-backup 2.2.2.2 （配置对端 loopback 0 地址）
AC-1(config-hotbackup)# context 10 （配置备份实例,主、备 AC 一致）
AC-1(config-hotbackup-ctx)# priority level 7 （配置 AC-1 热备份实例优先级,数字越高,优先级越高,"7"表示抢占）
AC-1(config-hotbackup-ctx)# ap-group ruijie （将 ap-group 加入热备份实例）
AC-1(config-hotbackup)#exit
AC-1(config-hotbackup)# wlan hot-backup enable （启用热备份功能）

AC-2 配置：（无线的基础配置请参考典型功能——瘦 AP 配置）

AC-2(config)#wlan-config 1 rebei-test
AC-2(config)#ap-group ruijie
AC-2(config-ap-group)#interface-mapping 1 10
AC-2(config)# exit
AC-2(config)# wlan hot-backup 1.1.1.1
AC-2(config-hotbackup)# context 10
AC-2(config-hotbackup-ctx)# ap-group ruijie
AC-2(config-hotbackup)# exit
AC-2(config-hotbackup)# wlan hot-backup enable

主、备 AC 上同一个 AP 的配置：主、备 AC 上对该 AP 的配置必须完全一致。以 MAC 地址为 0001.0000.0001 的 AP 为例，假设 AP 已在主 AC 上上线：

主 AC 配置（AP 已经上线且没有重命名）：

AC-1(config)#ap-config 0001.0000.0001 （AP 已经上线）
AC-1(config-ap)#ap-group ruijie （调用已经加入热备份的 ap-group）
AC-1(config-ap)#ap-name ap320 （主、备 AC 上,同一个 AP 的名字必须一致）
AC-2(config)#ap-config ap320 （AP 还未上线,做预配置。如果 AP 还没有和主 AC 建立隧道,可以采用该配置方式）

AC-2(config-ap)#ap-mac 0001.0000.0001　（指定"ap-config ap320"是给MAC地址为0001.0000.0001的AP使用的,该AP上线后,会自动使用该ap-config的配置）
AC-2(config-ap)#ap-group ruijie　（调用已经加入热备份的ap-group）

方案2：无线用户网关及DHCP在AC上时，热备份配置如下：

在配置过程中，需要重点考虑热备份切换时路由切换的问题。

核心配置：

核心(config)#ip route 192.168.10.0 255.255.255.0 192.168.30.2
核心(config)#ip route 192.168.10.0 255.255.255.0 192.168.30.3

AC-1配置：

AC-1(config)#interface VLAN 10　（无线用户VLAN）
AC-1(config-if-VLAN 10)#ip address 192.168.10.2 255.255.255.0
AC-1(config-if-VLAN 10)#vrrp 1 ip192.168.10.1　（启用VRRP功能,这里配置VRRP组号为1）
AC-1(config-if-VLAN 10)#vrrp 1 priority 150
AC-1(config-if-VLAN 10)#exit
AC-1(config)#service dhcp
AC-1(config)#ip dhcp pool sta　（无线用户地址池）
AC-1(dhcp-config)#network 192.168.10.0 255.255.255.0 192.168.10.4 192.168.10.254
（下发192.168.10.0/24网段,但是地址是192.168.10.4～192.168.10.254）
AC-1(dhcp-config)#dns-server 8.8.8.8
AC-1(dhcp-config)#default-router 192.168.10.1
AC-1(dhcp-config)#exit
AC-1(config)#ap-group ruijie　（配置ap-group）
AC-1(config-ap-group)#interface-mapping 1 10　（如果遇到多个interface-mapping的情况,请确保主、备配置一致(包括顺序)）
AC-1(config-ap-group)#exit
AC-1(config)#wlan hot-backup 2.2.2.2　（配置对端AC的loopback 0 IP地址）
AC-1(config-hotbackup)#context 10　（配置备份实例）
AC-1(config-hotbackup-ctx)#priority level 7　（配置AC-1热备份实例优先级,数字越高,优先级越高,"7"表示抢占）
AC-1(config-hotbackup-ctx)#ap-group ruijie　（将ap-group加入热备份实例）
AC-1(config-hotbackup-ctx)#dhcp-pool sta　（将无线用户地址池加入热备份实例,备份AC的DHCP将不会响应DHCP）
AC-1(config-hotbackup-ctx)#vrrp interface vlan 10 group 1　（无线用户网关VRRP组加入热备份实例(这里group后面的数字就是VRRP的组号),如果VRRP状态没有必要随着热备状态切换,就可以不用加入热备份实例。加入热备份实例的VRRP在备份AC上的状态会是init状态。）
AC-1(config-hotbackup-ctx)#exit
AC-1(config-hotbackup)#wlan hot-backup enable　（启用热备份功能）

AC-2配置：

AC-2(config)#interface VLAN 10
AC-2(config-if-VLAN 10)#ip address 192.168.10.3 255.255.255.0
AC-2(config-if-VLAN 10)#vrrp 1 ip 192.168.10.1

```
AC-2(config-if-VLAN 10)#exit
AC-2(config)#service dhcp    （开启 DHCP 功能）
AC-2(config)#ip dhcp pool sta
AC-2(dhcp-config)#network 192.168.10.0 255.255.255.0 192.168.10.4 192.168.10.254
（下发 192.168.10.0/24 网段,但是地址是 192.168.10.4~192.168.10.254）
AC-2(dhcp-config)#dns-server 8.8.8.8
AC-2(dhcp-config)#default-router 192.168.10.1
AC-2(dhcp-config)#exit
AC-2(config)#ap-group ruijie
AC-2(config-ap-group)#interface-mapping 1 10    （WLAN ID 必须一致）
AC-2(config-ap-group)#exit
AC-2(config)#wlan hot-backup 1.1.1.1
AC-2(config-hotbackup)#context 10
AC-2(config-hotbackup-ctx)#ap-group ruijie
AC-2(config-hotbackup-ctx)#dhcp-pool sta
AC-2(config-hotbackup-ctx)#vrrp interface vlan 10 group 1
AC-2(config-hotbackup-ctx)#exit
AC-2(config-hotbackup)#wlan hot-backup enable    （启用热备份功能）
```

主、备 AC 上同一个 AP 的配置：主、备 AC 上对该 AP 的配置必须完全一致。以 MAC 地址为 0001.0000.0001 的 AP 为例，假设 AP 已在主 AC 上上线：

主 AC 配置（AP 已经上线且没有重命名）：

```
AC-1(config)#ap-config 0001.0000.0001    （AP 已经上线）
AC-1(config-ap)#ap-group ruijie    （调用已经加入热备份的 ap-group）
AC-1(config-ap)#ap-name ap320    （主、备 AC 上,同一个 AP 的名字必须一致）
AC-2(config)#ap-config ap320    （AP 还未上线,做预配置。如果 AP 还没有和主 AC 建立隧道,可以采用该配置方式）
AC-2(config-ap)#ap-mac 0001.0000.0001    （指定"ap-config ap320"是给 MAC 地址为 0001.0000.0001 的 AP 使用的,该 AP 上线后,会自动使用该 ap-config 的配置）
AC-2(config-ap)#ap-group ruijie    （调用已经加入热备份的 ap-group）
```

4. 项目验证

①通过"show wlan hot-backup"命令确认 connect 状态为 channel_up。

```
AC-1#show wlan hot-backup 2.2.2.2
    wlan hot-backup 2.2.2.2
    hot-backup:Enable
    connect state:CHANNEL_UP
    hello-interval:1000
    kplv-pkt:ip
    work-mode:NORMAL
    !
    context 10
    hot-backup role:PAIR-ACTIVE
    hot-backup rdnd state:REALTIME-SYN
    hot-backup priority:7
```

```
        ap-group:ruijie
        dhcp-pool:sta
        vrrp interface-group:VLAN 10-1
AC-2#show wlan hot-backup 1.1.1.1
        wlan hot-backup 1.1.1.1
        hot-backup:Enable
        connect state:CHANNEL_UP
        hello-interval:1000
        kplv-pkt:ip
        work-mode:NORMAL
        !
        context 10
        hot-backup role:PAIR-STANDBY
        hot-backup rdnd state:REALTIME-SYN
        hot-backup priority:4
        ap-group:ruijie
        dhcp-pool:sta
        vrrp interface-group:VLAN 10-1
```

②登录到 AP，使用"show capwap state"命令可以查看到建立了两个隧道。

```
Ruijie#show cap stat
CAPWAP tunnel state,4 peers,2 is run:
    Index    Peer IP      PortState
    0        1.1.1.1      5246Run
    1        2.2.2.2      5246Run
    2        ::           5246Idle
    3        ::           5246Idle
```

③用户连接无线网络，连续 ping 网关之后重启主 AC，确认热备份切换是否成功。只有优先级为 7 的 AC 才会抢占，当热备份主 AC 挂掉又恢复之后，默认需要等 10 min，才能再次成为热备份主 AC，如图 3-81 所示。

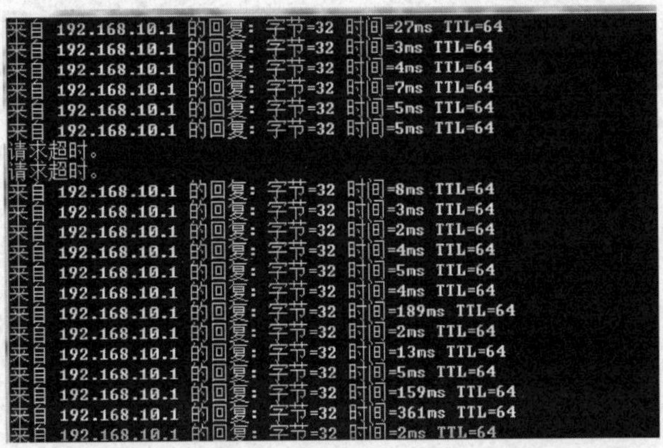

图 3-81 AC 热备份验证

④查看主、备 AC 的 VRRP 状态。

主 AC：

```
AC-1#show vrrp int vlan 10 brief
InterfaceGrp  Pri  timer  Own Pre  State   Master addr    Group addr
  VLAN 101    150  3 -        P    Master  192.168.10.2   192.168.10.1
```

备份 AC：

```
AC-2#show vrrp brief
InterfaceGrp  Pri  timer  Own Pre  State  Master addr   Group addr
  VLAN 101    100  3 -        P    Init   0.0.0.0       192.168.10.1
```

3.4.7 微企业办公网双 AC 漫游无线局域网的组建

1. 工作任务

某公司网络规模较大，员工数量较多，需要实现办公楼内无线高质量覆盖，保证无线漫游稳定。无线用户在移动到两个 AP 覆盖范围的临界区域时，无线用户与新的 AP 需要进行关联并与原有 AP 断开关联，并且在此过程中保持不间断的网络连接。用户在漫游过程中，不会感知到漫游的发生。无线 AP 默认支持漫游功能，但对于跨 AC 的漫游，需要两个 AC 之间建立漫游组来交互用户数据，无线用户信号不中断，保证无线用户漫游无感知。

2. 网络拓扑

网络拓扑如图 3-82 所示。

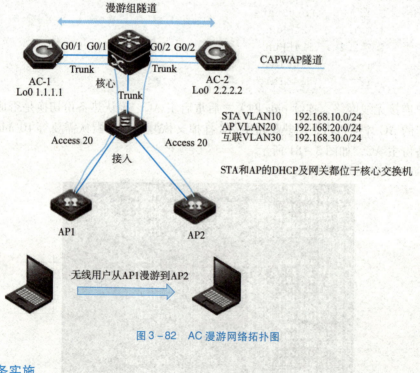

图 3-82 AC 漫游网络拓扑图

3. 任务实施

AP1 和 AP2 分别挂在不同 AC 上，无线用户需要从 AP1 漫游到 AP2。部署跨 AC 漫游前，请确保前期网络部署已经完成，数据通信都正常。

漫游需要满足如下条件：

- SSID 一样。
- 转发模式一样，本地转发和集中转发无法漫游。
- 加密方式一样，加密方式不同则无法漫游。
- 软件平台一致，10.x 和 11.x 之间无法漫游。

(1) 配置路由，使 AC-1 和 AC-2 路由可达

核心(config)#ip route 1.1.1.1 255.255.255.255 192.168.30.2
核心(config)#ip route 2.2.2.2 255.255.255.255 192.168.30.3

AC-1 配置：

AC-1(config)#ip route 0.0.0.0 0.0.0.0 192.168.30.1(192.168.30.1 是核心交换机与两台 AC 的互联地址)

AC-2 配置：

AC-2(config)#ip route 0.0.0.0 0.0.0.0 192.168.30.1

(2) 配置漫游组

AC-1 配置：

AC-1(config)#mobility-group mgroup_name （配置漫游组，名称为 mgroup_name）
AC-1(config-mobility)#member 2.2.2.2 （配置漫游组成员，即 AC-2 loopback0 接口的 IP 地址）
AC-1(config-mobility)#end
AC-1#write

AC-2 配置：

AC-2(config)#mobility-group mgroup_name
AC-2(config-mobility)#member 1.1.1.1
AC-2(config-mobility)#end
AC-2#write

(3) 隧道建立成功的日志提示

AC-2#* Feb 25 19:59:35:% LINEPROTO-5-UPDOWN:Line protocol on Interface Mobile-Tunnel 1,changed state to up

4. 项目验证

①登录到 AC 上，通过"show mobility summary"命令确认无线漫游组状态，如图 3-83 所示。

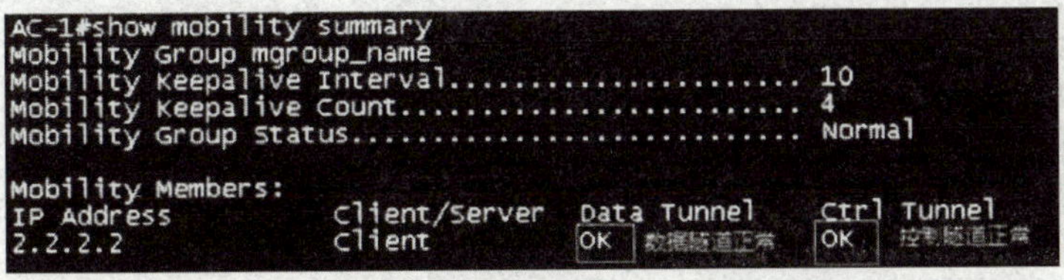

图 3-83 show mobility summary 验证界面

②无线用户关联到 AP1 之后移动到 AP2，开启长 ping 确认漫游过程。
- 漫游前，在 AC-1 上使用 "show ac-config client detail" 命令确认无线用户漫游状

态。local 为未漫游。

```
AC1#show ac-config client detail 54ae.2781.d498
Mac Address:54ae.2781.d498
IP Address:192.168.10.2
Wlan Id:1
Vlan Id:10
Roam State:Local  （非漫游用户）
Security Attribute:Normal
Associated Ap Information:
AP Name:b8fd.3200.3aa3
AP IP:192.168.20.3
```

- 漫游过程中，在无线终端上连续 ping 网关，如图 3-84 所示。

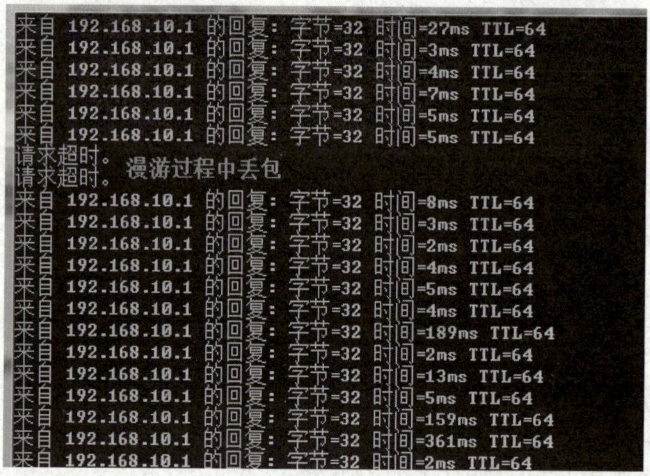

图 3-84 ping 网关测试

- 漫游后，在 AC-2 上使用"show ac-config client detail"命令确认无线用户漫游状态。Roam 为完成漫游。

```
AC2#show ac-config client detail 54ae.2781.d498
Mac Address:54ae.2781.d498
IP Address:192.168.10.2
Wlan Id:1
Vlan Id:10
Roam State:Roam  （漫游用户）
Security Attribute:Normal
Associated Ap Information:
AP Name:1414.4b65.3cf0
AP IP:192.168.20.2
```

3.5 项目拓展

3.5.1 理论拓展

1. 802.11 协议定义了无线的（　　）。

A. 物理层和数据链路层　　　　　B. 物理层和 MAC 层
C. 网络层和介质访问控制层　　　D. 网络层和数据链路层

2. 在 2.4 GHz 信道中，有（　　）个相互不干扰的信道。
A. 3　　　　　　B. 5　　　　　　C. 11　　　　　　D. 13

3. 天线主要工作在 OSI 参考模型的（　　）。
A. 第 1 层　　　B. 第 2 层　　　C. 第 3 层　　　D. 第 4 层

4. DHCP 协议的功能是（　　）。
A. 为客户自动进行注册　　　　　B. 为客户机自动配置 IP 地址
C. 使用 DNS 名字自动登录　　　　D. 为 WINS 提供路由

5. 现场用电脑认证上网正常，但远程无法 ping 通 AP 管理地址，也无法远程登录管理，可能是由于（　　）原因导致的。
A. AP 在线用户数过多　　　　　　B. AP 被配置为 802.11g/b 模式
C. 现场存在非法 AP　　　　　　　D. AP 网关配置错误

3.5.2　实践拓展

公司近期参加了产品产销会，展销会要求公司根据需要自己负责无线局域网接入。公司现需要工作人员和参观人员通过 WiFi 的方式接入网络，为了满足要求，公司购置了一台无线 AP，并创建 2 个 SSID，工作人员使用的 SSID 为"Staff"，参观人员使用的 SSID 为"Guest"。需要你为该网络规划 IP 地址、VLAN 分配信息、端口互联规划、WLAN 规划、信道规划等，根据规划与设计为公司组建无线局域网，并进行测试与验证。

第 4 章

微企业无线局域网的安全配置

4.1 项目背景

某公司现已实现了内部员工的移动办公需求，为了方便员工使用，在网络建设初期没有对网络进行接入控制，这就导致了一些访客不需要进行用户名和密码验证就可以接入网络，从而使公司信息安全存在很大隐患。同时，随着网络接入人数的不断增加，导致无线网络变得越来越慢，为了解决上述问题，公司要求网络管理员对无线网络加强安全管理，限制访客接入，只允许内部员工接入网络。

4.2 项目需求分析

根据用户需要，为了防止公司外来人员的无线终端访问公司内部网络，从而造成信息泄露等安全隐患，采用 802.1X 认证、MAC 认证、Web 认证，仅允许授权用户接入网络。同时，对公司无线网络实施安全加密认证，内部员工访问公司无线网络时，需要输入密码才能接入无线网络。

4.3 项目相关知识

4.3.1 无线局域网安全概述

有线网络存在的安全隐患在无线网络中都会存在，如网络泄密、黑客入侵、病毒袭击、垃圾邮件、流氓插件等。在一些公共场合，使用无线局域网接入 Internet 的用户会担心邻近的其他用户获取自己的信息，公司、企业及家庭用户会担心自己的无线网络被陌生人非法访问。然而这些问题对于有线网络来说，却是无须考虑的。目前安全问题已成为阻碍无线网络进一步扩大市场的最大阻碍。据有关资料统计，在不愿意部署无线局域网的理由中，安全问题高居第一位。

在有线网络中，一般通过防火墙来隔断外部的入侵。因为有线网络是有边界的，而无线网络属于无边界的网络。在有线网络中，可以利用防火墙将可信任的内部网络与不可信任的外部网络在边界处隔离开来。在无线网络中，无线信号扩散在大气中，没有办法像有线网络那样进行物理上的有效隔离，只要在内部网络中存在无线 AP 或安装有线网卡的客户端，外部的黑客就可以通过监听无线信号并对其解密的方法来攻击无线局域网。虽然黑客利用有线网络的入侵行为在防火墙处被隔断，但黑客可以绕过防火墙，通过无线方式入侵内部网络。

黑客对无线局域网采用的攻击方式大体上可以分为两类：被动式攻击和主动式攻击。其中，被动式攻击包括网络窃听和网络通信量分析；主动式攻击包括身份假冒、重放攻击、中间人攻击、信息篡改和拒绝服务攻击等。

1. 网络窃听和网络通信量分析

由于无线信号的发散性，网络窃听已经成为无线网络面临的最大问题之一。例如，利用很多商业的或免费的软件，都能够对IEEE 802.11b协议进行抓包和解码分析，从而知道应用层传输的数据。有些软件工具能够直接对WEP加密数据进行分析和破解。网络通信量分析是指入侵者通过分析无线客户端之间的通信模式和特点来获取所需的信息，或为进一步入侵创造条件。

2. 身份假冒

在无线局域网中，非法用户的身份假冒分为两种：假冒客户端和假冒无线AP。在每一个AP内部都会设置一个用于标识该AP的身份认证ID（即AP的名字），每当无线终端设备（如安装有无线网卡的笔记本电脑）要连上AP时，无线终端设备必须向无线AP出示正确的SSID（Service Set Identifier，服务集标示符）。只有出示的SSID与AP内部的SSID相同时，才能访问该AP；如果出示的SSID与AP内部的SSID不同，那么AP将拒绝该无线终端设备的接入。利用SSID，可以很好地进行用户群体分组，避免任意漫游带来的安全和访问性能的问题。因此，可以将SSID看作是一个简单的AP名称，从而提供名称认证机制，实现一定的安全管理。SSID通常由AP广播出来，通过无线信号扫描软件（如Windows XP自带的扫描功能）可以查看当前区域内的SSID。假冒客户端是最常见的入侵方式，使用该方法入侵时，入侵者通过非法获取（例如分析广播信息）AP的SSID，并利用已获得的SSID接入AP。

如果AP设置了MAC地址过滤，入侵者可以首先通过窃听授权客户端的MAC地址，然后篡改自己计算机上无线网卡的MAC地址来冒充授权客户端，从而绕过MAC地址过滤。

3. 重放攻击

重放攻击（replay attack）是通过截获授权客户端对AP的验证信息，然后通过验证过程信息的重放来达到非法访问AP的目的的。假设用户A对用户W进行身份认证，用户W要求用户A提供验证其身份的密码，当用户W已知道了用户A的相关信息后，将用户A作为授权用户，并建立了与用户A之间的通信连接。同时，用户B窃听了用户A与用户W之间的通信，并记录了用户A提交给用户W的密码。在用户A和用户W完成一次通信后，用户B联系用户W，假装自己是用户A，当用户W要求提供密码时，用户B将用户A的密码发出，用户W认为与自己通信的是用户A。对于重放攻击，即使采用了VPN等安全保护措施，也难以避免。

4. 中间人攻击

中间人攻击（man in middle attack）对授权客户端和AP进行双重欺骗，进而对信息进行窃取和篡改。

5. 拒绝服务攻击

拒绝服务攻击（DoS）是利用无线网在频率、宽带、认证方式上的弱点，对无线网络进行频率干扰、宽带消耗或是耗尽安全服务设备的资源。通过和其他人入侵方式的结合，这种攻击行为具有强大的破坏性。例如，将一台计算机伪装成为AP或者利用非法放置的AP，发出大量终止连接的命令，就会迫使周边所有的无线网客户端无法接入网络。

6. 劫持服务攻击

劫持服务攻击是一种窃取网络中用户信息的方法。黑客监视数据传输，当正常用户端与访问节点（AP）之间建立会话后，黑客将冒充 AP 向客户端发送一个虚假的数据包，称本会话结束。客户端在接收到此信息后，只好与 AP 之间重新连接。这时，真正的 AP 却以为上次会话还在进行中，而将本来要发给客户端的数据发给黑客，这样黑客可以从容地利用原来由客户端和 AP 之间建立的通信连接，获取所有的通信信息。

综上所述，在无线局域网产业迅猛发展的同时，其所面临的安全问题也日益突出，并已成为制约产业进一步发展的主要障碍。尽管无线局域网已广泛应用于家庭和小型办公场所，但它因缺少足够强大的安全协议来保证无线数据包的传输，因此难以被对安全性要求较高的用户所接受。特别是军队、公安、金融、商业等特殊性行业，对无线网络的安全性要求更为迫切，同时对新技术指标的要求也更高。

4.3.2 无线局域网的安全机制

无线网络（主要为无线局域网）的安全性定义包括数据的机密性、完整性和真实性 3 个方面，所有的保护和加密技术都是围绕这 3 个方面进行的。机密性是指无线网络中传输的信息不会被未经授权的用户获取，这主要通过各种数据加密方式来实现；完整性是指数据在传输的过程中不会被篡改或删除，这主要通过数据校验技术来实现；真实性是指数据来源的可靠性，用于保证合法用户的身份不会被非法用户冒充。

从无线网络发展初期开始，人们就致力于相关安全技术的研究，除了 IEEE 外，众厂商也在尽最大努力制定并开发各种技术来加强无线网络的安全性。从早期的 MAC 地址过滤和 SSID 匹配，经历了 WPA（有线等效加密，采用共享密钥认证和 RC4 加密算法）、WAP（无线保护访问，采用 EAP 认证和基于 RC4 的 TKIP 加密机制），一直发展到 IEEE 802.11i 标准。中国也推出了自主产权的无线局域网安全标准 WAPI。与此同时，VPN – Over – Wireless 作为一种能够增强无线网络安全的解决方案，始终受到厂商和用户的关注。

1. MAC 地址过滤和 SSID 匹配

早期的无线局域网信息安全技术主要采用物理地址过滤（MAC 地址过滤）和服务集标识符（SSID）匹配技术，这两项技术至今仍是无线局域网的基本安全措施，也是广大的普通用户（如家庭用户和小型办公室用户）普遍使用的一种安全保护方式。

（1）MAC 地址过滤技术

MAC 地址过滤技术又称 MAC 认证。由于每个无线客户端都有唯一的物理地址标识，即该客户端无线网卡的物理地址（MAC 地址），因此，可以在无线 AP 中维护一组允许访问的 MAC 地址列表，实现物理地址过滤。MAC 地址过滤技术通过检查用户数据包 MAC 地址来认证用户的可信度，只有当无线客户端的 MAC 地址和 AP 中可信的 MAC 地址列表中的地址匹配时，无线 AP 才允许无线客户端与之建立通信。

无线网络中的 MAC 地址过滤功能与交换机上的 MAC 地址绑定功能类似。在局域网中，可以在交换机上通过配置，实现某一端口与下连设备 MAC 地址之间的绑定。当设置了 MAC 地址与交换机上对应端口的绑定后，只有被绑定 MAC 的设备才能够接入交换机，其他设备通过该端口接入时，将被交换机拒绝。

MAC 地址过滤属于硬件认证而非用户认证，它要求无线 AP 中的 MAC 地址列表必须随时更新，并且都是手工操作，扩展能力较差，增加无线接入用户时比较麻烦，适用于在小型网络中使用。另外，非法用户利用网络监听手段很容易窃取合法的 MAC 地址并进行修改，进而达到非法接入的目的。再有，当用户的无线网卡或是用于接入无线网络的笔记本电脑丢失时，MAC 地址过滤技术将不攻自破，无法保证网络的安全性。

（2）SSID 匹配技术

SSID 提供了一种标志无线网络边界的方法，即所有 SSID 相同的无线设备处于同一个无线网络范围内。SSID 匹配技术要求无线客户端必须配置正确的 SSID 才能访问无线 AP 并且提供口令认证机制，为无线网络提供了一定的安全性。利用 SSID 可以很好地进行用户群体分组，避免任意漫游带来的安全和访问性能的问题。

但使制造商为了使无线 AP 安装简便，在默认设置下会让无线 AP 对外广播自己的 SSID，并且允许具有正确 SSID 的所有客户端进行连接，这会使安全程度下降。另外，一般都是用户自己配置客户端系统，所以很多人都会知道该 SSID，从而很容易被非法用户获知。再有，有些产品支持 ANY 方式，只要无线客户端在无线 AP 范围内，就会自动搜索到该无线 AP 发送的信号，并清楚地显示 AP 的 SSID，从而连接到无线 AP，这将绕过 SSID 的安全功能。

2. WEP 协议

由于 MAC 地址过滤和 SSID 匹配技术解决无线局域网安全问题的能力较弱，1997 年，IEEE 推出了第一个真正意义上的无线局域网安全措施 WEP（Wired Equivalent Privacy，有线等效加密）协议，旨在提供与有线网络等效的数据机密性。

WEP 协议的设计初衷是使用无线网络协议为网络业务流提供安全保证，使无线网络的安全性达到与有线网络同样的等级。WEP 采用的是一种对称的加密方式，即对数据的加密和解密都使用同样的密钥和算法，这样做主要是为了达到以下两个目的。

（1）访问控制

阻止那些没有正确 WEP 密钥并且未经授权的用户（也可能是黑客）访问网络。

（2）保密

仅仅允许具备正确 WEP 密钥的用户通过加密来保护在 WLAN 中传输的数据流。

对于设备制造商来说，尽管是否使用 WEP 是可以选择的，但是如果使用 WEP，那么无线网络产品必须支持具有 40 位加密密钥的 WEP。因此 WEP 只是 IEEE 802.11 标准中指定的一种保密协议，但不是必需的，它的作用是保护 WLAN 用户，防止被偶然偷听。

WEP 是 IEEE 802.11 标准安全机制的一部分，用来对在空中传输的 IEEE 802.11 数据帧进行加密，在数据层提供保密性和数据完整性。但由于设计上的缺陷，该协议存在安全漏洞，主要表现在以下两个方面。

①RC4 算法的安全问题：WEP 中使用的 RC4 加密算法存在弱密钥性，大大减少了搜索 RC4 密钥空间所需的工作量。

②WEP 本身缺陷：WEP 本身的缺陷主要反映在两个方面：一是使用了静态的 WEP 密钥管理方式。由于在 WEP 协议中不提供密钥管理，所以对于许多无线网络用户而言，同样的密钥可能需要使用很长的时候，这样对密钥使用时间的限制性导致安全隐患增大。WEP 协议的共享密钥为 40 位，用来加密数据显得太短，不能抵抗某些具有较强计算能力的穷举攻击或字典攻击。二是 WEP 没有对加密的完整性提供保护。与 IEEE 802.3 以太网一样，IEEE 802.11 的数据链路层协议中使用了未加密的循环冗余校验码（CRC）来检验数据的完整性，带来了安全隐患，降低了系统的安全性。

3. WPA 协议

为了解决 WEP 存在的安全问题,提高 WLAN 的安全性,WiFi 联盟提出了 WPA(WiFi Protected Access,WiFi 保护访问)协议。

WEP 协议是 IEEE 802.11i 标准中的一项安全功能。针对 WEP 在加密强度和数据完整性方法方面仍存在的问题,IEEE 提供的具体解决方案为 IEEE 802.11i,针对 IEEE 802.11g 的安全问题,WECA(无线以太网兼容性联盟)便将 IEEE 802.11i 草案中的 WPA 机制独立出来,并应用到 IEEE 802.11g 中。

WPA 本质上是 IEEE 802.11i 的一个子集。WPA 的核心内容是临时密钥完整协议(Temporal Key Integrity Protocol,TKIP)。WPA 使包括 IEEE 802.11b、IEEE 802.11a 和 IEEE 802.11g 在内的无线装置的安全性得到保证。

(1) WPA 的应用功能

WPA 的主要应用功能包括以下几个部分。

① 增强无线网络的安全性。在 WPA 协议的实现中,要通过 IEEE 802.1x 身份验证、加密及单播和全局加密密钥管理来实现无线网络的安全性。

② 通过软件升级来解决 WEP 存在的安全问题。WEP 中的 RC4 流密码容易收到已知的明文攻击。另外,WEP 提供的数据完整性也相对较弱。WPA 解决了 WEP 中存在的安全问题,用户只需要更新无线设备中的固件和无线客户端,即可使用 WPA 所拥有的安全性,而不需要更换现有的无线设备。

③ 为家庭和办公用户提供安全的无线网络解决方案。WPA 提供了一个用于家庭和办公用户配置的预共享密钥选项。预共享密钥在无线 AP 和每个无线客户端上配置,通过验证无线客户端和无线 AP 是否具有预共享密钥,来提高无线网络接入的安全性。

④ 兼容 IEEE 802.11i 标准。WPA 是 IEEE 802.11i 标准中安全功能的一个子集。

(2) WPA 的安全功能

WPA 在用户身份认证、加密及数据完整性方面均有所增强,具体表现在以下三点。

① 认证:在 IEEE 802.11 中,IEEE 802.1x 身份验证是可选的;而在 WPA 中,IEEE 802.1x 身份验证是必需的。WPA 中的身份验证是开放系统认证和 IEEE 802.1x 身份认证的结合,它包括以下两个阶段。

第一阶段:使用开放系统认证,指示身份验证客户端可以将帧发送到无线 AP。

第二阶段:使用 IEEE 802.1x 执行用户级别的身份认证。

对于没有 RADIUS 基础结构的环境,WPA 支持使用预共享密钥;对于具有 RADIUS 基础结构的环境,WPA 支持 EAP 和 RADIUS。

② WPA 加密:对于 IEEE 802.1x,单播加密密钥的重新加密操作是可选的。另外,IEEE 802.11 和 IEEE 802.1x 没有提供任何机制来更改多播和广播通信所使用的全局加密密钥。对于 WPA,必须对单播和全局加密重新加密。临时密钥完整性协议(TKIP)会更改每一帧的单播加密密钥,以便使更改后的密钥公布到连接的无线客户端。

WPA 必须使用 TKIP 进行加密。TKIP 与 WEP 一样,基于 RC4 加密算法,但相比 WEP 算法,TKIP 将密钥的长度由 40 位加长到 128 位。

③ WPA 数据完整性:在 WPA 中,通过使用新的算法,增强了数据在网络中传输时的安全性。

(3) WPA 存在的问题

WPA 沿用了 WEP 的基本原理,同时又采用了新的加密算法及身份认证机制。事实证明,WPA 的安全性比 WEP 的高。WEP 的加密机制可以提供 64 位或 128 位的加密模式,有些产品甚至提供了 256 位 WEP 加密。虽然从理论上说 128 位加密模式已经非常难以破解,但由于 WEP 使用的是静态密钥,这使得密钥很容易被破解。由于 WPA 加强了生成加密密钥的算法,即使黑客收集到分组信息并对其进行分析,也很难计算出通用密钥,弥补了 WEP 加密密钥的安全缺陷。

WPA 的缺点主要表现在三个方面:一是不能向后兼容某些早期的设备和操作系统;二是对硬件要求较高,除非无线产品继承了具有运行 WPA 和加快该协议处理速度的硬件,否则 WPA 将降低网络性能;三是 TKIP 并非最终解决方案,WiFi 联盟和 IEEE 802 委员会都认为,TKIP 只能作为一种临时的过渡方案,最终将被 IEEE 802.11i 标准所取代。

4. WAPI 协议

WAPI(WLAN Authentication and Privacy Infrastructure,无线局域网鉴别与保密基础结构)协议是中国具有自主知识产权的无线网络安全标准。

(1) WAPI PSK 接入认证

WAPI 预共享密钥认证方式提供了一种简单的不需要专门认证服务器的认证机制,可以应用到小型无线网络。接入终端需要支持 WAPI 预共享认证功能。预共享密钥认证是基于 STA 和 AE(Authenticator Entity,鉴别器实体,该实体驻留在 AP 或 AC 中)双方的密钥所进行的鉴别。鉴别前,STA 和 AE 必须预先配置有相同的密钥,即预共享密钥。

(2) WAPI 证书接入认证

WAPI 证书认证方式借助专门的认证服务器,可以为大规模部署的无线网络提供安全且易于管理的接入方案。目前支持 WAPI 二证书认证及 WAPI 三证书认证,二者的区别在于三证书认证模式实现了证书颁发系统和证书鉴别系统的分离。

首先,需要有 WAPI 认证服务器并预置相关证书。其次,在配置 WAPI 二证书认证前,应先将 CA 证书、AE 证书导入设备中,否则配置无法生效(二证书模式下,配置的 CA 证书即默认为 ASU 证书);如果要配置 WAPI 三证书认证,还应导入 ASU 证书;并且设备与认证服务器要能够正常通信。最后,终端必须要支持 WAPI 证书认证功能,并且安装 CA 证书和合法用户(user)证书;如果是三证书认证,还需要安装 ASU 证书。以上配置完成后,直接单击网络连接即可接入 WAPI 证书认证无线网络。

5. IEEE 802.11i 标准

2004 年 6 月,IEEE 正式通过了 IEEE 802.11i 标准,使无线局域网拥有了更为广阔的应用空间,专门致力于推广 IEEE 802.11 系列产品的 WiFi 联盟将 IEEE 802.11i 的商用名称设置为 WEP2。

(1) IEEE 802.11i 网络框架

IEEE 802.11i 标准规定了两种网络框架:过渡安全网络(Transition Security Network,TSN)和强健安全网络(Robust Security Network,RSN)。

① 过渡安全网络:TSN 规定,在其网络中可以兼容现有的使用 WEP 方式工作的设备,使现有的无线局域网络系统可以向 IEEE 802.11i 网络平稳过渡。具体解决方法为使用 WiFi 联盟制定的 WPA 标准,这是一个向 IEEE 802.11i 过渡的中间标准,是 IEEE 802.11i 安全性

的一个子集。

②强健安全网络：RSN 支持全新的 IEEE 802.11i 安全标准，并且针对 WEP 加密机制中各种缺陷做了多方面改进，增强了无线局域网中的数据加密和认证性能。

（2）IEEE 802.11i 协议结构

整个 IEEE 802.11i 引入了以 EAP（Extensible Authentication Protocol，可扩展认证协议）为核心的用户审核机制，可以通过服务器审核接入用户的 ID，在一定程度上可避免黑客非法接入。

4.3.3　802.1X 协议

最初，由于 IEEE 802 局域网协议定义的局域网并不提供接入认证，只要用户能接入局域网接入设备（例如局域网交换机），就可以访问局域网中的设备或资源，这在早期的局域网应用环境中并不存在很多的安全问题。但现今，随着网络内部攻击的泛滥，内网安全已经受到越来越多的重视，内部网络设备的非法接入也成为极大的安全隐患。此外，由于移动办公的大规模发展，尤其是无线局域网的应用和局域网接入在运营商网络上大规模开展，有必要对端口加以控制，以实现用户级的接入控制。

起初 802.1X 的开发是为了解决 WLAN（Wireless Local Area Network，无线局域网）用户的接入认证问题，后来因其提供的安全机制、低成本和较高的灵活性与扩展性而得到广泛的部署及应用，现在也被用来解决有线局域网的安全接入问题。

802.1X 协议是一种基于端口的网络接入控制（Port Based Network Access Control）协议。基于端口的网络接入控制是指在局域网接入设备的端口级别对所接入的设备进行认证和控制。如果连接到端口上的设备能够通过认证，则端口就被开放，终端设备就被允许访问局域网中的资源；如果连接到端口上的设备不能通过认证，则端口就相当于被关闭，使终端设备无法访问局域网中的资源。

IEEE 802.1X 标准定义了一个 Client/Server（客户端/服务器）的体系结构，用来防止非授权的设备接入局域网中。802.1X 体系结构中包括三个组件：恳求者系统（Supplicant System）、认证系统（Authenticator System）和认证服务器系统（Authentication Server System），如图 4-1 所示。

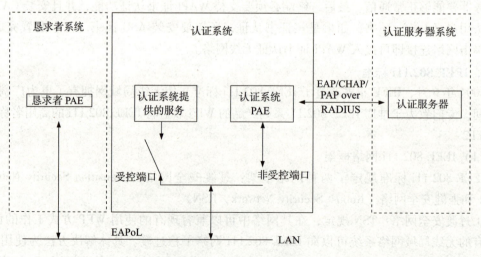

图 4-1　802.1X 认证体系

1. 恳求者系统

恳求者系统也称为客户端，是位于局域网链路一端的实体，它被连接到该链接另一端的设备端（认证系统）进行认证。恳求者系统通常为一个支持 802.1X 认证的用户终端设备（例如安装了 802.1X 客户端软件的 PC，或者 Windows XP 系统提供的客户端），用户通过启动客户端软件触发 802.1X 认证。

2. 认证系统

认证系统对连接到链路对端的恳求者系统进行认证，它是恳求者与认证服务器之间的"中介"。认证系统通常为支持 802.1X 协议的网络设备，如以太网交换机、无线接入点（Access Point）等，它为恳求者提供接入局域网的服务端口，该端口可以是物理端口，也可以是逻辑端口。认证系统的每个端口内部包含有受控端口和非受控端口。非受控端口始终处于双向连通状态，主要用来传递 EAPoL（Extensible Authentication Protocol over LAN，基于局域网的扩展认证协议）协议帧，可随时保证接收认证请求者发出的 EAPoL 认证报文；受控端口只有在认证通过的状态下才打开，用于传递网络资源和服务。在认证通过之前，802.1X 只允许 EAPoL 报文通过端口；认证通过以后，正常的用户数据可以顺利地通过端口进入网络中。

认证系统与认证服务器之间也运行 EAP 协议，认证系统将 EAP 帧封装到 RADIUS 报文中，并通过网络发送给认证服务器。当认证系统接收到认证服务器返回的认证响应后（被封装在 RADIUS 报文中），再从 RADIUS 报文中提取出 EAP 信息并封装成 EAP 帧发送给恳求者。

3. 认证服务器系统

认证服务器是为认证系统端提供认证服务的实体，通常它都是一个 RADIUS 服务器，用于实现用户的认证、授权和计费。该服务器用来存储用户的相关信息，例如用户的账号、密码及用户所属的 VLAN、用户的访问控制列表等。它通过从认证系统收到的 RADIUS 报文中读取用户的身份信息，使用本地的认证数据库进行认证，然后将认证结果封装到 RADIUS 报文中返回给认证系统。

4. 802.1X 工作机制

802.1X 认证使用了 EAP 协议在恳求者与认证服务器之间交互身份认证信息，以下描述中使用验证客户端表示恳求者，交换机表示认证系统，RADIUS 服务器表示认证服务器：

①在客户端与交换机之间，EAP 协议报文直接被封装到 LAN 协议中（如 Ethernet），即 EAPoL 报文，如图 4-2 所示。

②在交换机与 RADIUS 服务器之间，EAP 协议报文被封装到 RADIUS 报文中，即 EAPo-RADIUS 报文。此外，在交换机与 RADIUS 服务器之间还可以使用 RADIUS 协议交互 PAP 和 CHAP 报文。

③交换机在整个认证过程中不参与认证，所有的认证工作都由 RADIUS 服务器完成。RADIUS 可以使用不同的认证方式对客户端进行认证，例如 EAP-MD5、PAP、CHAP、EAP-TLS、LEAP、PEAP 等。

④当 RADIUS 服务器对客户端身份进行认证后，将认证结果（接受或拒绝）返回给交换机，交换机根据认证结果决定受控端口的状态，如图 4-3 所示。

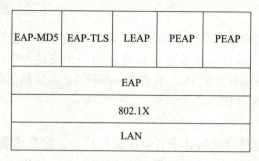

图 4-2　EAPoL

图 4-3　802.1X 工作机制

5. 802.1X 认证过程

从认证方式来说，802.1X 支持两种认证模式：EAP 中继模式和 EAP 终结模式，两种模式的报文交互过程略有不同。

（1）EAP 中继模式

EAP 中继模式是 IEEE 802.1X 标准中定义的认证模式，正如之前介绍的，交换机将 EAP 协议报文封装到 RADIUS 报文中通过网络发送到 RADIUS 服务器。对于这种模式，需要 RADIUS 服务器支持 EAP 属性。

使用 EAP 中继模式的认证方式有 EAP – MD5、EAP – TLS（Transport Layer Security，传输层安全）、EAP – TTLS（EAP – Tunneled TLS，扩展认证协议 – 隧道传输层安全）和 PEAP（Protected EAP，受保护的 EAP）。

• EAP – MD5：这种方式验证客户端的身份，RADIUS 服务器给客户端发送 MD5 挑战值（MD5 Challenge），客户端用此挑战值对身份验证密码进行加密。

• EAP – TLS：这种方式同时验证客户端与服务器的身份，客户端与服务器互相验证对方的数字证书，保证双方的身份都合法。

• EAP – TTLS：它是 EAP – TLS 的一种扩展认证方式，它使用 TLS 建立起来的安全隧道传递身份认证信息。

• PEAP：与 EAP – TTLS 相似，也首先使用 TLS 建立安全的隧道。在建立隧道的过程中，只使用服务器的证书，客户端不需要证书。安全隧道建立完毕后，可以使用其他认证协议（如 EAP – Generic Token Card（GTC）、Microsoft Challenge Authentication Protocol Version 2）对客户端进行认证，并且认证信息的传递是受保护的。

图 4-4 所示为使用 EAP – MD5 认证方式的 EAP 中继模式的认证过程。

EAP 中继模式（EAP – MD5）认证过程：

• 客户端启动 802.1X 客户端程序，向交换机发送一个 EAPoL 报文，表示开始进行 802.1X 接入认证。

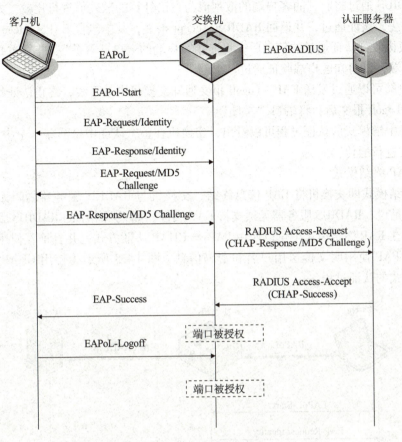

图 4-4　EAP 中继模式认证过程

- 如果交换机端口启用了 802.1X 认证,将向客户端发送 EAP-Request/Identity 报文,要求客户端发送其使用的用户名(ID 信息)。
- 客户端响应交换机发送的请求,向交换机发送 EAP-Response/Identity 报文,报文中包含客户端使用的用户名。
- 交换机将 EAP-Response/Identity 报文封装到 RADIUS 的 Access-Request 报文中,通过网络发送给 RADIUS 服务器。
- RADIUS 服务器收到交换机发送的 RADIUS 报文后,使用报文中的用户名信息在本地用户数据库中查找到对应的密码后,用随机生成的挑战值(MD5 Challenge)与密码进行 MD5 运算,产生一个 128 bit 的散列值。同时,RADIUS 服务器也将此挑战值通过 RADIUS 的 Access-Challenge 报文发送给交换机。
- 交换机从 RADIUS 报文中提取出 EAP 信息(其中包括挑战值),封装到 EAP-Request/MD5 Challenge 报文中发送给客户端。
- 客户端使用报文中的挑战值与本地的密码也进行 MD5 运算,产生一个 128 bit 的散列值,封装到 EAP-Response/MD5 Challenge 报文中发送给交换机。
- 交换机将 EAP-Response/MD5 Challenge 信息封装到 RADIUS Access-Request 报文中发送给 RADIUS 服务器。

- RADIUS 通过将收到的客户端的散列值与自己计算的散列值进行比较，如果相同，则表示用户合法，认证通过，并返回 RADIUS Accept 报文，其中包含 EAP – Success 信息。
- 交换机收到认证通过的信息后，将连接客户端的端口"开放"，并发送 EAP – Success 报文给客户端，以通知客户端验证通过。
- 客户端可以通过发送 EAP – Logoff 报文通知交换机主动下线，终止认证状态。交换机收到 EAP – Logoff 报文后，将端口"关闭"。

从 EAP 中继模式的认证过程可以看出，交换机在整个认证中扮演着一个中间人的角色，对 EAP 报文进行通传。

（2）EAP 终结模式

EAP 终结模式即交换机将 EAP 信息终结，交换机与 RADIUS 服务器之间无须交互 EAP 信息，也就是说，RADIUS 服务器无须支持 EAP 属性。如果网络中的 RADIUS 服务器不支持 EAP 属性，在 EAP 终结模式中可以使用 PAP 与 CHAP 认证方式，并且推荐使用 CHAP 认证方式，因为 PAP 使用明文传送用户名和密码信息。图 4 – 5 所示为使用 CHAP 认证方式的 EAP 终结模式的认证过程。

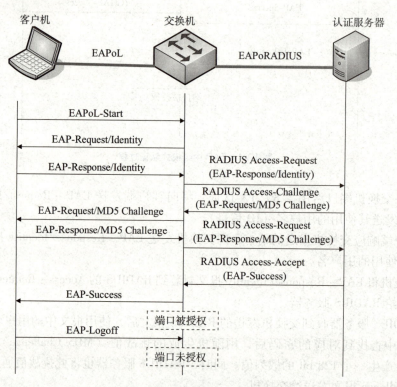

图 4 – 5　EAP 终结模式认证过程

从图 4 – 5 中可以看出，在 EAP 终结模式中，MD5 挑战值是由交换机生成的，随后交换机会将客户端的用户名、MD5 挑战值和客户端计算的散列值一同发送给 RADIUS 服务器，再由 RADIUS 服务器进行认证。对于 EAP 终结模式，交换机与 RADIUS 服务器之间只交换两条消息，减少了之间信息的交互量，减轻了 RADIUS 服务器的压力。

4.3.4 无线局域网认证技术

LAN 技术标准制定者 IEEE 802.11 工作组从一开始就把安全作为关键的课题。最初的 IEEE 802.11—1999 协议所定义的 WEP 机制（WEP 本意是"等同有线的安全"）存在诸多缺陷，所以 IEEE 802.11 在 2002 年迅速成立了 802.11i 工作组，提出了 AES – CCM 等安全机制。此外，我国国家标准化组织针对 802.11 和 802.11i 标准中的不足对现有的 WLAN 的安全标准进行了改进，制定了 WAPI 标准。

按照安全的基本概念，安全主要包括：

①认证（Authenticity）：确保访问网络资源的用户身份是合法的。

②加密（Confidentiality）：确保所传递的信息即使被截获了，截获者也无法获得原始的数据。

③完整性（Integrity）：如果所传递的信息被篡改，接收者能够检测到。

此外，还需要提供有效的密钥管理机制，如密钥的动态协商，以实现无线安全方案的可扩展性。

可以说 WLAN 安全标准的完善主要是围绕上述内容展开的，所以可以围绕这些方面来理解上述无线安全标准。

针对 WLAN 安全问题，我国制定了自己的 WLAN 安全标准：WAPI。与其他 WLAN 安全体制相比，WAPI 认证的优越性集中体现在以下两个方面：

①支持双向鉴别。

②使用数字证书。

从认证等方面来看，WAPI 标准主要内容包括：

①认证基于 WAPI 独有的 WAI 协议，使用证书作为身份凭证。

②数据加密采用 SMS4 算法。

③完整性校验采用了 SMS4 算法。

④基于三次握手过程完成单播密钥协商，两次握手过程完成组播密钥协商。

1. 链路认证

（1）开放系统认证（Open System Authentication）

开放系统认证是默认使用的认证机制，也是最简单的认证算法，即不认证。如果认证类型设置为开放系统认证，则所有请求认证的客户端都会通过认证。开放系统认证包括两个步骤：第一步是请求认证，第二步是返回认证结果，如图 4 – 6 所示。

图 4 – 6 开放系统认证过程

（2）共享密钥认证（Shared Key Authentication）

共享密钥认证是除开放系统认证以外的另外一种认证机制。共享密钥认证需要客户端和设备端配置相同的共享密钥。

共享密钥认证的认证过程为：客户端先向设备发送认证请求，无线设备端会随机产生一个 Challenge 包（即一个字符串）发送给客户端；客户端会将接收到的字符串复制到新的消息中，用密钥加密后再发送给无线设备端；无线设备端接收到该消息后，用密钥将该消息解密，然后将解密后的字符串和最初给客户端的字符串进行比较。如果相同，则说明客户端拥有无线设备端相同的共享密钥，即通过了 Shared Key 认证；否则，Shared Key 认证失败，如图 4-7 所示。

2. 用户接入认证

（1）PSK 认证

PSK 认证需要实现在无线客户端和设备端配置相同的预共享密钥，如果密钥相同，PSK 接入认证成功；如果密钥不同，PSK 接入认证失败，如图 4-8 所示。

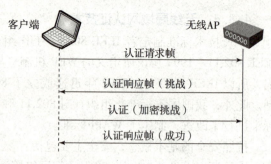

图 4-7 共享密钥认证过程

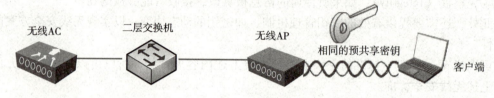

图 4-8 PSK 认证

（2）MAC 地址认证

MAC 地址认证是一种基于端口和 MAC 地址对用户的网络访问权限进行控制的认证方法。通过手动维护一组允许访问的 MAC 地址列表，实现对客户端物理地址的过滤，但这种方法的效率会随着终端数目的增加而降低，因此 MAC 地址认证适用于安全需求不太高的场合，如家庭、小型办公室等环境。

MAC 地址认证分为以下两种方式：

• 本地 MAC 地址认证：当选用本地认证方式进行 MAC 地址认证时，需要在设备上预先配置允许访问的 MAC 地址列表，如果客户端的 MAC 地址不在允许访问的 MAC 地址列表中，其接入请求将被拒绝，如图 4-9 所示。

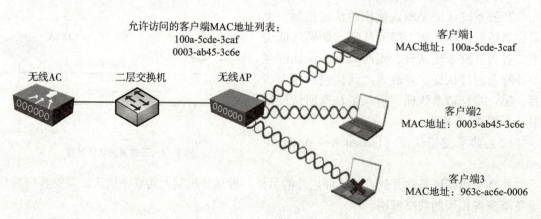

图 4-9 本地 MAC 地址认证

• 通过 RADIUS 服务器进行 MAC 地址认证：当 MAC 接入认证发现当前接入的客户端为未知客户端时，会主动向 RADIUS 服务器发起认证请求，在 RADIUS 服务器完成对该用户的认证后，认证通过的用户可以访问无线网络及相应的授权信息，如图 4-10 所示。

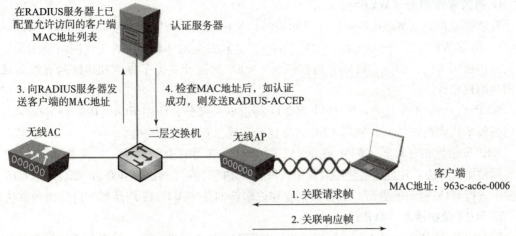

图 4-10　通过 RADIUS 服务器进行 MAC 地址认证

（3）802.1X 认证

802.1X 协议是一种基于端口的网络接入控制协议，该技术也是用于 WLAN 的一种增加网络安全的解决方案。当客户端与 AP 关联后，是否可以使用 AP 提供的无线服务要取决于 802.1X 的认证结果。如果客户端能通过认证，就可以访问 WLAN 中的资源；如果不能通过认证，则无法访问 WLAN 中的资源，如图 4-11 所示。

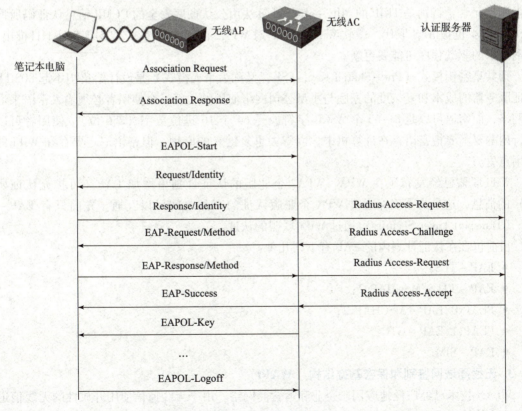

图 4-11　802.1X 认证

4.3.5 无线局域网加密技术

1. 有效等效加密（WEP）

有效等效加密（Wired Equivalent Privacy），又称无线加密协议（Wireless Encryption Protocol），简称 WEP，是个保护无线网络（WiFi）信息安全的体制。因为无线网络是用无线电把信息传播出去的，因此它特别容易被窃听。WEP 的设计是为了提供和传统的有线局域网络相当的机密性。

WEP 是 1999 年 9 月通过的 IEEE 802.11 标准的一部分，使用 RC4（Rivest Cipher 4）串流加密技术达到机密性，并使用 CRC-32 校验和确保资料的正确性。

WEP 安全性相对较弱，WPA 或 WPA2 则采用了更为安全的算法，二者都支持 TKIP 和 AES 两种加密算法，并且正常使用过程中，每隔一定的时间（例如 86 400 s）都会产生 GTK 两次握手进行 GTK 密钥的更新。大多数企业和许多新的住宅 Wi-Fi 产品都支持这两种算法。

2. WiFi 保护接入（WPA）

WPA（WiFi Protected Access）有 WPA 和 WPA2 两个标准，是一种保护无线计算机网络（WiFi）安全的系统，它可以有效解决 WEP 存在的安全问题，代替传统的 WEP，为无线局域网硬件产品提供一个过渡性的、高安全性的解决方案，同时保持与未来安全协议的兼容性。可以把 WPA 看作是 IEEE 802.11i 的一个子集，是在 802.11i 完备之前替代 WEP 的过渡方案。WPA 的设计可以用在所有的无线网卡上，但未必能用在第一代无线接入点上。WPA2 实现了完整的标准，但不能用在某些古老的网卡上。

WPA2 是经由 WiFi 联盟验证过的 IEEE 802.11i 标准的认证形式。WPA2 实现了 802.11i 的强制性元素，特别是 TKIP 的 MIC-Michael 算法由公认彻底安全的 CCMP 信息认证码所取代，而 RC4 也被 AES 取代。微软 Windows XP 对 WPA2 的正式支持于 2005 年 5 月 1 日推出，但网络卡的驱动程序可能要更新。

预共享密钥模式（Pre-Shared Key，PSK，又称为个人模式）是设计给负担不起 802.1X 验证服务器的成本和复杂度的家庭与小型公司网络使用的，每一个使用者必须输入密语来取用网络，而密语可以是 8~63 个 ASCII 字符或是 64 个 16 进位数字（256 位）。使用者可以自行斟酌要不要把密语存在计算机中，以省去重复键入的麻烦。但密语一定存在 WiFi 的取用点里。

WiFi 联盟已经发布了在 WPA、WPA2 企业版的认证计划里增加 EAP（可扩充认证协议）的消息，这是为了确保通过 WPA 企业版认证的产品之间可以互通。先前只有 EAP-TLS（Transport Layer Security）通过 WiFi 联盟的认证。

目前包含在认证计划内的 EAP 有下列几种：
- EAP-TLS；
- EAP-TTLS/MSCHAPv2；
- PEAPv0/EAP-MSCHAPv2；
- PEAPv1/EAP-GTC；
- EAP-SIM。

3. 无线局域网鉴别和保密基础结构（WAPI）

WLAN 技术已经广泛地应用于企业和运营商网络。由于无线通信使用开放性的无线信道资源作为传输媒质，导致非法用户很容易发起对 WLAN 网络的攻击或窃取用户的机密信息。

如何保证 WLAN 网络的安全性一直是 WLAN 技术应用面临的最大难点之一。

IEEE 标准组织及 WiFi 联盟为此一直在努力，先后推出了 WEP、802.11i（WPA、WPA2）等安全标准，逐步实现了 WLAN 网络安全性的提升。但 802.11i 并不是 WLAN 安全标准的终极，针对 802.11i 标准的不完善之处，比如缺少对 WLAN 设备身份的安全认证，我国在无线局域网国家标准 GB 15629.11—2003 中提出了安全等级更高的 WAPI（Wireless Area Network Authentication and Privacy Infrastructure）安全机制来实现无线局域网的安全。

WAPI 采用了国家密码管理委员会办公室批准的公钥密码体制的椭圆曲线密码算法和对称密码体制的分组密码算法，分别用于无线设备的数字证书、证书鉴别、密钥协商和数据传输的加解密，从而实现设备的身份鉴别、链路验证、访问控制和用户信息在无线传输状态下的加密保护。

与其他无线局域网安全机制（如 802.11i）相比，WAPI 的优越性集中体现在以下几个方面：

- 双向身份鉴别；
- 基于数字证书确保安全性；
- 完善的鉴别协议。

下面描述 WAPI 协议的整个鉴别及密钥协商过程。AP 为提供无线接入服务的 WLAN 设备，鉴别服务器主要帮助无线客户端和无线设备进行身份认证，而 AAA 服务器主要提供计费服务，如图 4-12 所示。

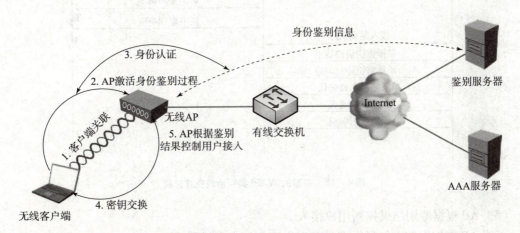

图 4-12　WAPI 鉴别流程

（1）客户端关联

无线客户端首先和 WLAN 设备进行 802.11 链路协商，该过程遵循 802.11 标准中定义的协商过程。无线客户端主动发送探测请求消息或侦听 WLAN 设备发送的信标帧，借此查找可用的网络，支持 WAPI 安全机制的 AP 将会回应或发送携带有 WAPI 信息的探测应答消息或信标帧。在搜索到可用网络后，无线客户端继续发起链路认证交互和关联交互。

（2）AP 激活身份鉴别过程

WLAN 设备触发对无线客户端的鉴别处理，无线客户端成功关联到 WLAN 设备后，设备在判定该用户为 WAPI 用户时，则会向无线客户端发送鉴别激活触发消息，触发无线客户端发起 WAPI 鉴别交互过程。

(3) 身份认证

无线客户端在发起接入鉴别后，WLAN 设备会向远端的鉴别服务器发起证书鉴别，鉴别请求消息中同时包含有无线客户端和 WLAN 设备的证书信息。鉴别服务器对二者身份进行鉴别，并将验证结果发给 WLAN 设备。WLAN 设备和无线客户端任何一方如果发现对方身份非法，将主动终止无线连接。

(4) 密钥交换

WLAN 设备经鉴别服务器认证成功后，会发起与无线客户端的密钥协商交互过程，先协商出用于加密单播报文的单播密钥，然后再协商出用于加密组播报文的组播密钥。

完整的 WAPI 鉴别协议交互过程如图 4-13 所示。

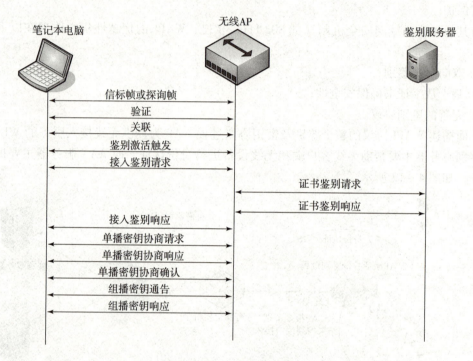

图 4-13 完整的 WAPI 鉴别协议交互过程

(5) AP 根据鉴别结果控制用户接入

无线 AP 将根据鉴别结果决定是否允许用户接入无线网络。

4.4 项目实践

4.4.1 基于 802.1X 认证的企业无线局域网

1. 工作任务

假如你是某 IT 公司的无线网络工程师，公司目前承接了一个外企项目，客户在建设无线网络时，需要给无线网络设计安全接入策略。由于外企员工对网络的安全要求很高，并且客户的计算机操作能力也很强，所以选择采用相对安全的"入网即认证"的 802.1X 认证方式。那么，如何在没有认证服务器的情况下实现 802.1X 认证呢？通过无线交换机自带的本地服务器即可实现 802.1X 认证功能。

2. 网络拓扑

网络拓扑如图 4-14 所示。需要 2 台电脑、1 块无线网卡、1 台智能无线 AP、1 台智能无线交换机、1 台 RingMaster 服务器。

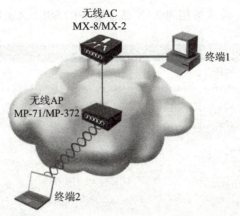

图 4-14 基于 802.1X 认证的企业无线局域网拓扑图

3. 任务实施

（1）配置无线交换机的基本参数

可以参照前面的配置内容进行配置。

（2）配置无线交换机的 Web 认证

单击"Wireless"→"Wireless Services"选项，选择添加"802.1X Service Profile"，用于 802.1X 认证，如图 4-15 和图 4-16 所示。

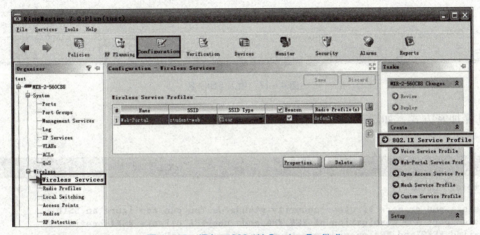

图 4-15 添加"802.1X Service Profile"

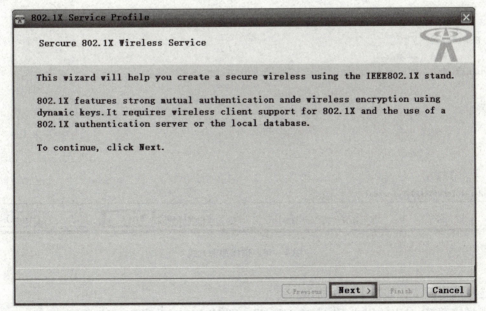

图 4-16 "802.1X Service Profile"窗口

输入使用 802.1X 认证服务的 SSID 名,如图 4 – 17 所示。

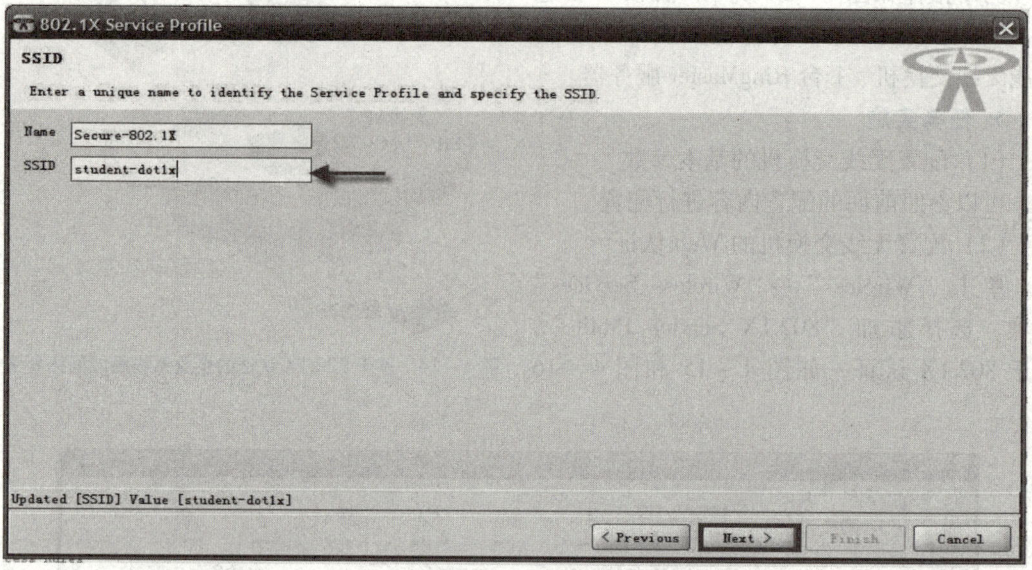

图 4 – 17 输入 SSID 名

选择加密方式,如图 4 – 18 所示。

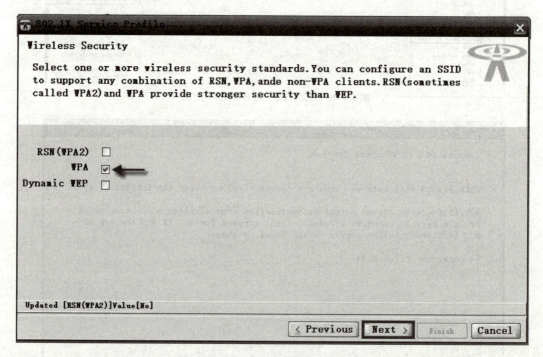

图 4 – 18 选择加密方式

选择加密算法,如图 4 – 19 所示。
选择该 SSID 对应的用户 VLAN "default",即 VLAN 1,如图 4 – 20 所示。

第 4 章　微企业无线局域网的安全配置

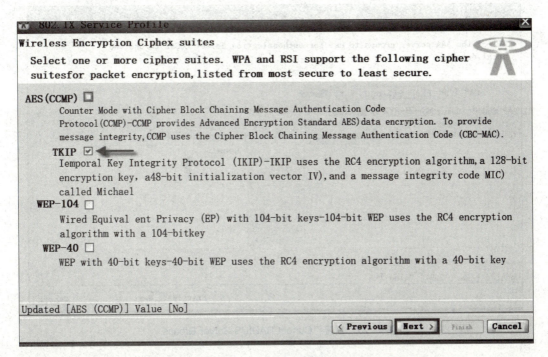

图 4-19　选择加密算法

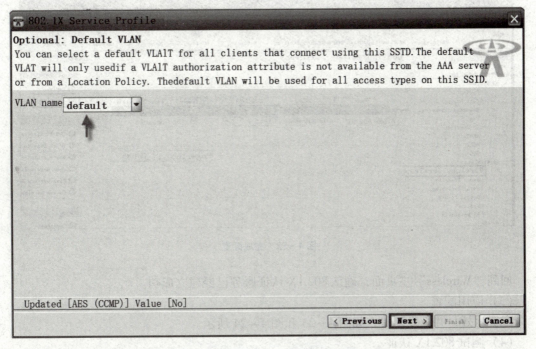

图 4-20　选择 SSID 对应的用户 VLAN

选择 802.1X 认证服务的认证服务器，由于实验采用本地数据库，因此将 "Current RA-DIUS Server Groups" 设置为 "Local"，并选择 EAP 类型，如图 4-21 所示。

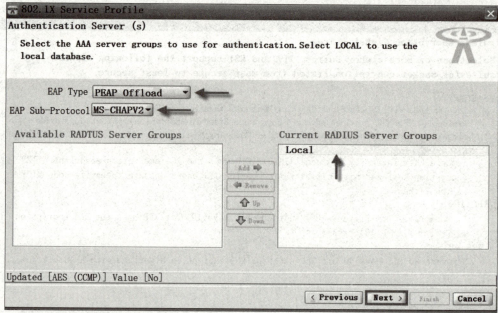

图4-21 设置"Current RADIUS Server Groups"

完成802.1X认证服务的配置，如图4-22所示。

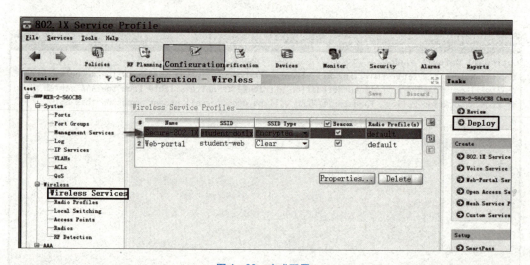

图4-22 完成配置

回到"Wireless"主页面，确认802.1X认证服务已经建立成功。
(3) 应用配置
配置生效，并下发配置，如图4-23和图4-24所示。
(4) 测试802.1X认证
打开无线网卡，配置802.1X客户端，如图4-25所示。
选择"无线网络配置"选项卡，单击"添加"按钮，如图4-26所示。
在"无线网络属性"对话框中选择"验证"选项卡，在"EAP类型"中选择"受保护的EAP（PEAP）"，单击"属性"按钮，如图4-27所示。

第4章 微企业无线局域网的安全配置

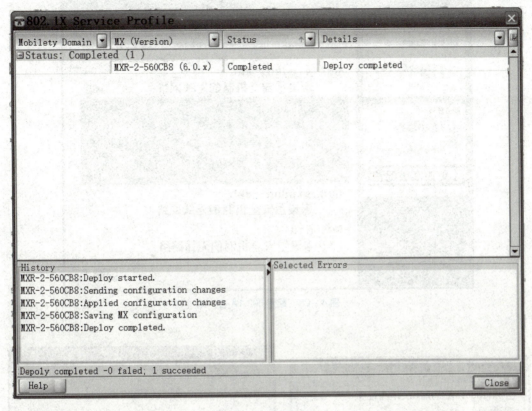

图4-23 配置生效

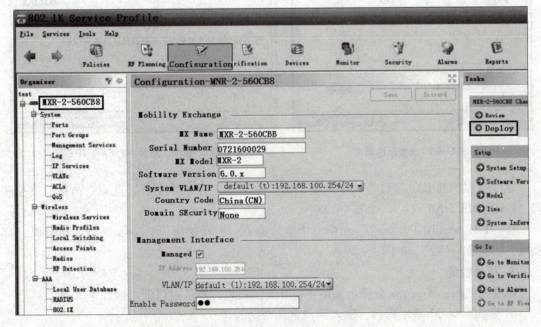

图4-24 下发配置

无线移动互联技术

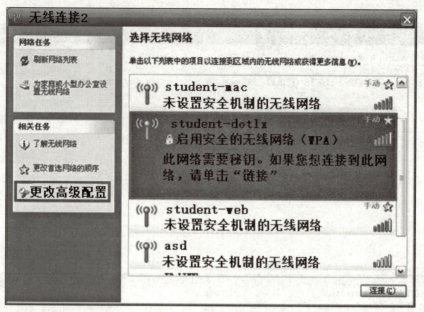

图 4-25 配置 802.1X 客户端

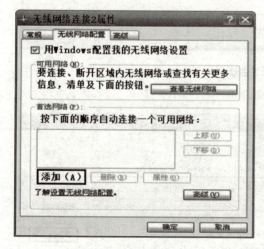

图 4-26 无线网络配置

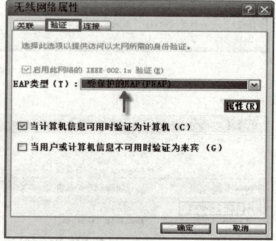

图 4-27 选择"受保护的 EAP（PEAP）"

在"受保护的 EAP 属性"对话框中取消选中"验证服务器证书"选项，选择"安全密码（EAP-MSCHAP v2）"，如图 4-28 所示。

在"EAP MSCHAPv2 属性"对话框中取消选中"自动使用 Windows 登录名和密码（以及域，如果有的话）"，如图 4-29 所示。

4. 项目验证

配置完成后，Windows 会弹出如图 4-30 所示窗口，要求提供证书或凭据。

出现如图 4-31 所示窗口，输入用户名和密码。

输入正确的用户名和密码后，单击"确定"按钮，即可正常访问网络，如图 4-32 所示。

图 4-28 设置 EAP 属性

图 4-29 "EAP MSCHAPv2 属性"对话框

图 4-30 连接状态

图 4-31 输入用户名和密码

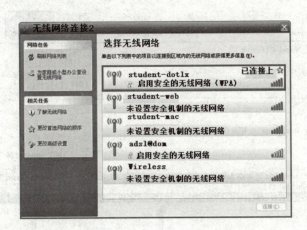

图 4-32 查看连接状态

查看用户的连接状态,在"RingMaster"对话框中的"Monitor"→"Clients by MX"中查看连接的用户信息,如图 4-33 所示。

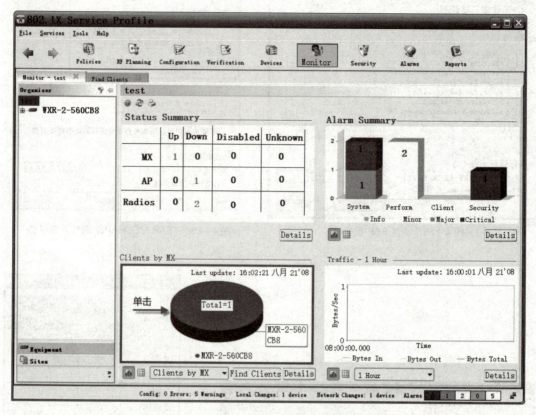

图 4-33　查看用户的连接状态

查看用户的用户名、密码及接入类型等信息,如图 4-34 所示。

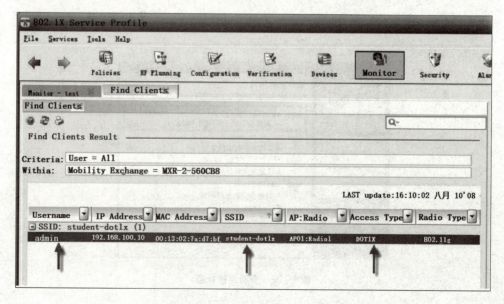

图 4-34　查看用户信息

4.4.2 基于 MAC 认证的企业无线局域网

1. 工作任务

假如你是某 IT 公司的无线网络工程师，公司目前承接了一个酒店项目，需要给酒店的大厅和包房做无线覆盖，目的是给点餐系统设计无线网络规划。每个服务员都通过一个手持终端来采集客户的点餐需求，如菜品、价格和其他参数，而这些信息需要通过无线网络传送到后厨。由于手持终端的操作系统局限性，采用加密和 Web 认证都不现实，而使用手持终端的 MAC 地址作为认证的依据，具有实现方便、规划简单等优点。

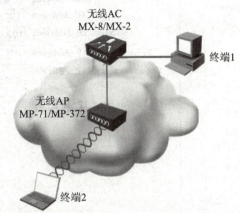

2. 网络拓扑

网络拓扑如图 4-35 所示，需要 2 台电脑、1 块无线网卡、1 台智能无线 AP、1 台智能无线交换机、1 台 RingMaster 服务器。

3. 任务实施

（1）配置无线交换机的基本参数

可以参照前面的配置内容进行配置。

（2）配置无线交换机的 DHCP 服务器

单击"Syestem"的"VLANs"选项，选择"default"，单击"Properties"按钮，如图 4-36 所示。

图 4-35 基于 MAC 认证的企业无线局域网拓扑图

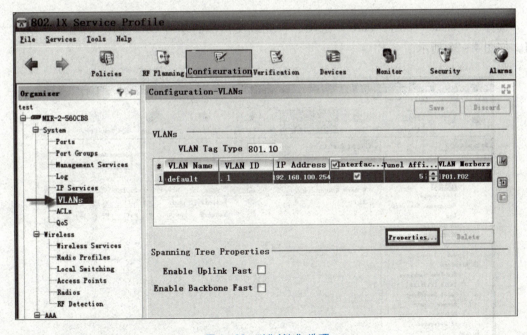

图 4-36 "VLANs"选项

单击"DHCP Server"选项卡，激活 DHCP 服务器，设置地址池和 DNS 后保存，如图 4-37 所示。

无线移动互联技术

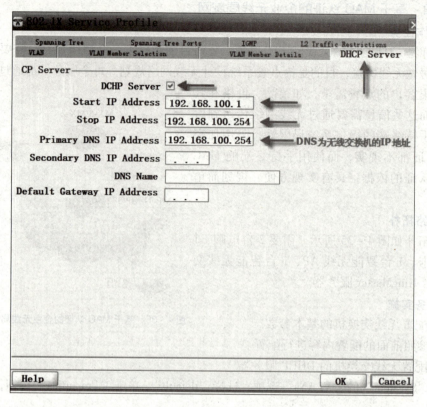

图 4-37 "DHCP Server" 选项卡

选择 "System" 下的 "Ports" 选项，将无线交换机的端口 PoE 打开，单击 "Save" 按钮，如图 4-38 所示。

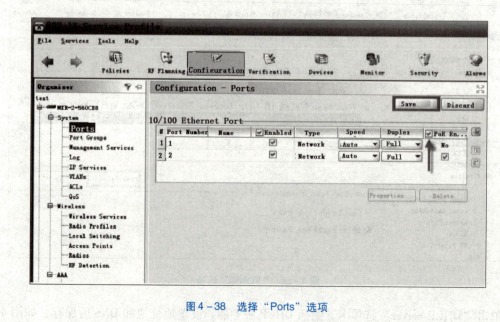

图 4-38 选择 "Ports" 选项

(3) 配置无线交换机的 MAC 地址认证

选择 "Wireless" 下的 "Wireless Services" 选项，选择添加 "Custom Service Profile" 用于 MAC 认证，如图 4-39 所示。

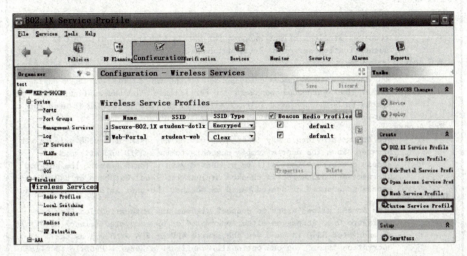

图 4-39　选择 "Custom Service Profile"

输入使用 MAC 认证服务的 SSID 名，并选择是否使用 SSID 加密，如图 4-40 所示。

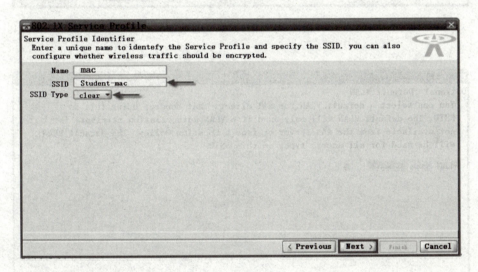

图 4-40　输入 SSID 名

选择采用 MAC 地址认证，如图 4-41 所示。

选择该 SSID 对应的用户 VLAN，如图 4-42 所示。

添加一个 MAC 地址认证的规则，其自动完成配置，如图 4-43 和图 4-44 所示。

选择无线交换机的本地数据库作为 MAC 地址认证时的数据库，其自动完成配置，如图 4-45 和图 4-46 所示。

无线移动互联技术

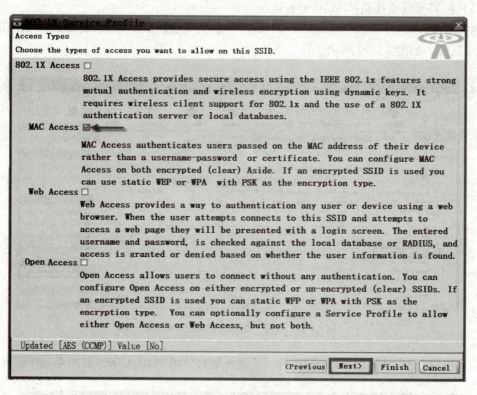

图 4-41 采用 MAC 地址认证

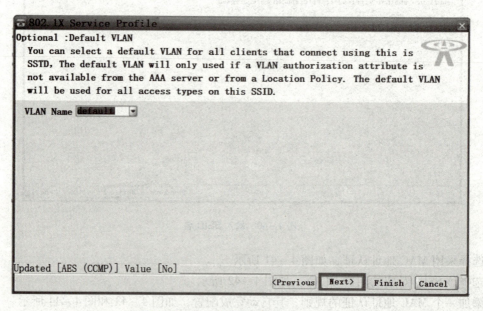

图 4-42 选择该 SSID 对应的用户 VLAN

第 4 章　微企业无线局域网的安全配置

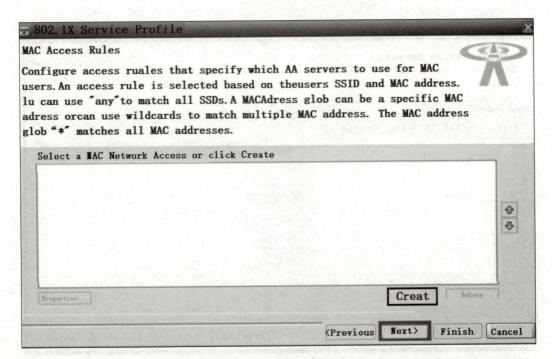

图 4-43　添加一个 MAC 地址认证的规则（1）

图 4-44　添加一个 MAC 地址认证的规则（2）

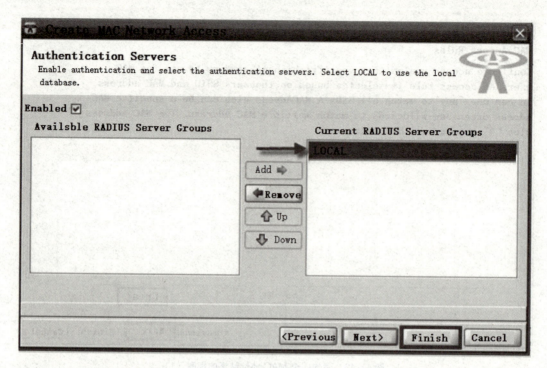

图 4-45 本地数据库

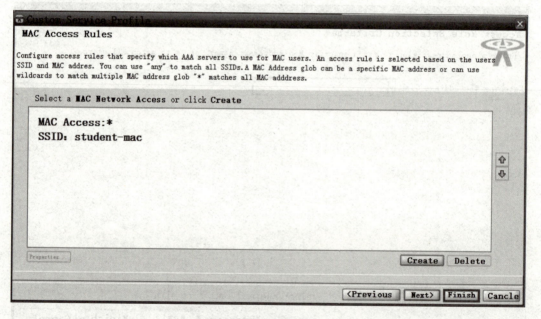

图 4-46 完成配置

检查配置是否生效，如图 4-47 所示。

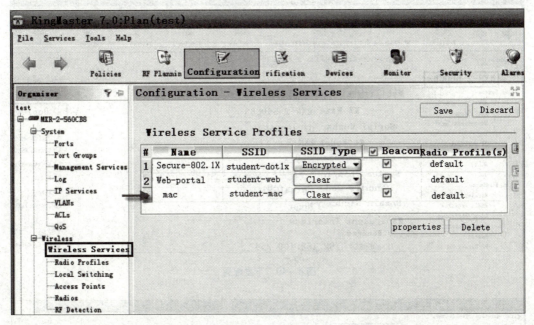

图 4-47　检查配置是否生效

（4）应用配置

配置生效，并下发配置，如图 4-48 和图 4-49 所示。

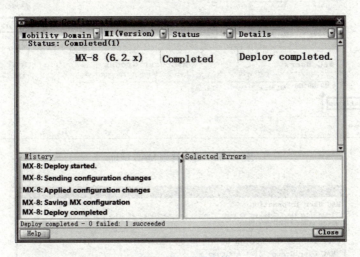

图 4-48　配置生效

（5）添加本地数据库

将需要采用 MAC 认证的终端 MAC 地址导入，如图 4-50 所示。
输入 STA1 的无线网卡 MAC 地址，如图 4-51 所示。

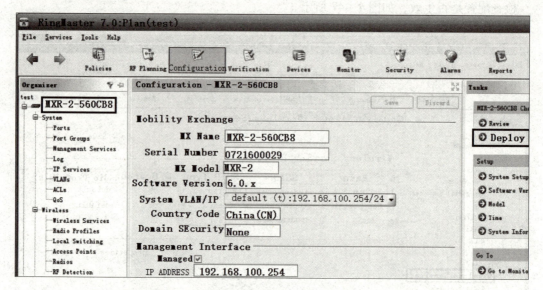

图4-49 下发配置

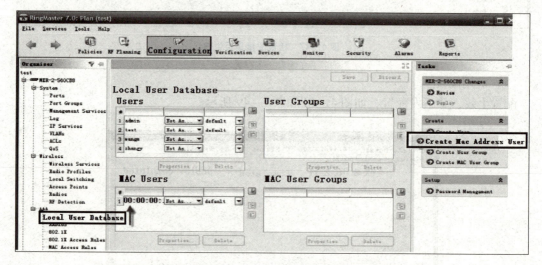

图4-50 导入终端 MAC 地址

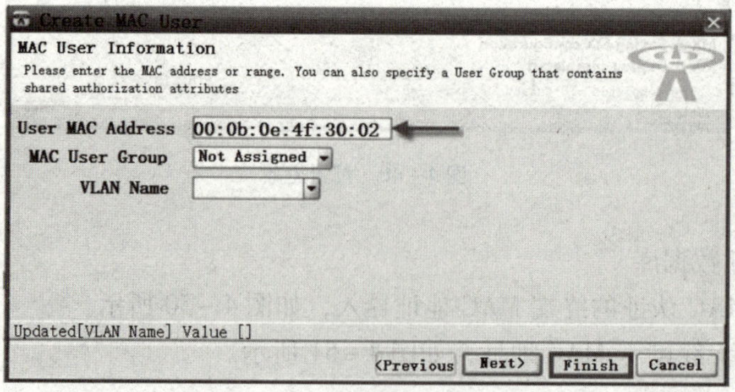

图4-51 输入无线网卡 MAC 地址

4. 项目验证

（1）测试 MAC 认证

打开无线网卡，搜寻"student – mac"，联入该 SSID，如图 4 – 52 所示。

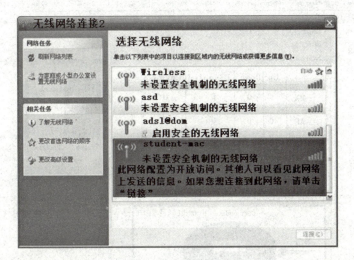

图 4 – 52　搜寻"student – mac"

如果 MAC 地址正确，则成功联入无线网络，如图 4 – 53 所示。

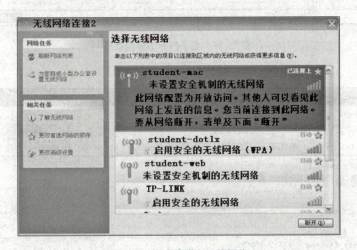

图 4 – 53　成功联入无线网络

（2）查看用户的连接状态

如图 4 – 54 所示，在"RingMaster"对话框的"Monitor"→"Clients by MX"中查看连接的用户信息。

查看用户的具体信息，包括 MAC 地址、认证类型等，如图 4 – 55 所示。

4.4.3　基于 Web 认证的企业无线局域网

1. 工作任务

假如你是某 IT 公司的无线网络工程师，公司目前承接了一个大学校园无线局域网项目，根据客户的需求，给无线网络设计安全接入策略。经综合考虑，采用一种简单方便的无线认

无线移动互联技术

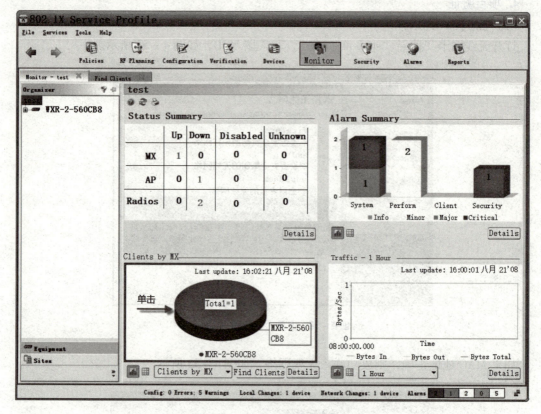

图 4-54 查看用户的连接状态

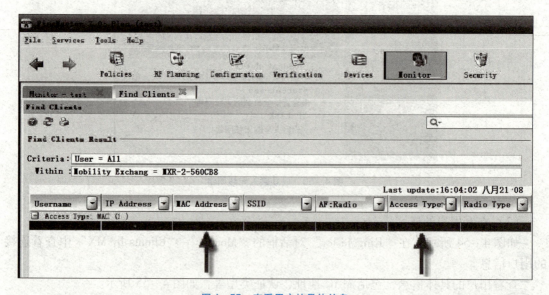

图 4-55 查看用户的具体信息

证方式,即 Web 认证方式。即用户需要上网时,只要打开浏览器访问任何网页,浏览器就会弹出需要输入用户名和密码的对话框,用户只要输入正确的账号和密码就能访问无线网

第4章 微企业无线局域网的安全配置

络。那么，如何在没有认证服务器的情况下实现 Web 认证呢？通过无线交换机自带的本地服务器即可实现 Web 认证功能。

2. 网络拓扑

网络拓扑如图 4-56 所示。需要 2 台电脑、1 块无线网卡、1 台智能无线 AP、1 台智能无线交换机、1 台 RingMaster 服务器。

3. 任务实施

（1）配置无线交换机的基本参数可参照前面的配置过程进行配置。

（2）配置无线交换机的 Web 认证

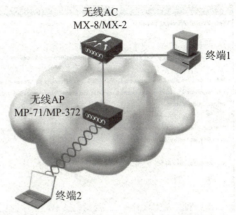

图 4-56 基于 Web 认证的企业无线局域网拓扑图

单击"Wireless"的"Wireless Services"选项，选择添加"Web – Portal Service Profile"用于 Web 认证，如图 4-57 和图 4-58 所示。

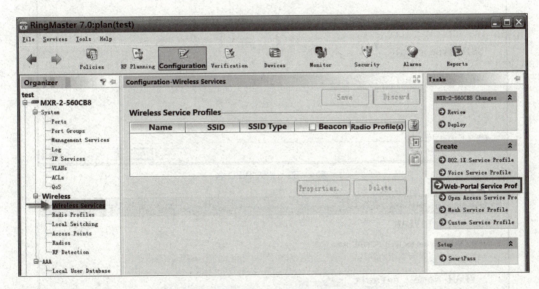

图 4-57 选择"Web – Portal Service Profile"

输入使用 Web 认证服务的 SSID 名，以及是否使用 SSID 加密，如图 4-59 所示。
选中该 SSID 对应的用户 VLAN "default"，即 VLAN 1，如图 4-60 所示。
设置 Web Portal ACL，使用默认值，如图 4-61 所示。
选中 Web 认证服务的认证服务器，由于实验采用本地数据库，因此将"Current RADIUS Server Groups"设置为"LOCAL"，如图 4-62 和图 4-63 所示。
完成 Web 认证服务的配置，如图 4-64 所示。
回到"Wireless"主页面，确认 Web 认证服务已经建立成功，如图 4-65 所示。

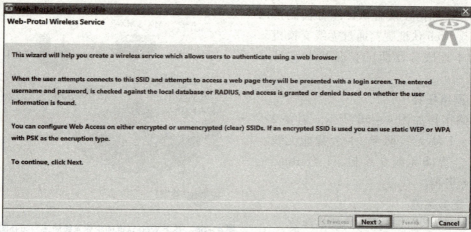

图 4-58 "Web Portal Service Profile" 对话框

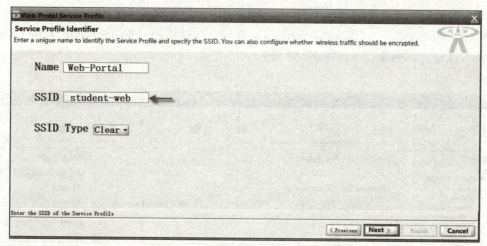

图 4-59 输入 SSID 名

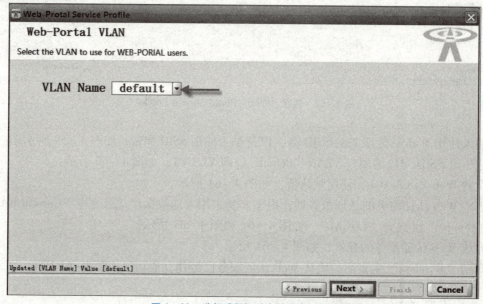

图 4-60 选择 SSID 对应的用户 VLAN

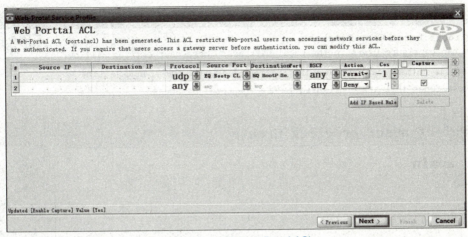

图 4-61　设置 Web Portal ACL

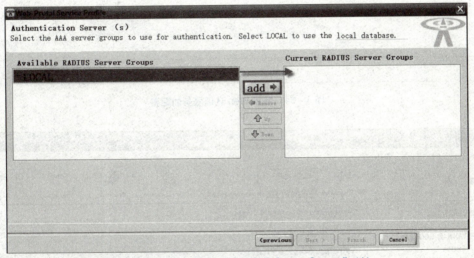

图 4-62　设置"Current RADIUS Server Groups"（1）

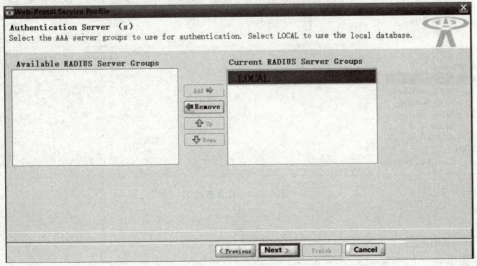

图 4-63　设置"Current RADIUS Server Groups"（2）

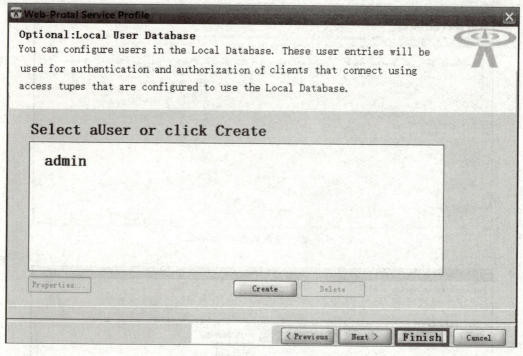

图4-64 完成Web认证服务的配置

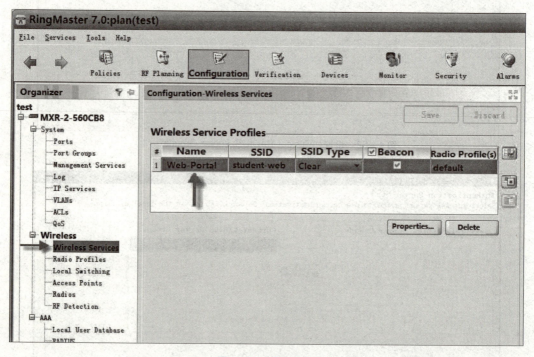

图4-65 建立成功

（3）应用配置

配置生效，如图4-66和图4-67所示。

第4章 微企业无线局域网的安全配置

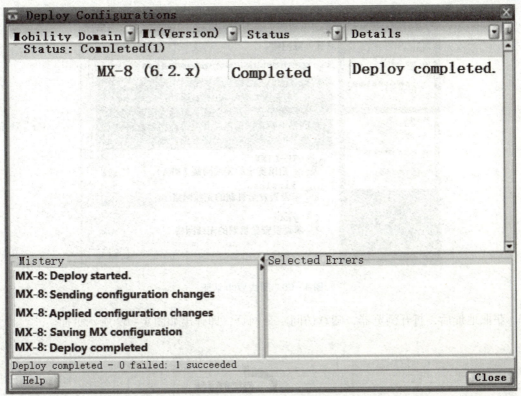

图4-66 配置生效

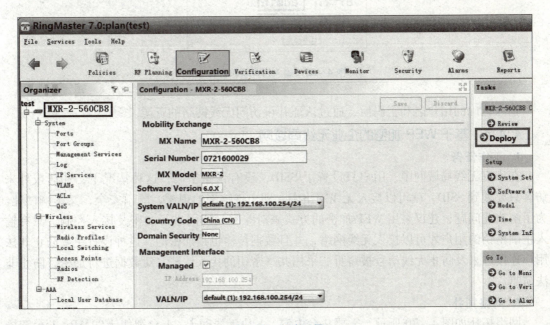

图4-67 下发配置

4. 项目验证

打开无线网卡,搜寻"student-web",联入该SSID,如图4-68所示。

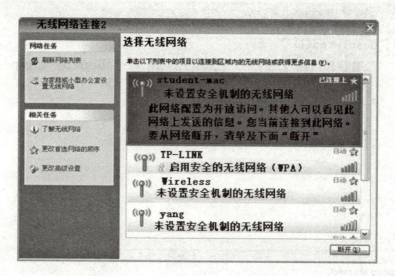

图 4-68 测试 Web 认证

获取地址后，打开浏览器，随意访问一个网页，即弹出如图 4-69 所示页面。

图 4-69 输入用户名和密码

输入正确的用户名和密码后，通过认证并可访问无线网络的资源。

4.4.4 基于 WEP 加密的企业无线局域网

1. 工作任务

在家庭无线局域网中，用户只设置了 SSID，没有设置密码，这种情况下，邻居或外来访客只要搜到 SSID，就可以接入无线网络中，即出现蹭网的现象，既不安全，又影响网速。为了解决此问题，建议采用 WEP 加密的方式来对家庭无线网进行加密及接入控制，只有输入正确密钥的用户才可以接入无线网络，并且数据传输也是加密的。这种设置主要防止非法用户连接进来及防止无线信号被窃听。采用共享密钥的接入认证，对数据进行加密，防止非法窃听。

2. 网络拓扑

网络拓扑如图 4-70 所示。需要 2 台电脑、1 块无线网卡、1 台智能无线 AP、1 台智能无线交换机、1 台 RingMaster 服务器。

第 4 章　微企业无线局域网的安全配置

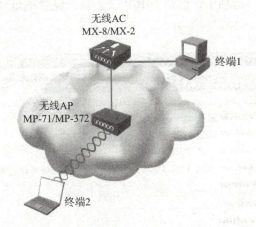

图 4-70　基于 WEP 加密的企业无线局域网拓扑图

3. 任务实施

（1）配置无线交换机的基本参数

可参照前面的配置过程进行配置。

（2）配置无线交换机的 DHCP 服务器

单击"System"的"VLANs"选项，选择"default"，单击"Properties"按钮，如图 4-71 所示。

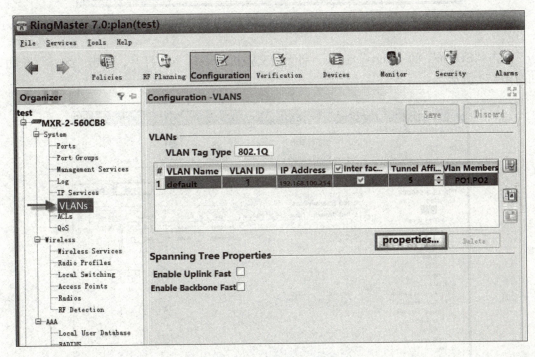

图 4-71　"VLANs"选项

143

单击"DHCP Server"选项卡,激活 DHCP 服务器,设置地址池和 DNS,然后保存,如图 4-72 所示。

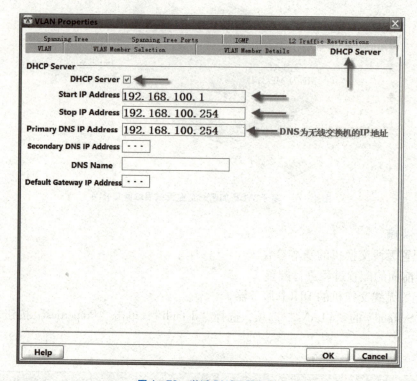

图 4-72 激活 DHCP 服务器

单击"System"的"Ports"选项,将无线交换机的端口 PoE 打开,单击"Save"按钮,如图 4-73 所示。

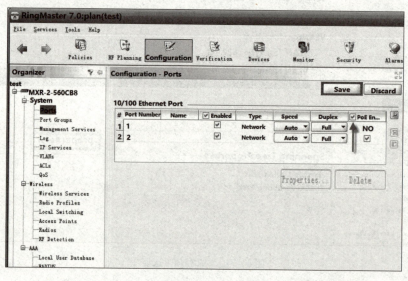

图 4-73 "Ports"选项

(3) 配置 Wireless Services

在菜单"Configuration"下,选择"Wireless"→"Wireless Services",如图 4-74 所示。

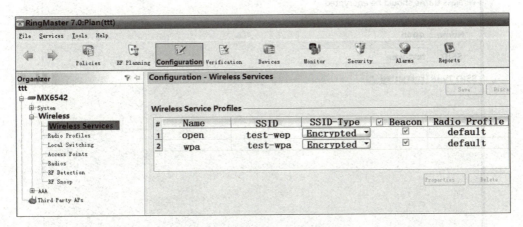

图 4-74 选择"Wireless Services"

(4) 创建一个"Service Profile"

在管理页面的右边,单击"Create"下的"Open Access Service Profile",如图 4-75 所示。

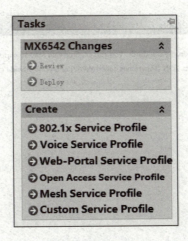

图 4-75 选择"Open Access Service Profile"

然后输入实验使用的 Service Profile 名"Open",SSID 为"test-wep",SSID 类型为"Encrypted",即加密的,如图 4-76 所示。

选择使用静态的 WEP 加密方式,如图 4-77 所示。

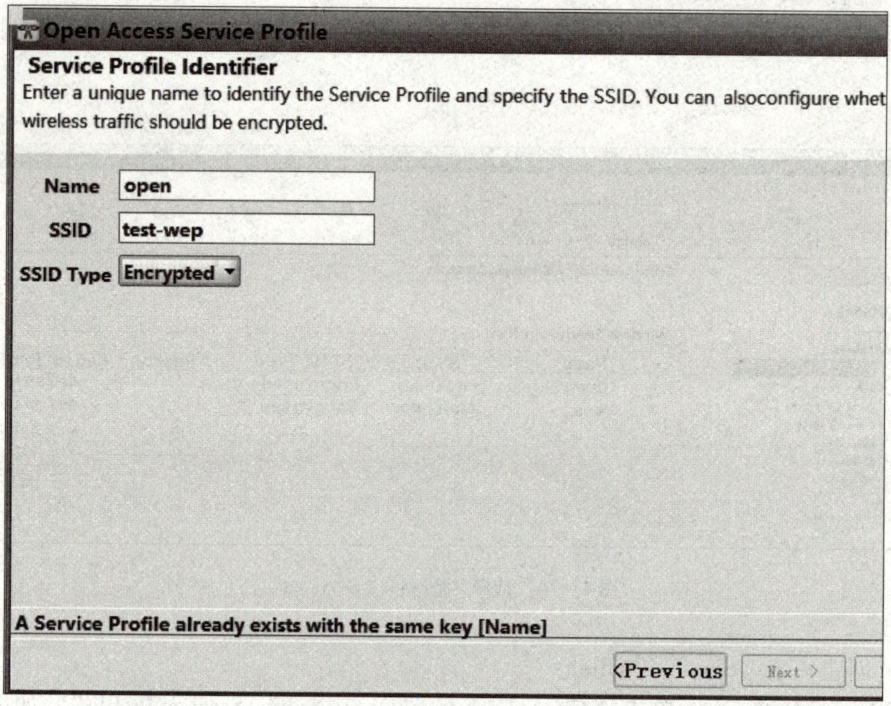

无线移动互联技术

图 4-76 选择 SSID 类型

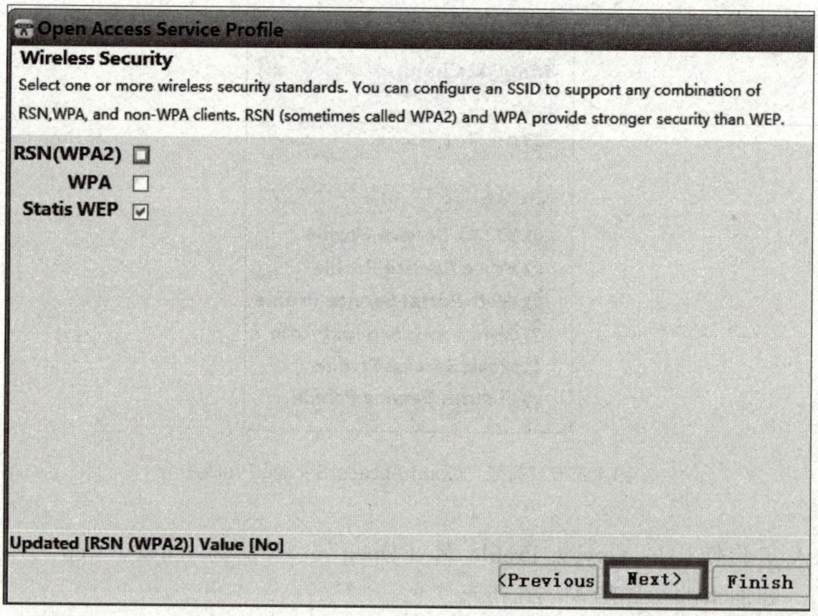

图 4-77 选择 WEP 加密方式

输入密钥"1234567890",无线客户端都需要输入正确的密钥才能接入,如图 4-78 所示。

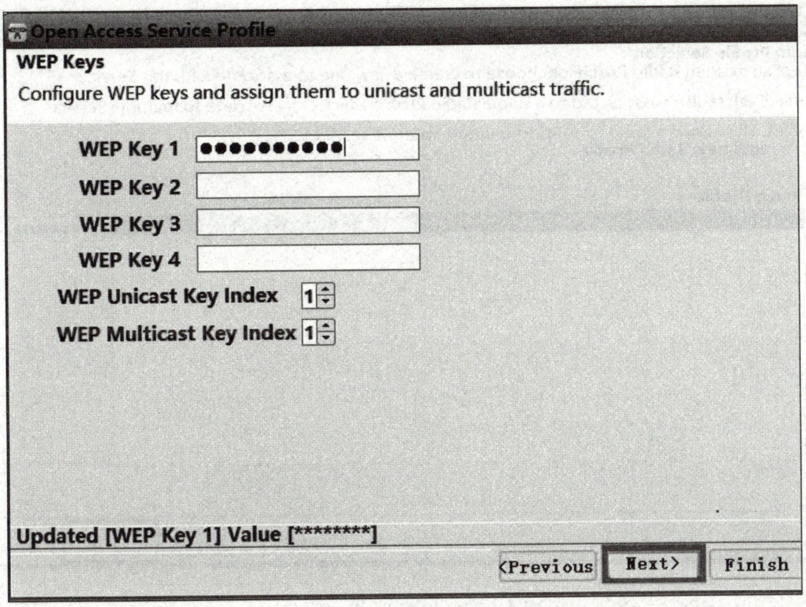

第4章 微企业无线局域网的安全配置

图4-78 输入正确的密钥

VLAN Name 为"default",如图4-79所示。

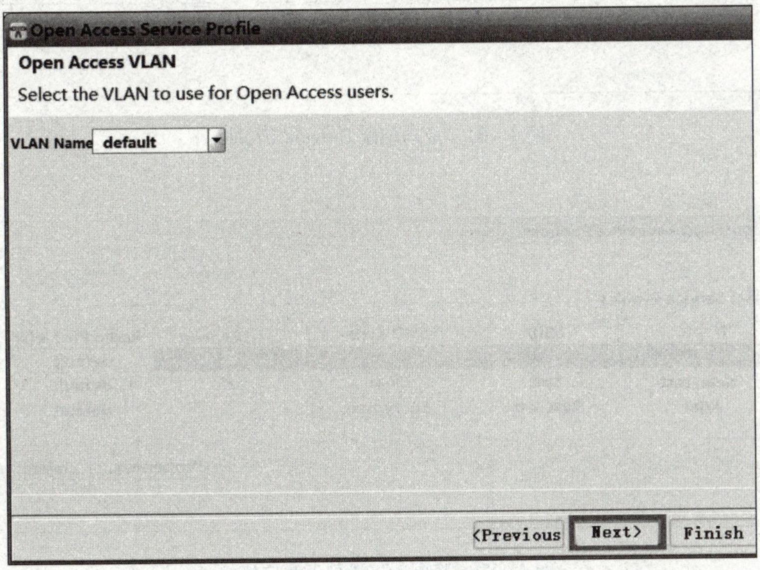

图4-79 设置 VLAN Name

在"Radio Profile"下选择"default",然后单击"Finish"按钮,如图4-80所示。
成功创建一个名为"Open"的 Service Profile,如图4-81所示。
单击窗口右边的"Deploy"选项,将刚才所做的配置下发到无线交换机,如图4-82所示。

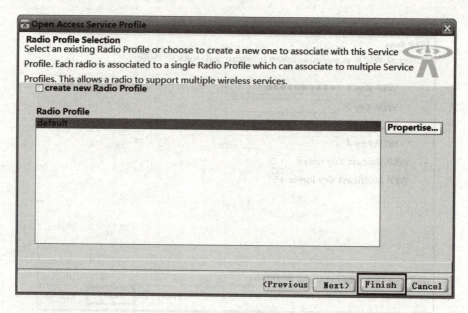

图 4-80 设置 Radio Profile

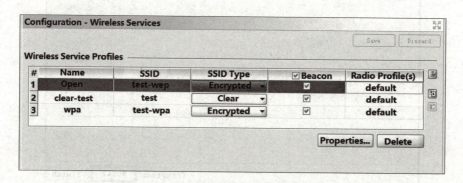

图 4-81 成功创建 Service Profile

图 4-82 将配置下发到无线交换机

弹出的窗口如图 4-83 所示,配置下发完成。

此时无线网络便会广播出采用 WEP 加密方式的 SSID "test-wep"。

4. 项目验证

打开无线网卡,搜寻无线网络,会发现名为"test-wep"的 SSID,并联入该 SSID,如图 4-84 所示。

第 4 章 微企业无线局域网的安全配置

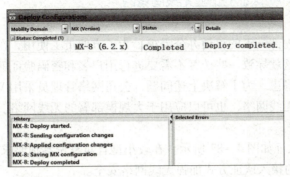

图 4-83 配置下发完成

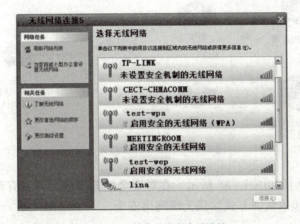

图 4-84 测试无线客户端连接

选中该 SSID，单击"连接"按钮，此时会提示输入 WEP 密钥，如图 4-85 所示，输入密钥"1234567890"。

单击"连接"按钮之后，无线客户端便可以正确连接到无线网络了，如图 4-86 所示。无线客户端可以 ping 通无线交换机地址。

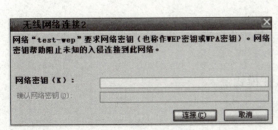

图 4-85 输入密钥

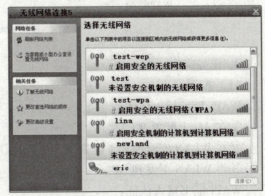

图 4-86 连接状态

4.4.5 基于 WPAI 认证的企业无线局域网

1. 工作任务

某公司现已实现内部员工的移动办公需求,为了方便员工使用,在网络建设初期没有对网络进行接入控制,这就导致一些访客不需要进行用户名和密码验证就可以接入网络,使公司信息安全存在很大隐患。为了解决上述问题,公司网络管理员采用 WAPI 认证技术,该技术既可以应用到小型无线网络,也可以应用于大规模部署的无线网络。

2. 网络拓扑

WAPI PSK 接入认证如图 4-87 所示。在较小型且对身份鉴别要求不高的 WLAN 中,使用 WAPI 预共享密钥的接入认证方式加强无线网络安全。

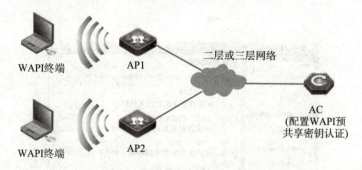

图 4-87 WAPI PSK 接入认证

WAPI 证书接入认证如图 4-88 所示。在对安全性要求极高或者有统一管理需求的场景下,使用 WAPI 证书接入认证方式加强无线网络安全。

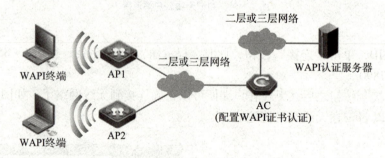

图 4-88 WAPI 证书接入认证

3. 任务实施

(1) 配置要点

WAPI PSK 接入认证:

①在 AC 上配置 WLAN。

②在 WLAN 安全模式下配置 WAPI PSK 认证模式。

③将 WLAN 下发到 AP。

WAPI 证书接入认证:

①在 AC 上配置 WLAN。

②设备导入 CA 证书、AE 证书(三证书认证还需要 ASU 证书)。

③在 WLAN 安全模式下配置 WAPI 证书认证模式。
④将 WLAN 下发到 AP。
(2) 配置步骤
①配置 WAPI PSK 认证。

```
Ruijie(config)#wlansec 1
Ruijie(config-wlansec)#security wapi enable
Ruijie(config-wlansec)#security wapi psk enable  (启用 WAPI 预共享密钥认证方式)
Ruijie(config-wlansec)#security wapi psk set-key ascii 12345678  (配置 WAPI 预共享密钥为 12345678)
Ruijie(config-wlansec)#end
Ruijie#write  (确认配置正确,保存配置)
```

②配置 WAPI 证书认证。
WAPI 二证书认证：

```
Ruijie(config)#wlansec 1
Ruijie(config-wlansec)#security wapi enable
Ruijie(config-wlansec)#security wapi 2-cert enable  (启用二证书认证)
Ruijie(config-wlansec)#security wapi ca cert ca.cer  (ca.cer 指设备中保存的 CA 证书文件名)
Ruijie(config-wlansec)#security wapi ae cert ae.cer  (ae.cer 指设备中保存的 AE 证书文件名)
Ruijie(config-wlansec)#security wapi asu address 192.168.0.250  (WAPI 认证服务器的 IP 地址)
Ruijie(config-wlansec)#end
Ruijie#write  (确认配置正确,保存配置)
```

WAPI 三证书认证：

```
Ruijie(config)#wlansec 1
Ruijie(config-wlansec)#security wapi enable
Ruijie(config-wlansec)#security wapi 3-cert enable  (启用三证书认证)
Ruijie(config-wlansec)#security wapi ca cert ca.cer  (ca.cer 指设备中保存的 CA 证书文件名)
Ruijie(config-wlansec)#security wapi ae cert ae.cer  (ae.cer 指设备中保存的 AE 证书文件名)
Ruijie(config-wlansec)#security wapi asu cert asu.cer  (asu.cer 指设备中保存的 ASU 证书文件名)
Ruijie(config-wlansec)#security wapi asu address 192.168.0.250  (WAPI 认证服务器的 IP 地址)
Ruijie(config-wlansec)#end
Ruijie#write  (确认配置正确,保存配置)
```

③WAPI 终端安装证书。
安装好 WAPI 网卡驱动后，启动 WAPI 网卡驱动，如图 4-89 所示。
单击"证书管理"选项，进入如图 4-90 所示的页面。
在"颁发者证书"一栏单击"浏览"按钮，将保存的颁发者（CA）证书导入，如图 4-91 所示。

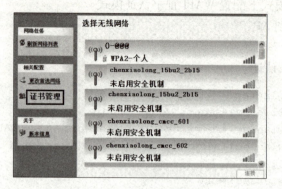

图 4-89 安装 WAPI 网卡

图 4-90 证书管理

图 4-91 导入颁发者证书

在"用户证书"一栏单击"浏览"按钮,将保存的合法用户(user)证书导入。导入后,单击"安装"按钮,如图 4-92 所示,表示安装成功。若证书有误,会提示安装证书无效,需重新选定正确的证书安装。二证书模式下安装完毕后,可采用证书模式关联。三证书模式下需单击如图 4-92 所示框住的"强制信任"下的证书图样,安装 ASU 证书。

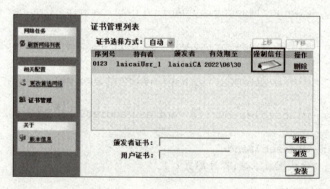

图 4-92 导入合法用户证书

三证书模式下,需安装 ASUE 信任的 ASU 证书。单击"强制信任"下的证书图样时,弹出如图 4-93 所示的对话框,单击"安装"按钮,将 ASU 证书导入后单击"确定"按钮。

第4章 微企业无线局域网的安全配置

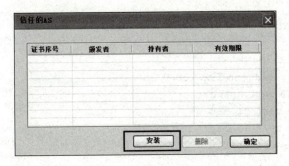

图4-93 安装导入 ASU 证书

三证书模式安装完毕,页面如图4-94所示,可采用证书模式关联。

图4-94 证书模式关联

若要更换证书,可单击图4-93中的"删除"按钮,重新安装。

4. 项目验证

(1) WAPI PSK 认证

使用 show running – config | begin wlansec wlan_id 命令,可以查看配置是否生效。

```
Ruijie#show running-config |begin wlansec 1
wlansec 1
security wapi enable
security wapi psk set-key ascii 12345678
security wapi psk enable
```

(2) WAPI 证书认证

使用 show running – config | begin wlansec wlan_id 命令可以查看配置是否生效。

①WAPI 二证书认证。

```
Ruijie#show running-config|begin wlansec 1
wlansec 1
security wapi enable
security wapi asu address 192.168.0.250
security wapi ca cert ca.cer
security wapi ae cert ae.cer
security wapi 2-cert enable
```

②WAPI 三证书认证。

```
Ruijie#show running-config|begin wlansec 1
wlansec 1
security wapi enable
security wapi asu address 192.168.0.250
security wapi asu cert asu.cer
security wapi ca cert ca.cer
security wapi ae cert ae.cer
security wapi 3-cert enable
```

4.5 项目拓展

4.5.1 理论拓展

1. 下列 WLAN 最常用的上网认证方式是（   ）。
   A. WPA 认证　　　B. SIM 认证　　　C. 宽带拨号认证　　　D. PPoE 认证
2. IEEE 802.11 标准在 OSI 模型中的（   ）提供进程间的逻辑通信。
   A. 数据链路层　　B. 网络层　　　　C. 传输层　　　　　　D. 应用层
3. 802.11n 采用（   ）技术支持天线复用。
   A. Short GI　　　　　　　　　　　B. MIMO
   C. 多重天线扫描输出　　　　　　　D. 空间编码
4. 802.11a 最大的数据传输速率可以达到（   ）Mb/s。
   A. 11　　　　　　B. 108　　　　　C. 54　　　　　　　　D. 36
5. 802.11b 最大的数据传输速率可以达到（   ）Mb/s。
   A. 108　　　　　　B. 54　　　　　C. 24　　　　　　　　D. 11

4.5.2 实践拓展

公司近期参加了产品产销会，展销会要求公司根据需要自己负责无线局域网接入。公司现需要工作人员和参观人员通过 WiFi 的方式接入网络，为了满足要求，购置了 1 台无线 AP，并创建 2 个 SSID，工作人员使用的 SSID 为"Staff"，密码为"14725836"；参观人员使用的 SSID 为"Guest"，密码为"12345678"。为了提高网络的安全性，工作人员所在网络采用 WPA 的加密认证方式，参观人员所在网络采用 WEP 认证方式，按照要求完成以上配置并进行测试与验证。

第 5 章

微企业无线局域网的管理与优化

5.1 项目背景

网络管理员小王近期接到公司员工反馈，前不久实施完毕投入运行的无线局域网出现了很多问题，例如用户无线上网频繁掉线、访问网络速度变慢、信号干扰较为严重等，极大地影响了无线用户的上网体验，希望网络管理员能对无线网络进行优化调整。

5.2 项目需求分析

根据用户需求对网络进行优化，以提升无线网络用户体验。无线网络优化需考虑以下关键因素：

①调整信道，防止同频干扰。
②调整功率，缩小覆盖重叠区域。
③限制低速率、低功率终端接入无线网络，防止个别低速终端影响整网用户体验。
④限制 AP 带点数，防止单射频关联过多用户。
⑤对用户进行限速，防止大流量下载造成资源分配不均。
⑥为了避免非公司内部员工搜索到无线 SSID 信号，对无线网络实施隐藏 SSID 功能，防止无线信号外泄。

5.3 项目相关知识

5.3.1 故障诊断与排除

当只有一个 AP（Access Point）及一个 WLAN 的客户端出现连接问题时，可能会很快找到有问题的客户端。但是当网络非常大时，找出问题可能就不是那么容易了。

在大型的 WLAN 网络环境中，如果有些用户无法连接网络，而另一些客户却没有任何问题，那么很有可能是众多 AP 中的某个出现了故障。一般来说，通过查看有网络问题的客户端的物理位置，就能大概判断是哪个 AP 出现问题。

当所有客户都无法连接网络时，问题可能来自多方面。如果你的网络只使用了一个 AP，那么这个 AP 可能有硬件问题或者配置有错误。另外，也有可能是由于无线电干扰过于强烈，或者是无线 AP 与有线网络间的连接出现了问题。

当一个无线网络发生问题时，应该首先从几个关键问题入手进行排错。

- 射频环境。
- AP、无线客户端配置。
- 硬件。

1. 无线客户端检测不到信号

无线客户端无法检测到信号，如图 5-1 所示。

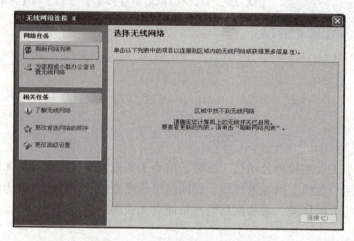

图 5-1 无线客户端无法检测到信号

排错思路：

（1）单个用户报错

- 查看报错无线客户端处是否有无线信号。可使用一些专业的器材或软件进行测试。

（2）批量用户报错

- 查看报错无线客户端处是否有无线信号。可使用一些专业的器材进行测试。
- 检查相关软硬件是否正确安装，包括 AP 电源、网卡、驱动等。

解决方案：

- 确认报错无线客户端网卡是否正确安装，包括有无适配的驱动程序。
- 可以使用 Network Stumbler 等软件或专业的信号强度测试仪器查看报错无线客户端周围是否有无线信号，并将无线客户端放置到 WLAN 信号较好处。
- 注意家具的移动、金属文件柜的移动、微波炉的安装或其他使用无线的家电出现。
- 靠近 AP，并使用 Network Stumbler 等软件或专业的信号强度测试仪器确定 AP 在正常工作。
- 如果在 AP 周围查看到信号强度较弱，可查看天线安装是否正确。
- 如果在 AP 周围没有查看到信号，可先查看 AP 是否正常启动，例如电源是否安装、无线接口是否正常工作等。如果 AP 工作正常，可查看天线安装是否正确。
- 可尝试将 AP 恢复出厂配置后再次配置或重启 AP。

2. 有信号但无法连接上 AP

客户端检测到无线信号，但无法连接到 AP，如图 5-2 所示。

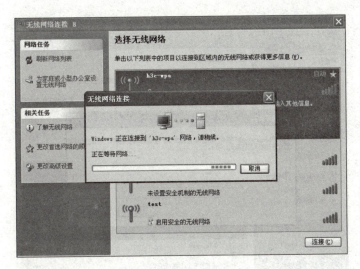

图 5-2 无法连接到 AP

排错思路：

（1）单个用户报错

● 查看无线客户端检测到的 WLAN 信号强度。可通过查看无线客户端自带的信号强度查看程序。

● 查看无线客户端是否做出相应配置。如是否配置 SSID、认证加密方式是否正确。

● 查看无线客户端处是否有干扰。可通过专业器材或软件查看。

（2）批量用户报错

● 查看无线客户端处是否有干扰。可通过专业器材或软件查看。

● 查看 AP 是否工作正常。

● 可通过专业器材或软件查看附近是否有"非法"AP。

解决方案：

● 确认报错无线客户端网卡是否正确安装，包括有无适配的驱动程序。

● 可以使用 Network Stumbler 等软件或专业的信号强度测试仪器查看报错无线客户端周围信号强度是否足够。

● 可以使用 Network Stumbler 等软件或专业的信号强度测试仪器查看报错无线客户端周围是否有 ISM 设备的射频干扰。如相邻 WLAN 设备、微波炉、对讲机等。

● 检查报错无线客户端是否配置正确的 SSID 信息和认证加密方式。如果此处配置与欲连接的 AP 配置不符，则无法进行连接。

● 测试从 AP 上是否可以与网关通信。

● 可尝试将 AP 恢复出厂配置后再次配置或重启 AP。

● 查找出是否有"非法"AP 配置了与"合法"AP 相同的 SSID。

3. 连接后无线客户端无法正常工作

客户端能连接到 AP 上，但客户端无法正常工作，如图 5-3 所示。

排错思路：

（1）单个用户报错

● 查看无线客户端检测到的 WLAN 信号强度，并做评估。可通过查看无线客户端自带

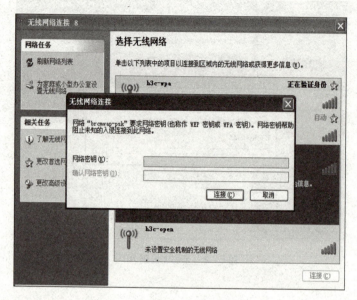

图5-3 客户端无法正常工作

的信号强度来查看程序。
- 查看无线客户端是否做出相应配置。如认证加密方式是否正确。
- 查看无线客户端处是否有干扰。可通过专业器材或软件查看。
- 查看客户端是否配置静态 IP 地址,此静态 IP 地址是否合法。

(2) 批量用户报错
- 查看无线客户端处是否有干扰。可通过专业器材或软件查看。
- 查看 AP 是否工作正常。
- 主网络的 DHCP 等功能是否工作正常。
- AP 是否开启用户隔离功能。
- 是否有很多用户连接在同一个 AP 上。
- 是否有用户在使用 P2P 等会占用大量带宽的应用程序。
- 是否有网络病毒或黑客攻击。
- 可通过专业器材或软件查看附近是否有"非法"AP。

解决方案:
- 确认无线客户端是否获得正确的 IP 地址。如没有,可查看主网络 DHCP 等功能是否工作正常或无线客户端设置的静态 IP 地址是否正确。
- 查看无线客户端检测到的 WLAN 信号强弱。如较弱,可将无线客户端放置到 WLAN 信号较强处。
- 查看无线客户端认证加密方法是否与 AP 匹配。
- 查看 AP 是否配置了用户隔离功能。
- 可尝试将 AP 恢复出厂配置后再次配置或重启 AP。
- 查找出是否有"非法"AP 配置了与"合法"AP 相同的 SSID。

5.3.2 无线网络优化流程

随着无线局域网规模的不断扩大,网络的维护和优化显得越来越重要。无线网络完成后，在后期维护时，主要的问题体现如下：

①网络吞吐量下降。

②用户接入受限。在 WLAN 项目建设与运营过程中，除了工程勘测、方案设计、工程实施、测试验收、业务上线之外，有些工作必须通过网络优化这一步骤完成，例如，对用户业务的分析和数据侧的优化，或者当用户的分布、业务量、使用模式发生变化时进行的适应调整等。有效的网络优化不仅能够保证用户使用的效果与最终体验，还可以提高设备接入用户数量，延长设备的使用寿命，从而在一定程度上保护客户的已有投资，最大限度地发挥无线网络的使用价值。

无线网络优化一般按照确定标准、分析问题、信号侧优化、数据侧优化、测试效果五个步骤进行。而在实际的项目中，根据具体问题的不同，相关步骤可能需要循环进行。

①确定标准：确定无线网络验收的一般标准，例如，某运营商网络验收标准为主要覆盖区域信号强度不低于 -70 dBm，一般覆盖区域信号强度不低于 -75 dBm，丢包率不高于 3% 等。

②分析问题：分析造成现有无线网络使用问题的内在原因。例如，客户端无法打开 Portal 认证页面，或无线上网速度太慢可能使丢包严重或数据发送速率较低。

③信号侧优化：按照无线覆盖的一般原则（如蜂窝覆盖）完成工程安装规范、设备功率、信道、覆盖方式方面的调整，以保证无线信号强度与质量的要求。

④数据侧优化：在信号侧优化的基础上，如有必要，需要深入分析用户数据类型及应用特点，并做出有针对性的参数和配置调整。

⑤测试效果：以一般验收标准测试优化后的网络效果，如信号强度、丢包率是否满足要求，在此基础上最终以客户应用模式的标准和实际业务模型进行测试，保证实际应用的稳定。

5.3.3 信道调整优化

802.11 协议在 2.4 GHz 频段定义了 14 个信道，见表 5-1。每个信道的频宽为 22 MHz，两个信道中心频率之间为 5 MHz，信道 1 的中心频率为 2.412 GHz，信道 2 的中心频率为 2.417 GHz，依此类推，至位于 2.472 GHz 的信道 13。信道 14 是特别针对日本所定义的，其中心频率与信道 13 的中心频率相差 12 MHz。

表 5-1 802.11b/g/n 在各国授权使用的频段

信道	频率/GHz	美国/加拿大	欧洲	日本
1	2.412	√	√	√
2	2.417	√	√	√
3	2.422	√	√	√
4	2.427	√	√	√
5	2.432	√	√	√
6	2.437	√	√	√
7	2.442	√	√	√
8	2.447	√	√	√

续表

信道	频率/GHz	美国/加拿大	欧洲	日本
9	2.452	√	√	√
10	2.457	√	√	√
11	2.462	√	√	√
12	2.467		√	√
13	2.472		√	√
14	2.484			√

北美地区（美国和加拿大）开放 1~11 信道，欧洲开放 1~13 信道，中国和欧洲一样，开放了 1~13 信道。802.11b/g 工作频段划分如图 5-4 所示。

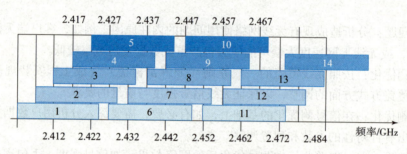

图 5-4　802.11b/g 工作频段

从图 5-4 可以看到，信道 1 在频谱上和信道 2、3、4、5 都有交叠的地方，这就意味着：如果有两个无线设备同时工作，并且它们工作的信道分别为 1 和 3，则它们发送出来的信号会互相干扰。为了最大限度地利用频段资源，可以使用 1、6、11；2、7、12；3、8、13；4、9、14 这四组互相不干扰的信道来进行无线覆盖。

由于只有部分国家开放了 12~14 信道频段，所以，一般情况下，使用 1、6、11 三个信道进行蜂窝式覆盖，如图 5-5 所示。需遵循以下原则：

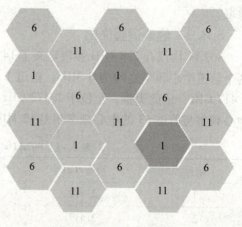

图 5-5　蜂窝式覆盖

①任意相邻区域使用无频率交叉的频道，如 1、6、11 频道。

②适当调整发射功率，避免跨区域同频干扰。

③蜂窝式无线覆盖实现无交叉频率重复使用。

可以在二维平面上使用 1、6、11 三个信道实现任意区域无相同信道干扰的无线部署。当某个无线设备功率过大时，会出现部分区域有同频干扰，这时可以通过调整无线设备的发射功率来避免这种情况的发生。但是，在三维平面上，要想在实际应用场景中实现任意区域无同频干扰是比较困难的，如图 5-6 所示。

但在信道设置时，要考虑三维空间的信号干扰，在 1 层部署 3 个 AP，从左到右的信道分别是 1/6/11，此时在 2 层部署的 3 个 AP 信道就应该划分为 11/1/6，同理，3 层为 6/11/1。这样就最大可能地避免了楼层间的干扰，无论是水平方向还是垂直方向，都做到无线的蜂窝式覆盖。

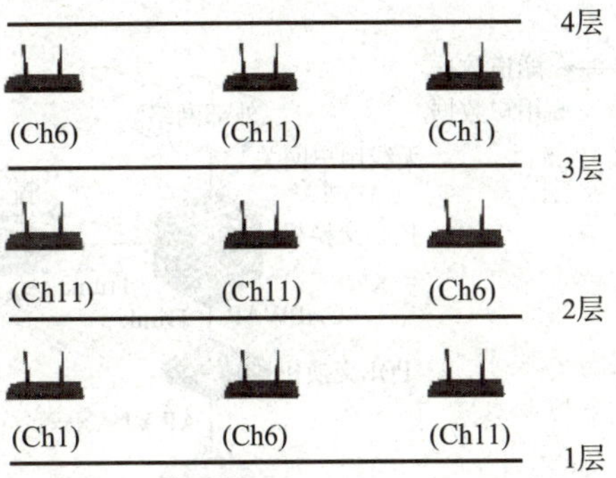

5.3.4 AP 功率调整优化

图 5-6 信道设置

WLAN 系统使用的是 CSMA/CA 公平信道竞争机制，在这个机制中，STA 在有数据发送时，首先监听信道，如果信道中没有其他 STA 在传输数据，则首先随机退避一个时间，如果在这个时间内没有其他 STA 抢占到信道，STA 等待完后，可以立即占用信道并传输数据。在 WLAN 系统中，每个信道的带宽是有限的，其有限的带宽资源会在所有共享相同信道的 STA 间平均分配。

为避免 AP 间的同频干扰，必要时应对同信道的 AP 功率进行适当的调整，保证客户端在一个位置可见的同信道 AP 较强信号只有一个，同时要满足信号强度的要求（例如不低于 -75 dBm）。同时，开启无线用户二层隔离功能，减少非必要的广播报文对空口带宽的影响。

① 基于无线用户进行空口限速，将空口有限资源进行合理分配。

② 调整管理帧的发送间隔、取消对某些无效管理帧的回应，以减少管理报文对有效带宽的影响。

③ 关闭低速率应用，在满足覆盖范围的前提下，可以关闭低速率应用，以提高空口的带宽利用率。

④ 将无线客户端的电源管理属性设置为最高值，以增强无线终端的工作性能，提高数据下载的效率与稳定性。

5.3.5 集中转发与本地转发

1. 集中转发

在 WLAN 网络中，AC 通过 CAPWAP 协议控制管理下连的 AP，CAPWAP 为 AC 和 AP 之间提供通信隧道。集中转发模式下，无线用户的所有流量都需要先经过 AC 才能进行转发，如图 5-7 所示。

2. 本地转发

在 WLAN 网络中，集中转发的模型有可能会改变客户的流量模型，客户希望无线用户流量不走 AC 而直接通过 AP 进行转发，这就是本地转发功能，如图 5-8 所示。

5.3.6 无线用户限速

无线用户限速的主要功能是限制无线用户的带宽占用，以达到带宽合理的目的。在实际应用场景中，可以通过带宽控制避免个别用户过多地抢占带宽，影响其他用户正常使用网络。

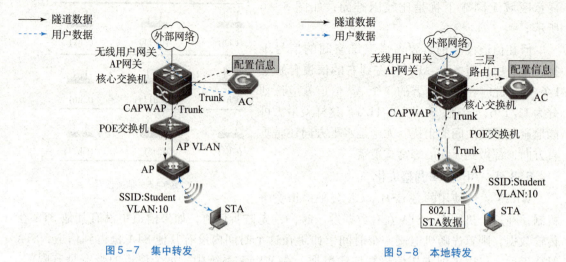

图5-7 集中转发　　　　　　　　图5-8 本地转发

1. 基于 WLAN 限速

基于 WLAN 限速指的是限速范围以 WLAN 为单位，在 wlan-config 中配置。WLAN 限速有三种策略：

（1）wlan-based total-user

可以配置指定 WLAN 的上下行总带宽。当该策略生效时，在 AC 上，属于该 WLAN 范围内的所有用户的总带宽不能超过配置的额定速率。

（2）wlan-based per-user

可以配置指定 WLAN 的所有用户各自的上下行带宽。当该策略生效时，对于所有 AP 上关联了该 WLAN 的所有用户，每个用户的带宽都不能超过配置的额定速率。

（3）wlan-based per-ap

可以配置指定 WLAN 对各个 AP 而言的上下行总带宽。当该策略生效时，以 AP 为单位，每个 AP 上关联了该 WLAN 的所有用户的总带宽不能超过配置的额定速率。

2. 基于 AP 限速

基于 AP 限速指的是限速范围以 AP 为单位，在 wlan-config 中配置。AP 限速有两种策略：

（1）ap-based total-user

可以配置指定 AP 的上下行总带宽。当该策略生效时，AP 上关联的所有用户的总带宽不能超过配置的额定速率。

（2）ap-based per-user

可以配置指定 AP 的所有用户各自上下行带宽。当该策略生效时，对于 AP 上关联的所有用户，每个用户的带宽都不能超过配置的额定速率。

3. 基于单用户限速

基于用户限速是对个别用户指定一个额定的速率，在 ac-controller 模式下配置。与 wlan-based 和 ap-based 的 peruser 不同，该额定速率只对该用户生效。同时，为了方便网管的使用，限速还具备自适应的带宽控制。

5.3.7 无线组播功能（IGMP）

IGMP 是针对 IP 层设计的，只能记录路由器上的三层接口与 IP 组播地址的对应关系。

但在很多情况下，组播报文不可避免地要经过一些交换机，如果没有一种机制将二层端口与组播 MAC 地址对应起来，组播报文就会转发给交换机的所有端口，这显然会浪费大量的系统资源。IGMP Snooping 的出现就可以解决这个问题，其工作原理为：主机发往 IGMP 查询器的报告消息经过交换机时，交换机对这个消息进行监听并记录下来，为端口和组播 MAC 地址建立起映射关系；当交换机收到组播数据时，根据这样的映射关系，只向连有组成员的端口转发组播数据。

IGMP Snooping 是 Internet Group Management Protocol（组播侦听者发现协议窥探）的简称。它是运行在 VLAN 上的 IP 组播约束机制，用于管理和控制 IP 组播流在 VLAN 内的转发，属于二层组播功能。运行 IGMP Snooping 的设备通过对收到的 IGMP 报文进行分析，为端口和组播地址建立起映射关系，并根据这样的映射关系转发 IP 组播数据报文。当交换机没有运行 IGMP Snooping 时，IP 组播数据报文在 VLAN 内被广播；当交换机运行了 IGMP Snooping 后，已知 IP 组播数据报文不会在 VLAN 内被广播，而是发给指定的接收者。由于无线网络资源有限，默认情况下，组播数据是不会透传到无线网络，如果无线客户端需要接收组播资源，需要在 AC 上开启组播功能才能转发组播数据。

在部署无线组播应用的网络拓扑时，一般分为两种部署方式：一种是纯二层组播部署（即整个网络拓扑中只开启了 IGMP snooping 功能，没有开启 IGMP 组管理协议或者 PIM 协议）；另外一种是网络拓扑中部署了三层组播（开启了 IGMP 组管理协议或者 PIM 协议）。

（1）纯二层组播部署

必须配置查询器功能，目的是发送 IGMP query 报文给组播接收终点，让终点来响应发送 IGMP report 报文，进而达到组播协议表项保活的目的。如果不配置表项，过一段时间会老化掉，默认 260 s 老化。在组播客户端的网关设备上配置查询器功能。

（2）三层组播部署

这种情况下，IGMP 组管理协议会自动发送 IGMP query 报文，可以达到表项保活的目的。这种情况下无须配置查询器功能。

5.3.8 隐藏 SSID

无线网卡设置不同的 SSID 就可以进入不同网络。SSID 通常由 AP 或无线路由器广播，通过系统自带的扫描功能可以查看当前区域内的 SSID。在无线网络中，AP 会定期广播 SSID 信息，向外通告无线网络的存在，无线用户使用无线网卡搜索，可以发现无线网络。随着 WiFi 万能钥匙等破解软件的出现，蹭网问题越来越普遍，无线网络安全问题变得更为重要。为避免无线网络被非法用户通过 SSID 搜索到并建立非法连接，可以禁用 AP 广播 SSID，隐藏无线 SSID。

家庭无线网络防范蹭网的方法很多，除了设置无线加密、开启无线 MAC 地址过滤等，隐藏 SSID 也是一种有效的方法。隐藏 SSID 后，网络名称对其他人来说是未知的，可以有效防止陌生无线设备的接入。当然，隐藏 SSID 后，终端搜索不到信号，需要手动添加无线信息才能连接信号。

以家庭无线网络为例，不同型号的路由器管理界面风格可能不同，下面介绍在不同页面风格下隐藏 SSID 的方法。

1. 传统界面

登录到无线路由器的管理界面，单击"无线设置"→"基本设置"，取消勾选"开启

SSID 广播",单击"保存"按钮,如图 5-9 所示。部分路由器修改无线参数后需要重启路由器,界面会有相应提示,单击"重启"按钮即可。

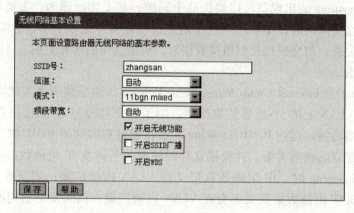

图 5-9 无线网络基本配置

2. 新界面

对于 TP-LINK 新界面的无线路由器,登录无线路由器的管理界面,单击"高级设置"→"无线设置"→"主人网络",取消勾选"开启无线广播",单击"保存"按钮,如图 5-10 所示。

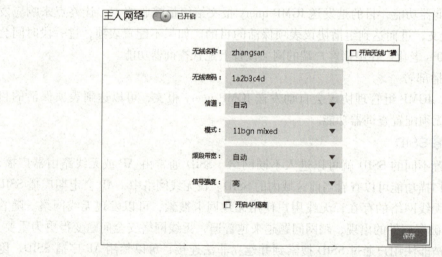

图 5-10 无线路由器的管理界面

3. 云路由器界面

如果使用的是云路由器,可以使用电脑或手机 APP 进行设置。

使用电脑时,登录到云路由器的管理界面后,单击"路由设置"→"无线设置",取消勾选"开启无线广播",单击"保存"按钮,如图 5-11 所示。

使用手机 APP 登录到云路由器的管理界面,单击"设置"→"无线设置"→"高级选项",关闭"无线广播"开关,单击右上角的"保存"按钮,如图 5-12 所示。部分手机关闭 SSID 广播时会提示"WiFi 正在连接中,无法关闭",建议更换其他终端设置。

图5-11 云路由器管理界面

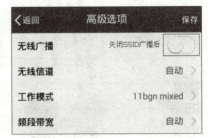

图5-12 云路由器的高级配置

关闭 SSID 广播后，路由器下面的无线终端会断开无线连接，无线终端搜索不到该无线信号（部分电脑可能会搜索到，但会显示"其他网络"等名称）。这时需要在无线终端上手动添加配置文件来连接信号，不同操作系统的无线终端添加配置文件的方法基本相同，即手动输入路由器的 SSID 和无线密码。

5.3.9　5G 优先接入

1. Band Select 概述

IEEE 802.11 的主要通信频段分成两段，包括 2.4G（2.4~2.483 5 GHz），为 802.11b/g/n 所在频段，以及 5G（5.15~5.35 GHz 和 5.725~5.825 GHz），为 802.11a/n 所在频段。随着 WLAN 的普及，无线用户也越来越多，其中很多用户使用能同时支持 2.4G 频段和 5G 频段的双频 STA。但是，802.11b/g 比 802.11a 的应用更为广泛，很多双频 STA 都使用 2.4G 频段，造成 2.4G 频段的拥挤和 5G 频段的浪费。实际上，5G 频段拥有更高的接入容量，2.4G 频段最多只能有 3 个不重叠的通信信道，而 5G 频段却能提供更多不重叠的通信信道，在中国有 5 个，而北美更是多达 24 个。Band Select 使用技术手段，引导双频 STA 连接到接入容量更高的 5G 频段，从而减轻 2.4G 频段的压力，提升用户体验。

2. Band Select 特性

STA 首先在其支持的所有频段的所有信道上发送探测帧（广播），探测帧中包含该 STA 支持的无线接入速率等信息；提供 WLAN 接入服务的 AP 收到探测帧，就会发出探测回应，将自己提供的 WLAN 的一些信息发给 STA；STA 一般会把接收到的所有回应进行汇总，以可接入的 WLAN 列表的方式呈现给用户，供用户选择接入某个 WLAN。

图 5-13 所示为双频 STA 发现双频 AP 提供的接入 WLAN 的过程。整个过程结束后，该 STA 会同时发现同属于一个 WLAN 的两个频段的 BSSID，但是，它们的 SSID 是相同的，用户无法区分。如果用户选择该 WLAN 接入，那么两个频段的选择取决于用户使用的无线驱动，对于用户和 AP 而言，是一个不可控因素。

3. Band Select 的工作原理

Band Select 的原理在于通过改变 STA 发现接入 WLAN 的过程中 AP 的行为，达到引导 STA 选择 5G 频段的目的。如图 5-14 所示，对比图 5-13，该图中少了对 2.4G 频段的探测回应。

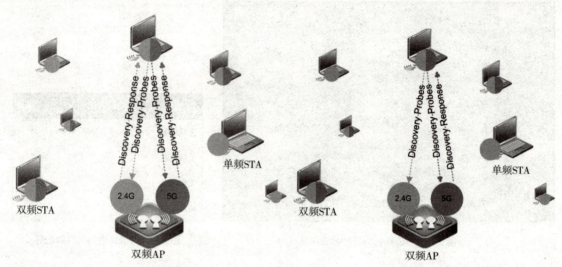

图 5-13　Band Select 的工作过程　　　　图 5-14　Band Select 的工作原理

（1）双频 AP 对 STA 的识别

要做到引导双频 STA 的接入，首先要识别 STA 是否双频。

双频 AP 通过下面的条件来识别 STA：

①如果既能从 2.4G 频段收到该 STA 的探测请求，又能从 5G 频段收到该 STA 的探测请求，那么这是一个双频 STA。

②如果只能从 2.4G 频段收到该 STA 的探测请求，那么该 AP 为 2.4G 的 STA。

③如果只能从 5G 频段收到该 STA 的探测请求，那么该 AP 为 5G 的 STA。

所以，识别单频的 STA 比较耗时一些，因为需要等待一段时间以确认不会从另一个频段收到探测请求。

AP 识别到的 STA 的信息需要保存起来，给后续的回应策略提供依据。因为 STA 的探测请求是广播报文，一般情况下，AP 都会收到大量的探测请求，把它们都保存起来是没有必要的，因为有些 STA 的距离太远，没有接入此 AP 的可能。所以 Band Select 只保存那些有可能关联上来的 STA 的信息，选择标准就是 STA 的 RSSI（Received Signal Strength Indication）。

（2）增加 Band Select 特性后 AP 的行为

①识别 STA 之前：

a. 2.4G 频段的探测请求不响应。

b. 5G 频段的探测请求正常响应。

②识别 STA 后：

a. 单频 2.4G 的 STA：消极响应，收到多个探测才发出一个回应，只保证可以接入。

b. 单频 5G 的 STA：正常响应，保证可以正常接入。

c. 双频 STA：不响应 2.4G 频段的探测请求，响应 5G 频段的探测请求，引导 STA 接入 5G 频段 WLAN。

识别后的 STA，对 Band Select 来说分成两类：单频 2.4G 的 STA 成为"抑制 STA"，双频 STA 称为"双频 STA"；单频 5G 的 STA 对 Band Select 来说与双频 STA 是没有必要区分的，所以它们可以归为一类。

识别出的这两类 STA 的相关信息都被保存起来，因为用户可能会人为切换 STA 的频段，导致保存的信息过时，所有这些信息必须进行老化。

Band Select 引入区分服务，引导双频用户使用接入容量较高的 5G 频段，进而提高了整个 WLAN 的服务质量。Band Select 只针对双频 AP 有效；使用单频 AP 没有意义。

4. Band Select 的缺点

因为 AP 在识别 STA 之前对 2.4G 频段的探测请求不响应，这会导致单频 2.4G 的 STA 在被 AP 识别之前不能发现 WLAN。这段时间为 20 s，也就是说，单频 2.4G 的 STA 有可能在 20 s 内不能发现接入 WLAN。

假设用户刷新一次 WLAN 列表的时间为 7 s，那么最坏的情况是在单频 2.4G 的 STA 用户第三次刷新 WLAN 列表时才能看到要接入的 WLAN；一般情况下，如果单频 2.4G 的 STA 用户第一次刷新 WLAN 列表时看不到 WLAN，那么再次刷新就能看到了。

5.4 项目实践

5.4.1 集中转发模式

工作任务：

当前公司无线网络中的 AP 数量众多，需要统一进行管理和配置。通过 AC（AP 控制器）统一配置和管理 AP，包括配置下发、升级、重启等。但需要公司购买网络设备 AC，增加有线网络的配置，不同厂商设备不兼容。

方案一：AC 旁挂非智能型交换机

1. 网络拓扑

PC 使用双绞线连接非智能交换机，如图 5-15 所示。PC 能自动获取 192.168.1.0/24 网段地址，并且能够正常访问外网。

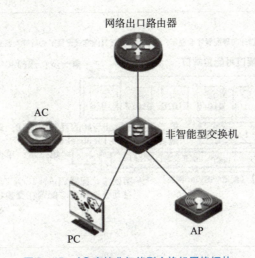

图 5-15 AC 旁挂非智能型交换机网络拓扑

2. 任务实施

登录 Web 界面后，自动弹出配置向导，选择 AC 直连 AP 拓扑，然后单击"下一步"按钮（如果未弹出，单击网页右上方的"向导"按钮），如图 5-16 所示。

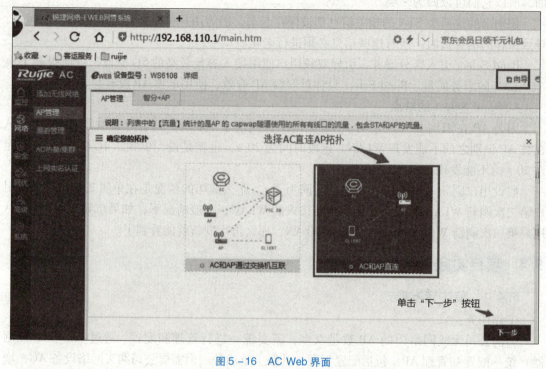

图 5-16 AC Web 界面

AC 与 AP 的互联配置如图 5-17 所示。
- 自定义 AC 的一个接口与傻瓜交换机互联，此拓扑中自定义为 8 口与傻瓜交换机互联。
- 配置 AP 与 AC 互联隧道 IP，该 IP 为 AC 的隧道地址。
- AP 的网络无须配置，直接单击"下一步"按钮。

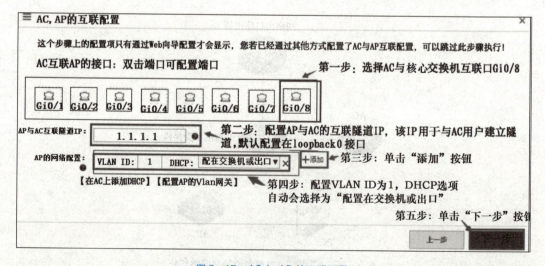

图 5-17 AC 与 AP 的互联配置

配置 WiFi/Wlan，如图 5-18 所示。
进行无线用户上网配置，配置后单击"完成配置"按钮，如图 5-19 所示。

图 5-18　配置 WiFi/Wlan

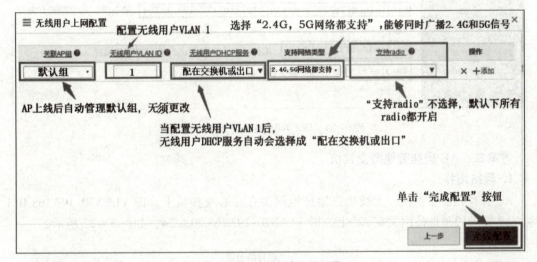

图 5-19　无线用户上网配置

配置 AC 与核心交换机的互联 IP 地址，如图 5-20 所示。

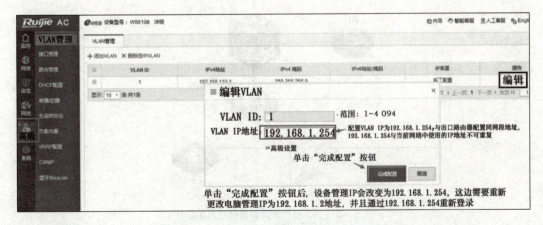

图 5-20　AC 与核心交换机的互联 IP 地址配置

计算机配置 192.168.1.2 地址，使用 AC 新的管理 IP 地址 192.168.1.254 登录，然后重新更改隧道 IP 地址为 192.168.1.254。与出口路由器内网口同网段地址，以便 AP 通过二层方式与 AC 建立隧道。默认情况下，AC 使用 loopback0 地址作为隧道地址，当前可通过 capwap ctrl-ip 来指定隧道 IP 地址，该 IP 地址必须是 AC 上配置的 IP 地址，如图 5-21 所示。

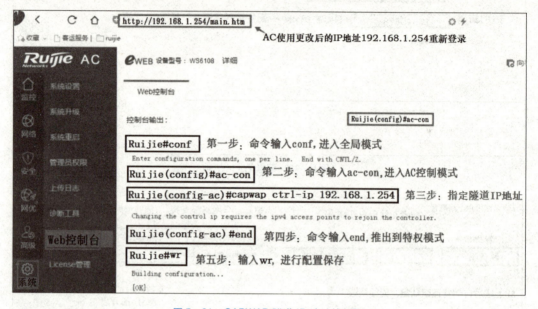

图 5-21 CAPWAP 隧道 IP 地址的配置

方案二：AC 旁挂智能型交换机

1. 网络拓扑

AC 旁挂核心交换机，无线用户地址池网关在核心交换机上，即 VLAN10:192.168.10.1/24，AP 管理段地址池网关在 AC 上，即 VLAN20:192.168.20.1/24，如图 5-22 所示。

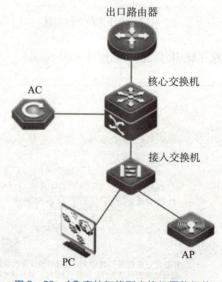

图 5-22 AC 旁挂智能型交换机网络拓扑

2. 任务实施

（1）AC 的配置

登录 AC 的 Web 界面，单击右上角"向导"按钮，进行快速配置，如图 5-23 所示。

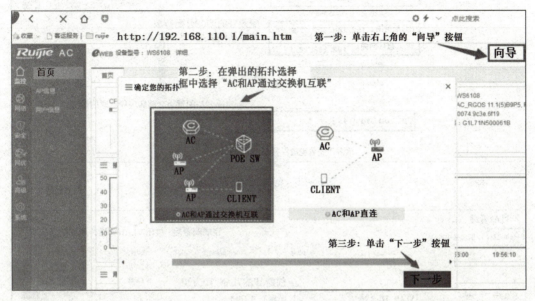

图 5-23　快速配置 AC

配置 AC 与 AP 的互联，如图 5-24 所示。选择 AC 与核心交换机互联接口为 8 口，配置 AC 与 AP 互联的隧道 IP 及和核心互联的 VLAN。另外，需要创建 AP 的 DHCP 和 VLAN 网关。

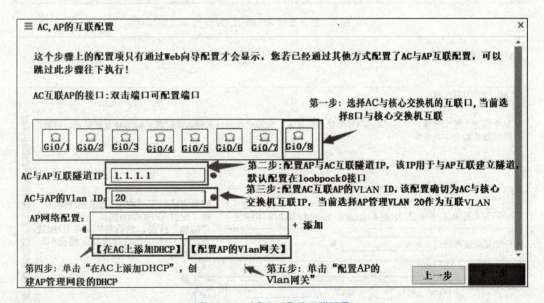

图 5-24　AC 与 AP 的互联配置

创建 AP 的 DHCP，如图 5-25 所示。

配置 AP 的 VLAN 网关，如图 5-26 所示。

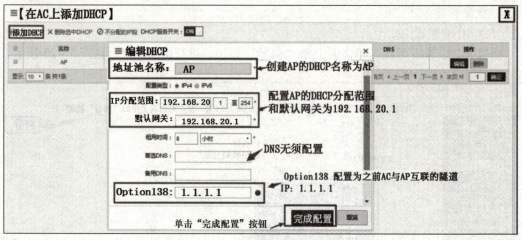

图 5-25 创建 AP 的 DHCP

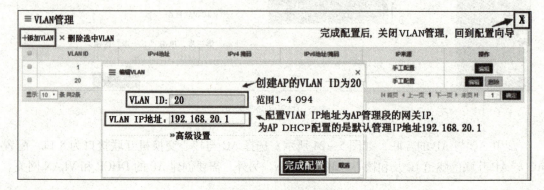

图 5-26 配置 AP 的 VLAN 网关

AP 的网络配置如图 5-27 所示。

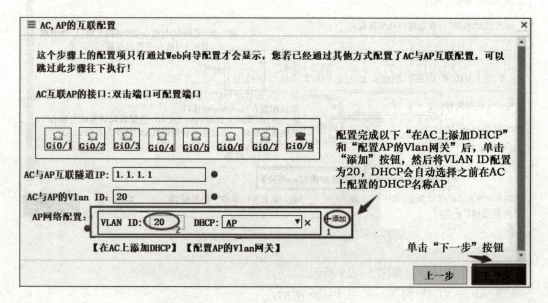

图 5-27 AP 网络配置

创建 WiFi 名称和密码，如图 5-28 所示。

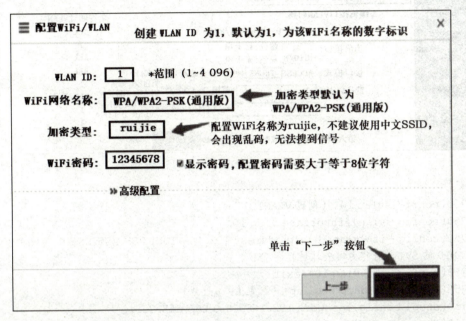

图 5-28　创建 WiFi 名称和密码

进行无线用户的上网配置，单击"完成配置"按钮，如图 5-29 所示。

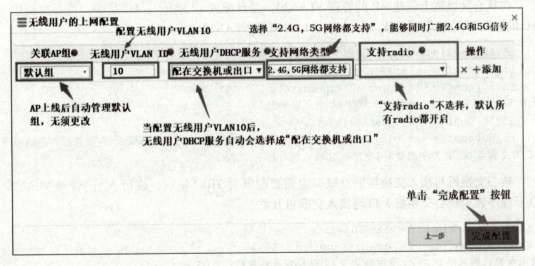

图 5-29　无线用户的上网配置

配置 AC 与核心交换机的互联口为 TRUNK 口，如图 5-30 所示。
（2）核心交换机的配置
在核心交换机上创建无线用户 VLAN10 和 DHCP，网关为 192.168.10.1/24，确保电脑接入核心交换机后能够获取 VLAN10 地址访问外网。

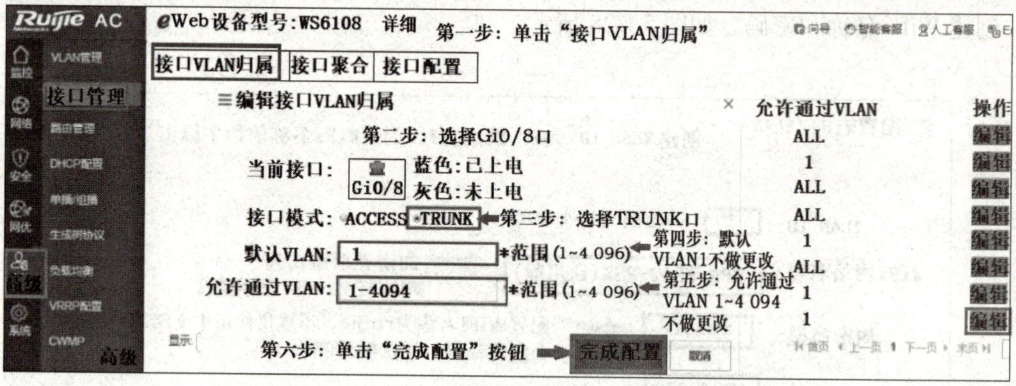

图 5-30 配置 AC 与核心交换机的互联口

```
S5750(config)#vlan 10  （创建VLAN10）
S5750(config-vlan)#interface vlan 10
S5750(config-if-vlan 10)#ip address 192.168.10.1 255.255.255.0  （核心交换机上
配置VLAN10 的 SVI 地址作为网关地址）
S5750(config-if-vlan 10)#exit
S5750(config)#ip dhcp pool ap  （配置AP 地址池）
S5750(dhcp-config)#network 192.168.10.0 255.255.255.0
S5750(dhcp-config)#default-route 192.168.10.1
S5750(dhcp-config)#dns-server 114.114.114.114
S5750(dhcp-config)#exit
S5750(config)#service dhcp  （开启 DHCP 服务）
```

在核心交换机上创建 AP 的管理 VLAN20，并且配置 IP 地址与 AC 互联。核心交换机与 AC 的互联口配置为 TRUNK 口，放行 VLAN10 和 VLAN20。

```
S5750(config)#vlan 20  （创建VLAN20 作为 AP 的管理 VLAN）
S5750(config-vlan)#interface vlan 10
S5750(config-if-vlan 20)#ip address 192.168.20.2 255.255.255.0  （在核心交换机
上配置VLAN 20 的 SVI 地址,作为与 AC 的互联地址）
S5750(config-if-vlan 20)#interface g0/2
S5750(config-if-GigabitEthernet0/2)#switchport mode trunk  （配置核心交换机与
AC 的互联口 G0/2 为中继接口,中继接口默认放行所有 VLAN）
```

核心交换机与接入交换机的互联口也需要配置为 TRUNK 口，放行 AP 的管理 VLAN20。以下程序表示核心交换机 3 口与接入交换机互联。

```
S5750(config-if-vlan 20)#interface g0/3
S5750(config-if-GigabitEthernet0/3)#switchport mode trunk  （配置核心交换机与
接入交换机的互联口 G0/3 为中继接口,中继接口默认放行所有 VLAN）
S5750(config)#end  （退出至特权模式）
S5750(config)#write  （保存配置）
Building configuration…
[OK]  （表示保存配置成功）
```

(3) 接入交换机的配置

```
S2928(config)#vlan 20  （接入交换机上创建 VLAN20 作为 AP 的管理 VLAN）
```

```
S2928(config)# interface g0/3
S2928(config-if-GigabitEthernet0/3)#switchport mode trunk  （接入交换机与核心
交换机的互联口配置为 TRUNK 口）
S2928(config)# interface g0/6
S2928(config-if-GigabitEthernet0/3)#switchport access vlan 20  （接入交换机与
AP 的互联口配置为 Access 口,关联 VLAN20）
S2928(config)#end  （退出至特权模式）
S2928(config)#write  （保存配置）
Building configuration…
[OK]  （表示保存配置成功）
```

（4）无线 AP 的配置

AP 上无须任何配置，需要保证 AP 为瘦模式（默认 AP 为瘦模式），并且接入交换机后能够正常供电即可。

3. 项目验证

①查看 AP 在 AC 上是否上线，如图 5-31 所示。

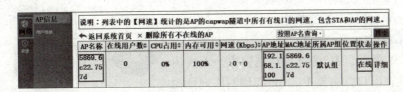

图 5-31　查看 AP 是否上线

②终端正常搜到信号，并且成功接入，如图 5-32 所示。

③终端正常从路由器获取地址，如图 5-33 所示，并且访问外网成功，如图 5-34 所示。

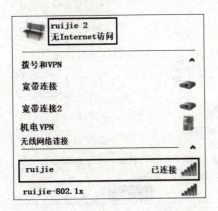

图 5-32　终端成功接入 WLAN

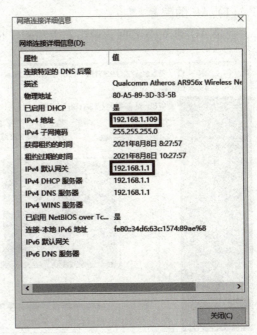

图 5-33　终端获取地址

图 5-34 终端成功访问外网

5.4.2 本地转发模式

工作任务：

公司无线用户数量众多，需要使无线用户的数据流量不经过 AC 转发，以减轻无线 AC 和 AP 的数据转发负担，减少数据流量，但会增加额外配置。连接 AP 的交换机需要支持多 VLAN 转发。

方案一：AC 旁挂二层交换机

1. 网络拓扑

如图 5-35 所示，AC 旁挂二层交换机，无线用户地址池网关在出口路由器上，AP 管理网段地址池网关在 AC 上。二层交换机默认使用 VLAN1，AP 管理网段为 VLAN20。地址池网关在 AC 上，VLAN 20：192.168.20.1/24。

2. 任务实施

（1）AC 的配置

登录 AC 的 Web 界面，单击右上角的"向导"按钮，进行快速配置，如图 5-36 所示。

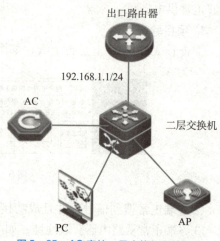

图 5-35 AC 旁挂二层交换机网络拓扑

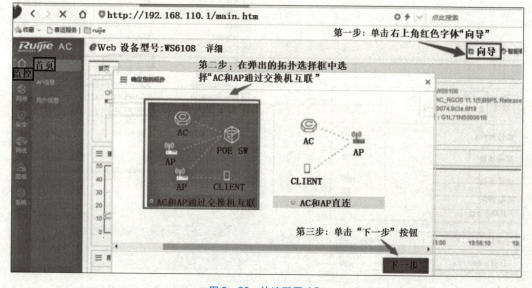

图 5-36 快速配置 AC

AC 与 AP 的互联配置如图 5-37 所示。选择 AC 与核心交换机互联接口为 8 口，配置 AC 与 AP 互联的隧道 IP 及和核心交换机互联的 VLAN。另外，需要创建 AP 的 DHCP 和 VLAN 网关。

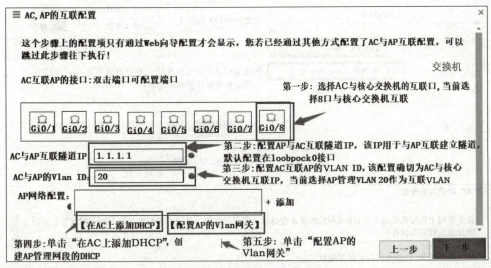

图 5-37　AC 与 AP 的互联配置

创建 AP 的 DHCP，如图 5-38 所示。

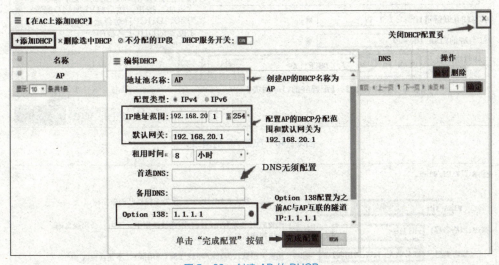

图 5-38　创建 AP 的 DHCP

配置 AP 的 VLAN 网关，如图 5-39 所示。
配置 AP 的网络，如图 5-40 所示。
创建 WiFi 名称和密码，如图 5-41 所示。
进行无线用户上网配置，单击"完成配置"按钮，如图 5-42 所示。
配置 AC 与核心的互联口为 TRUNK 口，如图 5-43 所示。
如果规划无线用户 VLAN 与 AP 的管理 VLAN 为同一个 VLAN（不为 VLAN1），例如 AP VLAN 与用户 VLAN 都为 VLAN10，则需要配置 ap-vlan 10 来保证用户接入能够正常获取 IP 地地址，如图 5-44 所示。

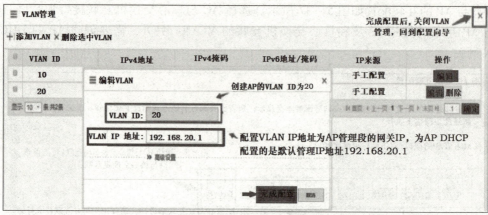

图 5-39 配置 AP 的 VLAN 网关

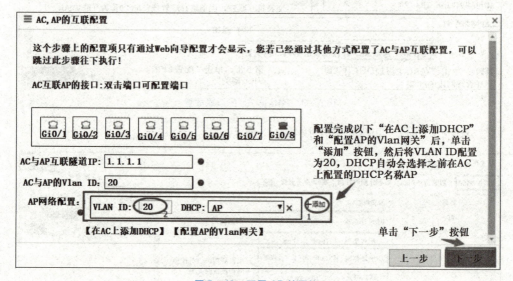

图 5-40 配置 AP 的网络

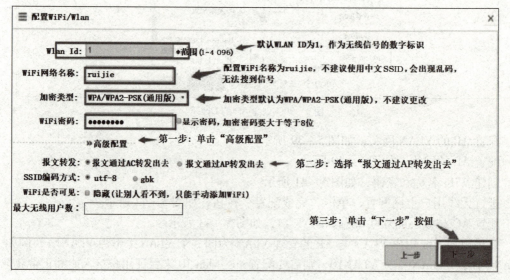

图 5-41 创建 WiFi 名称和密码

第 5 章 微企业无线局域网的管理与优化

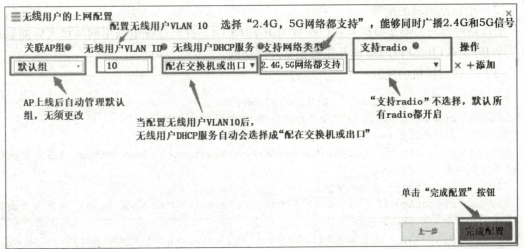

图 5-42 无线用户的上网配置

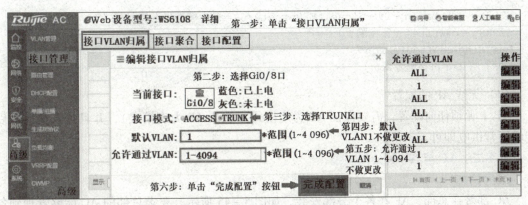

图 5-43 配置 AC 与核心的互联口

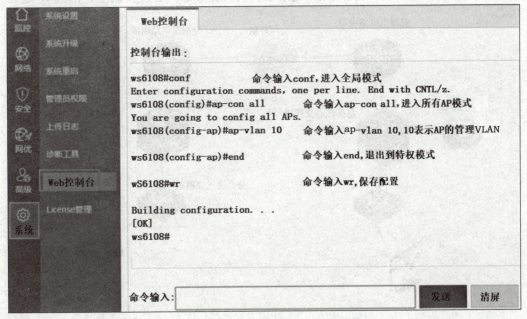

图 5-44 AP VLAN 与用户 VLAN 配置

(2) 出口路由器的配置

出口路由器与二层交换机互联口配置为 192.168.1.1，并且保证电脑用网线接入后能够自动获取 192.168.1.0/24 网段地址并能够正常外网访问。

(3) 二层交换机的配置

```
S2928g-p(config)#vlan 1    （创建用户 VLAN1）
S2928g-p(config-vlan)#vlan 20    （创建 AP 管理 VLAN20）
S2928g-p(config)# interface g0/2
S2928g-p(config-if-GigabitEthernet0/2)#switchport mode trunk    （接入交换机与 AC 的互联口配置为 TRUNK 口）
S2928g-p(config)# interface g0/6
S2928g-p(config-if-GigabitEthernet0/6)#switchport mode trunk    （接入交换机与 AP 的互联口配置为 TRUNK 口）
S2928g-p(config-if-GigabitEthernet0/6)# switchport trunk native vlan 20
（二层交换机与 AP 的互联口配置为 TRUNK 口，放行 VLAN1 和 VLAN20，并且更改 Native VLAN 为 VLAN20）
S2928g-p(config-if-GigabitEthernet0/6)#end    （退出至特权模式）
S2928g-p#write    （保存配置）
Building configuration…
[OK]    （表示保存配置成功）
```

(4) 无线 AP 的配置

AP 上无须任何配置，需要保证 AP 为瘦模式（默认 AP 为瘦模式），并且接入交换机后能够正常供电即可。

方案二：AC 与 AP 跨公网上线

1. 网络拓扑

AC 部署在总部，AP 在各个分部安装，如图 5-45 所示。要求总部的 AC 能够管理到各个分部的 AP，VLAN10 为分部无线用户地址段，网关在分部核心交换机上，网关 IP 地址为

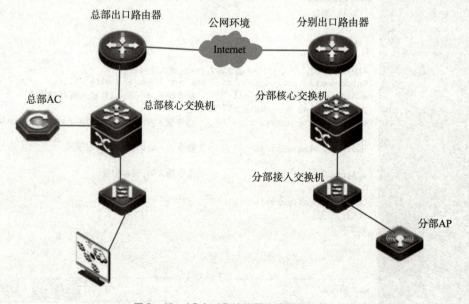

图 5-45　AC 与 AP 跨公网上线网络拓扑

192.168.10.1/24；VLAN20 为分部 AP 的管理网段，网关在分部核心交换机上，其 IP 地址为 192.168.20.1/24；总部 AC 使用 VLAN30 与总部核心交换机互联，总部 AC 使用 VLAN30，其 IP 地址为 192.168.30.254/24；总部核心交换机也使用 VLAN30，其 IP 地址为 192.168.30.1/24。

2. 任务实施

（1）AC 的配置

登录 AC 的 Web 界面，单击右上角"向导"按钮，进行快速配置，如图 5－46 所示。

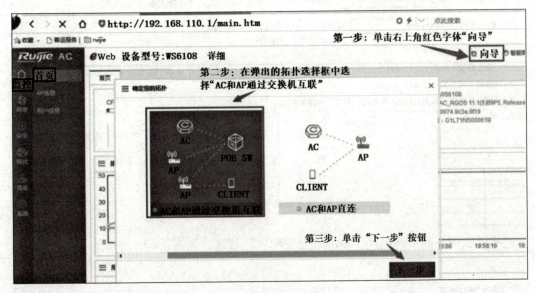

图 5－46　AC 快速配置

选择 AC 与核心交换机互联接口为 8 口，配置 AC 与 AP 互联的隧道 IP，以及和核心互联的 VLAN，如图 5－47 所示。

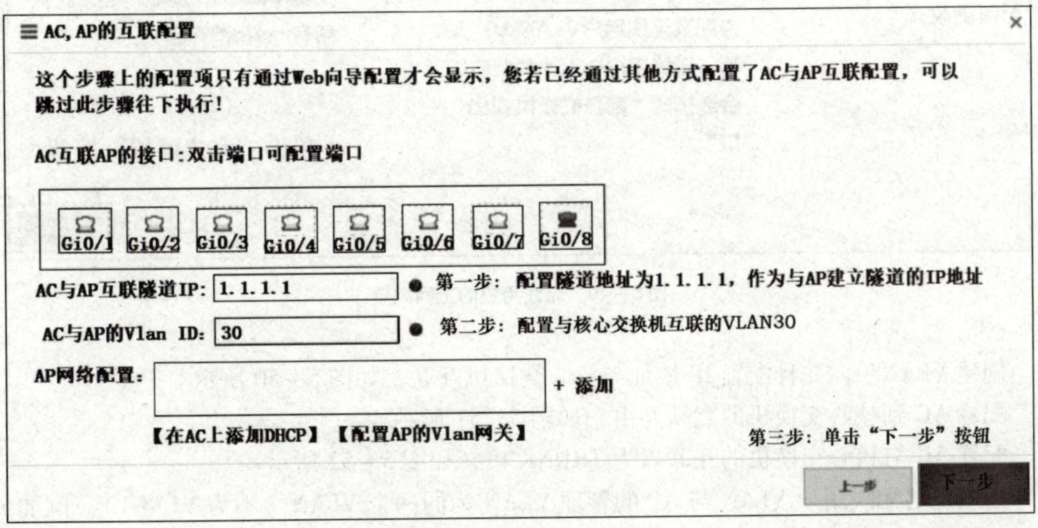

图 5－47　AC 与 AP 互联的隧道配置

创建 WiFi 名称和密码，如图 5-48 所示。

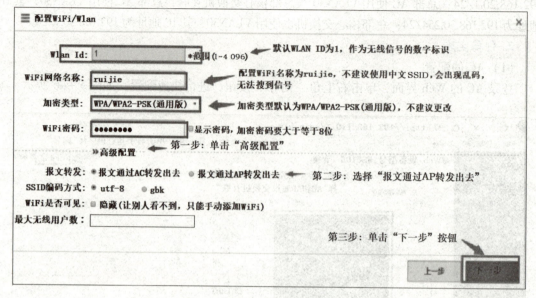

图 5-48 创建 WiFi 名称和密码

进行无线用户的上网配置，单击"完成配置"按钮，如图 5-49 所示。

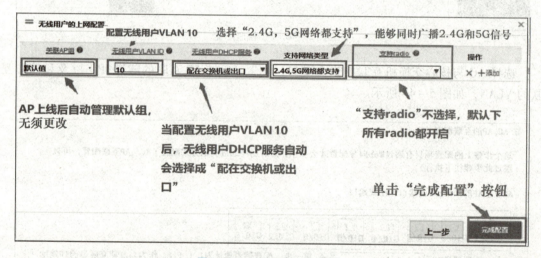

图 5-49 无线用户的上网配置

创建 VLAN30，并且配置 IP 地址与核心交换机互联，如图 5-50 所示。
配置 AC 到核心交换机的默认路由，如图 5-51 所示。
配置 AC 与核心交换机的互联口为 TRUNK 口，如图 5-52 所示。
如果规划无线用户 VLAN 与 AP 的管理 VLAN 为同一个 VLAN（不为 VLAN1），例如 AP VLAN 与用户 VLAN 都为 VLAN10，则需要配置 ap-vlan 10 来保证用户接入能够正常获取 IP 地地址，配置如图 5-53 所示。

第 5 章 微企业无线局域网的管理与优化

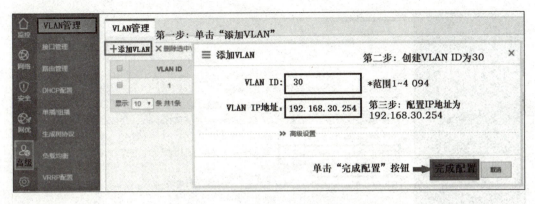

图 5-50 创建 VLAN 与 IP 配置

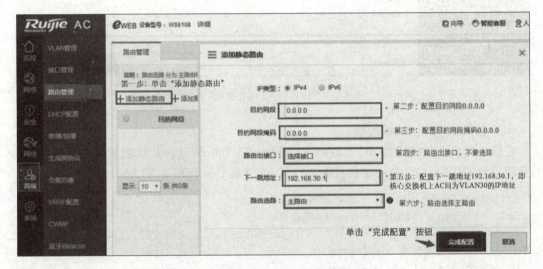

图 5-51 配置 AC 到核心交换机的默认路由

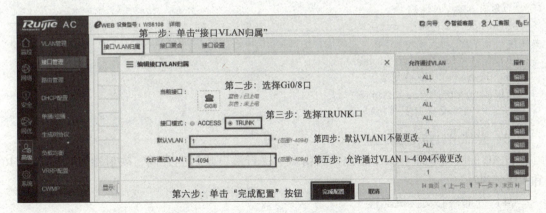

图 5-52 配置 AC 与核心交换机的互联口

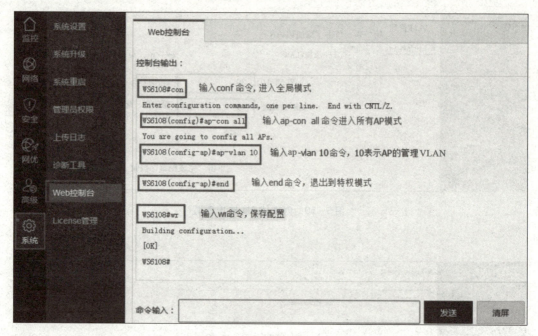

图 5-53 无线用户 VLAN 和 AP 的管理 VLAN 的规划与配置

（2）总部核心交换机的配置

在核心交换机上创建与 AC 互联的 VLAN30 192.168.30.1，并且配置核心交换机与 AC 的互联口为 TRUNK 口，核心交换机的 2 口与 AC 互联，放行所有 VLAN。

```
S5750(config)#vlan 30    （创建VLAN30）
S5750(config-vlan)#interface vlan 30
S5750(config-if-vlan 30)#ip address 192.168.30.1 255.255.255.0    （核心交换机上配置 VLAN30 的 SVI 地址作为网关地址）
S5750(config-if-vlan 30)#exit
S5750(config)#interface g0/2
S5750(config)#switchport mode trunk    （配置核心交换机与 AC 的互联接口 G0/2 为 TRUNK 口，放行所有 VLAN 通过）
S5750(config)#ip route 1.1.1.1 255.255.255.255 192.168.30.254    （核心上配置回指路由目标网段为 AC 的隧道地址，下一跳为 AC 上 VLAN30 的地址）
S5750(config)#exit    （退出）
S5750#write    （保存配置）
Building configuration…
[OK]    （表示保存配置成功）
```

（3）总部出口路由器配置

将 AC 的隧道地址 1.1.1.1 在出口路由器上进行端口映射到外网，映射端口为 UDP 5246 和 UDP 5247。

（4）分部核心交换机配置

```
Fenbu-S5750(config)#vlan 10    （在分部核心交换机上创建无线用户 VLAN10）
Fenbu-S5750(config-vlan)#exit
```

```
Fenbu-S5750(config)#interface vlan 10
Fenbu-S5750(config-if-vlan 10)#ip address 192.168.10.1 255.255.255.0　（配置无线用户 VLAN10 的网关）
Fenbu-S5750(config-if-vlan 10)#exit
Fenbu-S5750(config)#ip dhcp pool sta　（创建无线用户地址池）
Fenbu-S5750(dhcp-config)#network 192.168.10.0 255.255.255.0
Fenbu-S5750(dhcp-config)#default-route 192.168.10.1
Fenbu-S5750(dhcp-config)#dns-server 114.114.114.114
Fenbu-S5750(dhcp-config)#exit
Fenbu-S5750(config)#vlan 20　（创建 AP 管理 VLAN）
Fenbu-S5750(config-vlan)#exit
Fenbu-S5750(config)#interface vlan 20
Fenbu-S5750(config-if-vlan 20)#ip address 192.168.20.1 255.255.255.0　（配置 AP 管理 VLAN20 的网关）
Fenbu-S5750(config-if-vlan 20)#exit
Fenbu-S5750(config)#ip dhcp pool ap　（配置 AP 地址池）
Fenbu-S5750(dhcp-config)#network 192.168.20.0 255.255.255.0
Fenbu-S5750(dhcp-config)#default-route 192.168.20.1
Fenbu-S5750(dhcp-config)#dns-server 114.114.114.114
Fenbu-S5750(dhcp-config)#option 138 ip 58.64.254.253　（VLAN20 地址池上需要添加 option 138 字段为总部 AC 隧道地址 1.1.1.1 映射后的公网地址 58.64.254.253）
Fenbu-S5750(dhcp-config)#exit
Fenbu-S5750(config)#service dhcp　（开启 DHCP 服务）
Fenbu-S5750(config)#interface g0/3
Fenbu-S5750(config-if)#switchport mode trunk　（配置与接入交换机互联口为 TRUNK 口,并且放通 VLAN10 和 VLAN20）
Fenbu-S5750(config-if)#end　（退出）
Fenbu-S5750#write　（保存配置）
Building configuration…
[OK]　（表示保存配置成功）
```

（5）分部接入交换机的配置

```
Fenbu-S2928(config)#vlan 10　（在分部接入交换机上创建无线用户 VLAN10）
Fenbu-S2928(config-vlan)#exit
Fenbu-S2928(config)#vlan 20　（在分部接入交换机上创建 AP 管理 VLAN20）
Fenbu-S2928(config-vlan)#exit
Fenbu-S2928(config)#interface g0/3
Fenbu-S2928(config-if)#switchport mode trunk　（接入交换机与核心交换机的互联口配置为 TRUNK 口,放行 VLAN10 和 VLAN20）
Fenbu-S2928(config)#interface g0/6
Fenbu-S2928(config-if)#switchport mode trunk　（接入交换机与 AP 的互联口配置为 TRUNK 口,放行 VLAN10 和 VLAN20）
Fenbu-S2928(config-if)# switchport native vlan 20　（配置本征 VLAN 为 AP 的管理 VLAN）
Fenbu-S2928(config-if)#end　（退出）
Fenbu-S2928#write　（保存配置）
Building configuration…
```

（6）分部出口路由器配置

保证内网网段 VLAN10 和 VLAN20 能够与外网正常通信，放通 UDP 5246、5247 端口。

（7）无线 AP 的配置

AP 上无须任何配置，需要保证 AP 为瘦模式（默认 AP 为瘦模式），并且接入交换机后能够正常供电即可。

3. 项目验证

①查看 AP 在 AC 上是否上线，如图 5-54 所示。

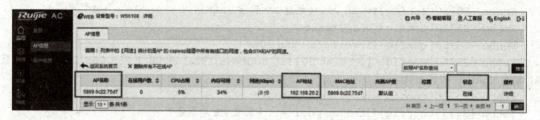

图 5-54　查看 AP 是否上线

②终端正常搜到信号，并且成功接入，如图 5-55 所示。

③终端正常从路由器获取地址，如图 5-56 所示，并且成功访问外网，如图 5-57 所示。

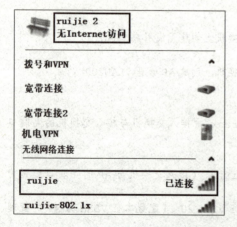

图 5-55　终端用户成功接入 WLAN

图 5-56　终端获取地址

图 5-57 终端成功访问外网

5.4.3 无线用户限速配置案例

1. 工作任务

在公司无线网络应用中,个别用户会使用 P2P 协议进行下载,通过限速就能够避免该用户过多占用带宽而导致其他用户无法正常上网的情况发生。同时,还可以通过带宽控制,优先保障高级用户的带宽使用。用户可以根据实际网络情况,限制某个流只能得到承诺分配给它的那部分资源,防止由于过分突发流量所引发的网络拥塞。

2. 网络拓扑

网络拓扑如图 5-58 所示。

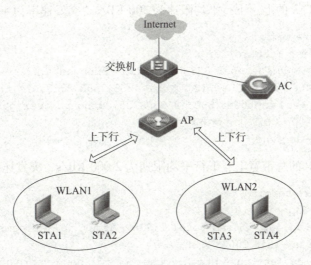

图 5-58 无线用户限速网络拓扑

3. 任务实施

(1) 配置思路

- 在 AC 上配置 WLAN1 的每个用户的限速为上、下行平均速率为 100 KB/s,突发速率为 200 KB。
- 在 AC 上配置 WLAN2 的 per-ap 上、下行平均限速为 1 000 KB/s,突发速率为 1 000 KB/s。
- 在 AC 上配置 STA3 的上、下行平均限速为 300 KB/s,突发速率为 400 KB/s。
- 在 AC 上配置 AP 的总带宽上、下行平均限速为 2 000 KB/s,突发速率为 2 000 KB/s。

(2) 配置步骤

方案一：命令行界面配置

- AC 配置命令：

在 AC 上配置 WLAN1 的每个用户的限速为上、下行平均速率为 100 KB/s。

```
Ruijie#configure terminal
Ruijie(config)#wlan-config 1
Ruijie(config-wlan)# wlan-based per-user-limit up-streams average-data-rate 100 burst-data-rate 200  （配置上行速率）
Ruijie(config-wlan)# wlan-based per-user-limit down-streams average-data-rate 100 burst-data-rate 200  （配置下行速率）
Ruijie(config-wlan)#end
```

在 AC 上配置 WLAN2 的 per-ap 上、下行限速为 1 000 KB/s。

```
Ruijie#configure terminal
Ruijie(config)#wlan-config 1
Ruijie(config-wlan)# wlan-based per-ap-limit up-streams average-data-rate 1000 burst-data-rate 1000
Ruijie(config-wlan)# wlan-based per-ap-limit down-streams average-data-rate 1000 burst-data-rate 1000
Ruijie(config-wlan)#end
```

在 AC 上配置 STA3 的上、下行平均限速为 300 KB/s，突发速率为 400 KB/s。

```
Ruijie#configure terminal
Ruijie(config)#ac-controller
Ruijie(config-ac)#netuser 3333.3333.3333 inbound average-data-rate 300 burst-data-rate 400  （假设 STA 的 MAC 地址为 3333.3333.3333,配置上行速率）
Ruijie(config-ac)#netuser 3333.3333.3333 outbound average-data-rate 300 burst-data-rate 400  （配置下行速率）
Ruijie(config-ac)#end
```

在 AC 上配置 AP 的总带宽上、下行平均限速为 2 000 KB/s，突发速率为 2 000 KB/s。

```
Ruijie#configure terminal
Ruijie(config)#ap-config AP1
Ruijie(config-ap)#ap-based total-user-limit up-streams average-data-rate 2000 burst-data-rate 2000
Ruijie(config-ap)#ap-based total-user-limit down-streams average-data-rate 2000 burst-data-rate 2000
Ruijie(config-ap)#end
Ruijie#write  （确认配置正确,保存配置）
```

wlan-based per-user 限速、ap-based per-user 限速及 netuser 限速都是针对无线用户,如果对同一方向都配置了限速,那么生效的优先级如下：

①netuser 限速生效,如果没有配置,则选取第②种方案。

②wlan-based per-user 限速生效,如果没有配置,则选取第③种方案。

③ap-based per-user 限速生效。

当同时配置 wlan-based per-ap、ap-based total-user、netuser 限速时,最终限速结果

第 5 章 微企业无线局域网的管理与优化

为这 3 种限速同时生效后产生的效果。

例如，以上面的拓扑为例，同时配置了 AP 的 ap – based per – user 上行限速，WLAN1 的 wlan – based 上行限速，以及 STA1（假设 MAC 地址为 1111.1111.1111）的 netuser 上行限速，则 STA1 只以 netuser 的上行限速、平均速率 300 KB/s、突发速率 300 KB/s 为准。

```
Ruijie#configure terminal
Ruijie(config)#wlan – config 1
Ruijie(config – wlan)# wlan – based per – user – limit up – streams average – data –
rate 100 burst – data – rate 100 （配置上行速率）
Ruijie(config – wlan)#exit
Ruijie(config)#ap – config AP1
Ruijie(config – ap)#ap – based per – user – limit up – streams average – data – rate
200 burst – data – rate 200
Ruijie(config – ap)#exit
Ruijie(config)#ac – controller
Ruijie(config – ac)#netuser 1111.1111.1111 inbound average – data – rate 300
burst – data – rate 300 （配置上行速率）
Ruijie(config – ap)#exit
```

wlan – based total – user 限速、ap – based total – user 限速及 netuser 限速的作用范围不同，可以各自生效。

方案二：Web 界面配置

单击"网络"→"添加无线网络"，找到需要限速的 WiFi，单击"高级配置"按钮，如图 5 – 59 所示。

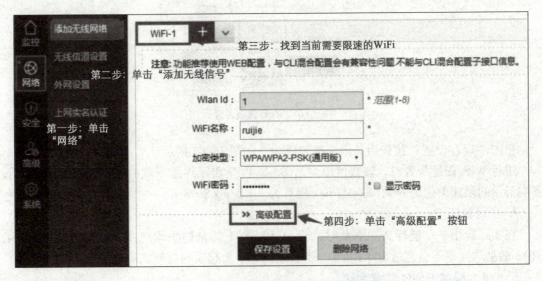

图 5 – 59　无线网络基本配置

单击"高级配置"按钮后，页面将会展开，找到限速选项，单击"设置本 WiFi 最大速率"，如图 5 – 60 所示。

将弹出配置框，输入需要对每个终端进行限制的最大下载速率和上传速率，如图 5 – 61 所示。

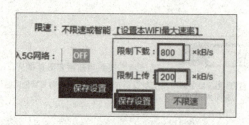

图 5-60 无线网络高级配置

图 5-61 WiFi 限速设置

单击"保存设置"按钮后，限速配置成功，如图 5-62 所示。

进行 WiFi 限速配置时，该数值单位是 B/s，也是实际终端下载时显示的下载速率。设备端显示的限速单位为 b/s，B/s 与 b/s 换算为 1 KB/s×8=8 Kb/s。

4. 项目验证

在实际应用中，进行文件下载时，STA1 和 STA2 各自的平均速率不会超过 100 KB/s，STA3 的平均速率不会超过 300 KB/s。STA3 和 STA4 加起来的总带宽不会超过 1 000 KB/s。

5.4.4 隐藏 SSID 配置案例

1. 工作任务

近期网络管理员发现有非公司内部员工接入网络，使公司员工访问网络速度变慢。为了实现只允许部分客户端使用或不想让其他用户搜索到无线信息，公司对无线网络实施隐藏 SSID 功能。通过隐藏 SSID，使无线网络的隐蔽性和安全性提高，但需要手工输入无线网络的 SSID。

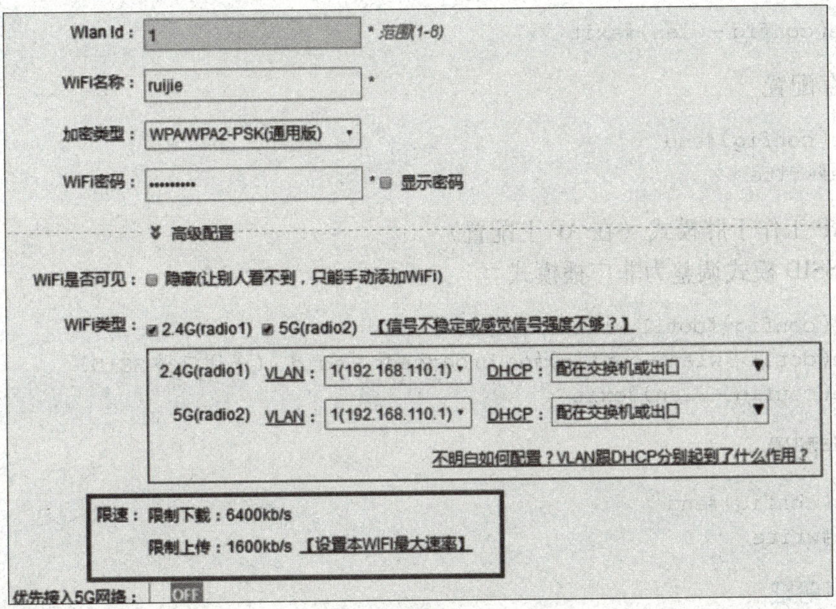

图 5-62　查看 WiFi 限速设置

2. 网络拓扑

网络拓扑如图 5-63 所示。

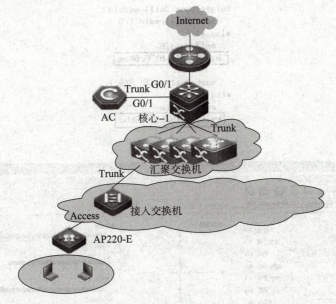

图 5-63　隐藏 SSID 网络拓扑

3. 任务实施

（1）AP 工作于瘦模式（在 AC 上配置）
- 将 SSID 模式调整为非广播模式

```
Ruijie(config)#wlan-config 1 ruijie
Ruijie(config-wlan)#no enable-broad-ssid  （关闭广播 SSID）
```

```
Ruijie(config-wlan)#exit
```

- 保存配置

```
Ruijie(config)#end
Ruijie#write
```

（2）AP 工作于胖模式（在 AP 上配置）

- 将 SSID 模式调整为非广播模式

```
Ruijie(config)#dot11 wlan 1
Ruijie(dot11-wlan-config)#no broadcast-ssid  (关闭广播 SSID)
Ruijie(config-wlan)#exit
```

- 保存配置

```
Ruijie(config)#end
Ruijie#write
```

4. 项目验证

①在客户端上无法搜索到 SSID。

②登录到 AP 上，使用“show dot11 mbssid”命令确认射频卡使用的 BSSID，如图 5-64 所示。使用 WirelessMon 软件查看到 WLAN 的 BSSID 为 AP 的 MAC 地址，如图 5-65 所示。

```
Ruijie>show dot11 mdssid
   name:Dot11radio 1/0.1
wlan id:1
   ssid:ruijie
   bssid:061b.b120.68ce

   name:Dot11radio 2/0.1
wlan id:1
   ssid:ruijie
   bssid:061b.b120.68bc
```

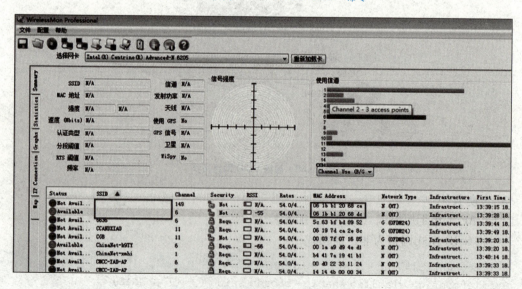

图 5-64　使用“show dot11 mbssid”命令

图 5-65　使用 WirelessMon 软件查看

5.4.5 无线三层组播配置案例

1. 工作任务

公司要求网络管理员实现有线 IPTV 点播组播源服务器上的视频功能需求,实现无线终端组播应用,无线 AC、AP 开启组播功能,在接入交换机上开启 IGMP Snooping 功能,在核心交换机上实现三层组播路由(使用 PIM – DM 模式),核心交换机作为组播路由设备直连组播源服务器,接入 PoE 交换机下连 WALL – AP,其中一个 AP 的有线 LAN 口下连 IPTV 终端。

2. 网络拓扑

网络拓扑如图 5 – 66 所示。

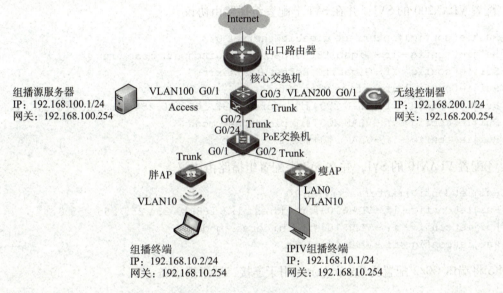

图 5 – 66 无线三层组播网络拓扑

3. 任务实施

(1) 配置要点

①核心交换机作为组播路由设备,直连组播源服务器,属于 VLAN100。接入 PoE 交换机下连 WALL – AP,其中一个 AP 的有线 LAN 口下连 IPTV 终端,属于 VLAN10。

②在核心交换机上,实现三层组播路由(使用 PIM – DM 模式)。

③在接入交换机上开启 IGMP Snooping 功能。

④AC、AP 开启组播功能。

(2) 配置步骤

- 核心交换机配置

①在核心交换机上创建 VLAN 并全局开启组播路由转发功能。

```
Ruijie#configure terminal
Ruijie(config)#vlan 10
Ruijie(config-vlan)#vlan 100
Ruijie(config-vlan)#exit
Ruijie(config)#ip multicast-routing
```

②将核心交换机的端口 G0/1 配置为 Access 口,用于连接组播源,并配置组播路由协议。

```
Ruijie(config)#interface gigabitEthernet 0/1
Ruijie(config-if-GigabitEthernet 0/1)#switchport access vlan 100
Ruijie(config-if-GigabitEthernet 0/1)#exit
Ruijie(config)#interface vlan 100
Ruijie(config-if-VLAN 100)#ip address 192.168.100.254 255.255.255.0
Ruijie(config-if-VLAN 100)#ip pim dense-mode
Ruijie(config-if-VLAN 100)#exit
```

③将核心交换机的端口 G0/3 配置为 Trunk 口,用于连接 AC,并配置组播路由协议。配置 VLAN200 的 SVI,并在 SVI 上配置组播路由协议。

```
Ruijie(config)#interface gigabitEthernet 0/3
Ruijie(config-if-GigabitEthernet 0/3)#switchport mode trunk
Ruijie(config-if-GigabitEthernet 0/3)#exit
Ruijie(config)#interface vlan 200
Ruijie(config-if-VLAN 200)#ip address 192.168.200.254 255.255.255.0
Ruijie(config-if-VLAN 200)#ip pim dense-mode
Ruijie(config-if-VLAN 200)#exit
```

④配置 VLAN10 的 SVI,并在 SVI 上配置组播路由协议。

```
Ruijie(config)#interface vlan 10
Ruijie(config-if-VLAN 10)#ip address 192.168.10.254 255.255.255.0
Ruijie(config-if-VLAN 10)#ip pim dense-mode
Ruijie(config-if-VLAN 10)#exit
```

⑤将端口 G0/2 配置为 Trunk Port,用于连接二层组播设备。

```
Ruijie(config)#interface gigabitEthernet 0/2
Ruijie(config-if-GigabitEthernet 0/2)#switchport mode trunk
Ruijie(config-if-GigabitEthernet 0/2)#exit
```

⑥保存配置。

```
Ruijie(config)#end
Ruijie#write
```

- 接入交换机配置

①创建 VLAN,将连接 AP 划分为 Trunk 口,将连接网关交换机的端口设置为 Trunk 口(必选配置)。

```
Ruijie(config)#vlan 10
Ruijie(config-vlan)#exit
Ruijie(config)#interface gigabitEthernet 0/24
Ruijie(config-if-GigabitEthernet 0/24)#switchport mode trunk
Ruijie(config-if-GigabitEthernet 0/24)#exit
Ruijie(config)#interface range gigabitEthernet 0/1-2
Ruijie(config-if-range)#switchport mode trunk
Ruijie(config-if-range)#exit
```

②在接入交换机上,全局配置 IGMP Snooping 为 IVGL 模式。

```
Ruijie(config)#ip igmp snooping ivgl
Ruijie(config)#end
```

- AC 及 AP 组播配置

①在 AC 上开启组播配置,并配置 Gi0/1 口为 VLAN10 的路由连接口。

```
AC(config)#ip multicast wlan    (开启无线全局组播功能,配置会下发关联此 AC 的所有在线 AP)
AC(config)#ip igmp snooping    (全局开启 IGMP Snooping 功能)
```

②在 AP 上开启组播配置。

```
AC(config)#ap-config ap130w2
AC(config-ap)#wired-vlan 10    (配置 AP 的 VLAN 口为 VLAN10)
AC(config-ap)#igmp snooping    (AP 开启 IGMP Snooping 功能)
```

③保存配置。

```
AC(config-ap)#end
AC#write
```

4. 项目验证

①无线用户使用 Wsend、Wlisten 组播小软件进行测试,可以正常收到组播报文,如图 5-67 所示。

图 5-67 无线用户测试

②登录到 AP 上,使用"show ip igmp snooping mroute"命令显示 IGMP Snooping 的路由连接口,使用"show ip igmp snooping gda-table"命令确认组播转发表是否生成,如图 5-68 所示。

```
Ruijie>show ip igmp snooping mrouter
Multicast Switching Cache table
  D:DYNAMIC
  S:STATIC
 (*,*,10):
    VLAN(10) 1 MROUTES:
      CAPWAP-Tunnel 1(D)  隧道口收到交换机PIM查询报文
Ruijie>show ip igmp snooping g
Multicast Switching Cache Table
  D:DYNAMIC
  S:STSTIC
  M:MROUTE
 (*,329.255.255.250,10):
    VLAN(10) 2 OPORTS:
      CAPWAP-Tunnel 1(M)  "M"表示组播流量进口
      Dot11radio 2/0.1(D)  "D"表示组播流量出口

 (*,239.0.0.1,10):
    VLAN(10) 2 OPORTS:
      CAPWAP-Tunnel 1(M)
      Dot11radio 2/0.1(D)
```

图 5-68 "show ip igmp snooping mroute" 与 "show ip igmp snooping gda-table" 命令

③登录到核心交换机上,使用"show ip igmp snooping user-info"命令查看用户加入组情况,使用"show ip igmp snooping querier"命令查看查询器是否运行。

5.4.6 无线 5G 优先接入配置案例

1. 工作任务

目前,大部分客户端既支持 2.4G(802.11b),又支持 5.8G(802.11a),则可以使用 5G 优先接入功能,从而提升用户体验。如果无线终端都使用 2.4G 频段,就会造成 2.4G 频段的拥挤和 5G 频段的浪费。无线 AP 也同时支持 2.4G 和 5.8G,5.8G 相对于 2.4G,干扰较少并且传输效率较高,用户希望可以优先接入 5.8G。

2. 网络拓扑

网络拓扑如图 5-69 所示。

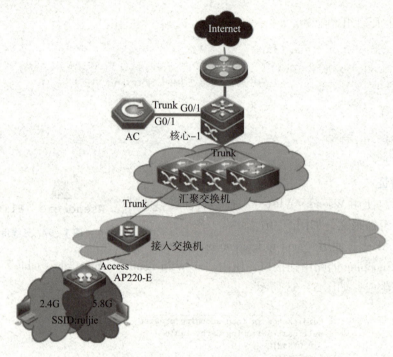

图 5-69 无线 5G 优先接入网络拓扑

3. 任务实施

(1)启用 5G 优先功能

```
Ruijie>enable
Ruijie#configure terminal
Ruijie(config)#band-select enable    (该功能默认关闭,配置时打开)
```

全局配置后所有的 SSID 下面都会开启 5G 优先;如果有需求只开启某个 WLAN 的 5G 优先功能,可以单独进行配置。

• 瘦 AP 配置方法:

请在 wlan-config 模式下进行配置,例如:

```
Ruijie(config)#wlan-config 1
Ruijie(config-wlan)#band-select enable
Ruijie(config-wlan)#exit
```

• 胖 AP 配置方法:

请在 dot11 wlan 模式下进行配置，例如：

```
Ruijie(config)#dot11 wlan 1
Ruijie(dot11 - wlan - config)#band - select enable
Ruijie(dot11 - wlan - config)#exit
```

（2）5G 优先可选项配置

```
Ruijie(config)# band - select acceptable - rssi n
```

小于该 RSSI 门限值的 STA，其相关信息就不会被保存，取值范围为 -100 ~ -50 dBm。AP 对这些 STA 执行的行为取决于 5G 优先接入技术。

```
Ruijie(config)#band - select probe - count n
```

抑制 STA 的探测计数值只在 2.4G 频段起作用，如果配置为“n”，则 AP 回应 STA 一个探测报文，直到 n 个探测周期后才会再次回应下一次，起到“抑制”STA 发现 WLAN 的作用。“n”的取值范围为 1 ~ 10。

```
Ruijie(config)# band - select scan - cycle n
```

STA 探测扫描周期，即 STA 在所有支持的信道上主动探测扫描 WLAN 的周期，也是在同一信道上连续两次探测扫描的间隔，和 STA 的驱动有关。该值的取值范围为 1 ~ 1 000 ms。

```
Ruijie(config)#band - select age - out dual - band n
```

如果 WLAN 中 STA 的类型都比较稳定：STA 不会在“双频”和“2.4G 单频”之间频繁切换模式（比较常见），建议配置较长的老化时间；反之，如果 STA 会在“双频”和“2.4G 单频”之间频繁切换模式（比较少见），建议配置较短的老化时间。该值的取值范围为 20 ~ 120 s。

```
Ruijie(config)# band - select age - out suppression n
```

只有抑制 STA 信息的老化时间比双频 STA 信息的老化时间短，Band Select 才能更好地工作。推荐双频 STA 信息的老化时间比抑制 STA 信息的老化时间长两倍以上。该值取值范围为 10 ~ 60 s。

```
Ruijie(config)#end
Ruijie#write
```

4. 项目验证

①在 AC 上使用“show band - select configuration”命令查看 5G 优先配置的参数，如图 5 - 70 所示。

```
Ruijie#show band-select configuration

Band Select Configuration
  Access denial.......................................... 2
  Probe Cycle Count...................................... 2
  Scan Cycle Period Threshold (milliseconds)............. 200
  Age Out Suppression (seconds).......................... 20
  Age Out Dual Band (seconds)............................ 60
  Acceptable Client RSSI (dBm)........................... -80
```

图 5 - 70 “show band - select configuration”命令

②通过"show run | in band – select"命令可以查看设备上5G优先的配置,具体的配置通过"show run"命令查看。

③在AC上使用"show ac – config client"命令确认双频的网卡是否接入5.8G,如图5 – 71所示。

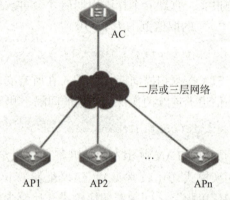

图5 – 71 "show ac – config client"命令

5.4.7 无线局域网的优化与测试

1. 工作任务

网络管理员小王近期接到公司员工反馈,前不久实施完毕投入运行的无线局域网出现了很多问题,例如用户无线上网频繁掉线、访问网络速度变慢、信号干扰较为严重等,极大地影响了无线用户的上网体验,希望网络管理员能对无线网络进行优化与测试。

2. 网络拓扑

网络拓扑如图5 – 72所示。

3. 任务实施

(1) 无线信道调整

①根据之前的信道规划对AP信道进行调整。如果未进行手动调整信道,AP默认使用RRM自动信道调整。频繁进行RRM信道调整将导致网络不稳定,不推荐使用RRM。

图5 – 72 无线局域网的优化与测试网络拓扑

```
AC(config)#ap – config ap220 – e
AC(config – ap)#channel 1 radio 1
```

②检查配置是否生效。

在AC上使用"show ap – config summary"命令查看配置是否生效,如图5 – 73所示。

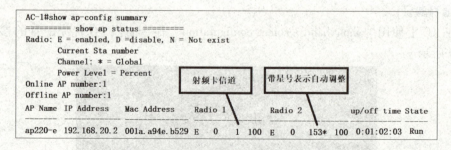

图5 – 73 "show ap – config summary"命令

信道规划的原则是相邻AP、楼上楼下AP使用不同的信道。2.4G不会干扰的信道是1、6、

11（如果是高密部署，可以考虑使用 1、5、9、13 信道部署），如图 5-74 所示。5.8G 不会干扰的信道是 149、153、157、161、165（如果网络中 5.8G 信道干扰严重，可以在 ac-c 模式和 ap-config 模式下修改编码方式为 US，使用 36、40 等信道）。

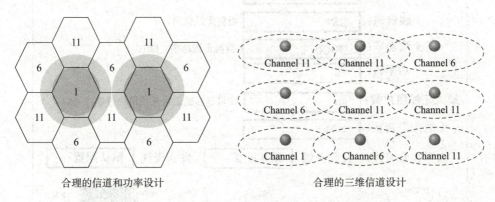

图 5-74 信道规划设计

（2）2.4G 网络的信道设置

①单击"网络"→"AP 管理"，找到对应的 AP 列表，单击右边"信道"按钮，如图 5-75 所示。

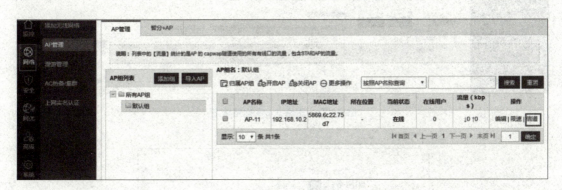

图 5-75 查看 2.4G 网络信道

②弹出"设置无线信道"对话框，进行相关参数设置，如图 5-76 所示。信道默认为 CN 中国信道，2.4G 无线信道的设置，建议根据 AP 的实际部署点位使用 1、6、11 三个信道与周围 AP 的信道进行错开。设置无线功率时，要根据无线 AP 的实际部署点位进行对应功率调节。无线频宽默认为 20 Mhz，更改频宽会提高终端接入网络速率，但同时也会加大无线干扰，正常部署情况下，不建议更改无线频宽。

③单击"完成配置"按钮。

（3）5.8G 网络的信道设置

①单击"网络"→"AP 管理"，找到对应的 AP 列表，单击右边"信道"按钮，如图 5-77 所示。

②弹出"设置无线信道"对话框，进行相关参数设置，图 5-78 所示为 5G 信道设置，其他参数与 2.4G 的信道设置相同，5G 网络的可用信道为 149、153、157、161、165，进行信道规划时，需要根据 AP 的实际部署点位与周围无线信道避开。

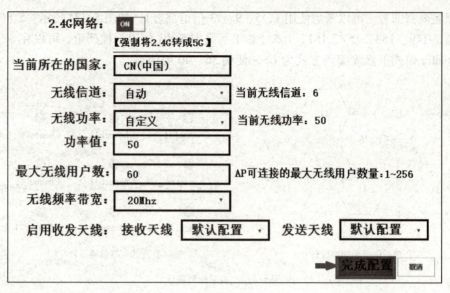

图 5-76 2.4G 信道设置

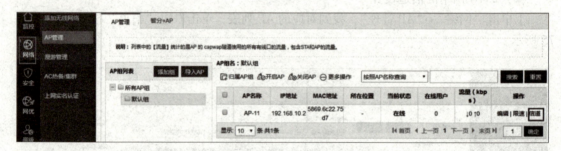

图 5-77 查看 5.8G 网络信道

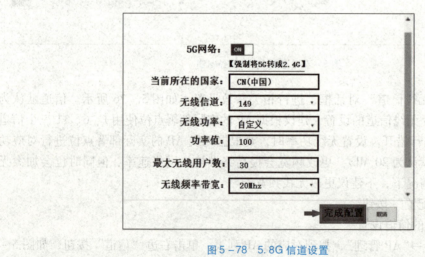

图 5-78 5.8G 信道设置

③单击"完成配置"按钮。
(4) 无线功率调整
①根据之前获取到的 AP 功率调整经验值对 AP 进行功率调整,保证无线用户在 AP 最远

端信号强度等于信号强度指标+10 dB。默认 AP 的发射功率为100%。

```
AC(config)#ap-config ap220-e
AC(config-ap)#power local 50 radio 1    （发射功率调整为50%）
```

②检查配置是否生效。

在 AC 上使用"show ap – config summary"命令查看配置是否生效,如图 5 – 79 所示。

图 5 – 79 "show ap – config summary"命令

（5）无线用户限速

①根据之前获取到的无线用户限速经验值对无线用户进行限速。限速是为了保证每个用户都能获取到无线流量,避免个别用户下载资源而占用所有无线带宽。

```
AC(config)#wlan-config 1
AC(config-wlan)#wlan-based per-user-limit down-streams average-data-rate 200 burst-data-rate 200    （配置基于 WLAN 的限速,下行限速200 KB/s）
AC(config-wlan)#wlan-based per-user-limit up-streams average-data-rate 100 burst-data-rate 100    （配置基于 WLAN 的限速,上行限速100 KB/s）
AC(config)#ap-config AP1
AC(config-ap)#ap-based per-user-limit up-streams average-data-rate 256 burst-data-rate 256    （配置基于 AP 的限速）
AC(config-ap)#exit
AC(config)#ac-controller
AC(config-ac)#netuser 14cf.920b.bfce inbound average-data-rate 256 burst-data-rate 1024    （配置基于 Client 的限速）
AC(config-ap)#exit
```

②检查配置是否生效。

无线用户连接无线网络,使用迅雷或者 FTP 进行下载操作,确认限速是否生效。

（6）无线关闭低速率集

①推荐将 11b/g 的 1 Mb/s、2 Mb/s、5 Mb/s,11a 的 6 Mb/s、9 Mb/s 等低速率集关闭,避免个别用户发送过多低速报文而影响整体无线性能。

```
AC(config)#ac-controller
AC(config-ac)#802.11b network rate 1 disabled    （禁用11b 相应的速率,恢复方法为将 disabled 修改为 support）
AC(config-ac)#802.11b network rate 2 disabled
AC(config-ac)#802.11b network rate 5 disabled
AC(config-ac)#802.11g network rate 1 disabled    （禁用11g 相应的速率,恢复方法为将 disabled 修改为 support）
AC(config-ac)#802.11g network rate 2 disabled
```

```
AC(config-ac)#802.11g network rate 5 disabled
AC(config-ac)#802.11a network rate 6 disabled  （禁用11a相应的速率,恢复方法为将
disabled修改为support）
AC(config-ac)#802.11a network rate 9 disabled
```

② 检查配置是否生效。

在 AC 上通过 "show ac – config client" 命令检查 AC 上是否还有低速关联的用户,如图 5 – 80 所示。

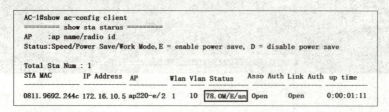

图 5 – 80　"show ac – config client" 命令

(7) AP 用户数调整

① 调整 AP 用户数限制,避免 AP 的用户数过多而影响整体性能。单台 AP 限制多少用户需要根据客户需求确定。

```
AC(config)#ap-config ap220-e
AC(config-ap)#sta-limit 40   （对整机AP用户数限制）
AC(config-ap)#sta-limit 20 radio 1  （对AP单个射频卡用户数进行限制,数量不能大于
整机数量）
```

② 检查配置是否生效。

对多台无线终端进行连接测试,在 AC 上通过 "show ap – config summary" 命令查看无线用户数,如图 5 – 81 所示,无线用户数不超过限制。

图 5 – 81　"show ap – config summary" 命令

(8) 无线 RSSI 接入阈值调整,减少弱信号终端

① 调整 RSSI 接入阈值可以让信号较差的无线用户无法关联,防止无线用户关联到较差信号的 AP,在一定程度上可以避免无线用户频繁漫游导致用户使用体验降低。这个优化参数只适用于无线信号覆盖较好的场景,对于信号覆盖较差的环境不适用。RSSI 取值需要根据实际环境确定,建议无线用户在 AP 覆盖范围最远的地方进行关联,然后在 AP 上通过 "show dot11 associations all – client" 命令查看 RSSI,如图 5 – 82 所示,此 RSSI 为需要配置的接入阈值。

图 5-82 "show dot11 associations all-client" 命令

```
AC(config)#ap-config ap220-e
AC(config-ap)#response-rssi 28 radio 1    （配置无线用户接入最小 RSSI 值，终端接入
无线时的最低 RSSI）
AC(config-ap)#response-rssi 28 radio 2
AC(config-ap)#coverage-area-control 20 radio 1    （配置管理帧发送功率，此参数单
位为 DB）
AC(config-ap)#assoc-rssi 28 radio 1    （配置无线用户关联的 RSSI 值，终端连接上无线后，
一段时间的平均值比这个值低，会将终端踢下线。同一个终端，被踢一次后，10 min 以内不会踢第二次）
```

② 检查配置是否生效。

在 AP 上通过 "show dot11 associations all-client" 命令查看是否有低信号强度用户关联。

（9）设置纯 11n 网络

① 强制无线网络里所有无线终端均使用 11n，提升无线网络性能。只允许 11n 网卡接入只适用于无线终端较统一的客户现场场景，如果无线终端种类较多、较杂，那么风险将无法把控，需要进行客户调查才能进行配置。

```
AC#configure terminal
AC(config)#ap-config AP1
AC(config-ap)#no 11bsupport enable radio 1    （配置禁用 11b 网络）
AC(config-ap)#no 11gsupport enable radio 1    （配置禁用 11g 网络）
AC(config-ap)#11ngsupport enable radio 1    （配置启用 2.4G 11n 网络）
AC(config-ap)#no 11asupport enable radio 2    （配置禁用 11a 网络）
AC(config-ap)#11nasupport enable radio 2    （配置启用 5G 11n 网络）
```

② 配置验证。

分别使用支持 11n 和不支持 11n 的无线网卡接入无线网络，支持 11n 网卡可以接入无线网络，不支持 11n 无线网卡不能接入无线网络。

（10）设置频谱导航（5G 优先）

```
AC#configure terminal
AC(config)#wlan-config 1
AC(config-wlan)#band-select enable    （配置启用频谱导航功能）
```

（11）无线用户 VLAN 内二层隔离

设置无线用户 VLAN 内二层隔离：

```
AC(config)#wids    （进入 WIDS 配置模式）
AC(config-wids)#user-isolation ssid-ap enable    （配置 AP 下基于 WLAN 的用户隔
离）
AC(config-wids)#user-isolation ap enable    （配置 AP 下用户隔离）
```

```
AC(config-wids)#user-isolation ssid-ac enable  （配置AC下基于WLAN的用户隔离）
AC(config-wids)#user-isolation ac enable  （配置AC下用户隔离）
```

（12）增大 Beacon 帧周期

```
AC#configure terminal
AC(config)#ap-config AP1
AC(config-ap)#beacon period 300 radio 1  （配置 Beacon 帧周期,默认是 100 ms）
```

（13）提高抗干扰能力

设置 RTS/CTS 保护机制：

```
AC#configure terminal
AC(config)#ap-config AP1
AC(config-ap)#rts-threshold 800 radio 1  （配置 RTS 阈值）
```

（14）提高信道竞争能力

设置 EDCA 参数：

```
AC#configure terminal
AC(config)#ap-config AP1
AC(config-ap)#wmm edca-client voice aifsn 2 cwmin 2 cwmax 3 txop 50 radio 1
（配置客户端 EDCA 参数）
AC(config-ap)#wmm edca-radio voice aifsn 1 cwmin 1 cwmax 3 txop 50 radio 1
（配置 AP 端 EDCA 参数）
```

5.5 项目拓展

5.5.1 理论拓展

1. SSID 默认为广播，为了网络安全，可以将其设置为_____模式。

2. 802.11a 的最大速率为_____Mb/s，802.11g 的最大速率为_____Mb/s，802.11b 的最大速率为_____Mb/s。

3. 工作站连接 AP 传送数据帧前，需要经过扫描、_____、_____阶段才能接入 WLAN。

4. WLAN 协议演进历程是：802.11b，802.11a，_____，_____。

5. 无线信号工作在 5.8G 时，可以使用_____、153、157、161、165 信道。

5.5.2 实践拓展

公司近期参加了产品产销会，展销会要求公司根据需要自己负责无线局域网接入，公司现需要工作人员和参观人员通过 WiFi 的方式接入网络。为了满足要求，公司购置了两台无线 AP，两台 AP 均工作于 2.4G。为了避免信道冲突产生信号干扰，现要求 AP1 工作于 1 信道，AP2 工作于 6 信道，两台 AP 功率调整为 20%。调整用户速率集，只允许 18 Mb/s 以上用户接入，限制用户上传速率为 50 Kb/s，下载速率为 200 Kb/s。同时，关闭 SSID 广播功能，按照要求完成以上配置并进行测试与验证。

第 6 章

微企业无线局域网的规划与设计

6.1 项目背景

某网络公司承接了医院和展览中心无线网络的勘测与设计工作,网络工程师首先需要了解客户需求,根据无线应用场景选择合适的无线产品,借助无线地勘软件进行项目规划与设计。

6.2 项目需求分析

无线网络主要涉及以下产品:
①无线控制器 AC。
②无线接入点 AP:
a. 墙面式(WALL)AP。
b. 放装型无线 AP。
c. 智分型无线 AP。
③PoE 供电设备:
a. PoE 交换机。
b. PoE 适配器。

6.3 项目相关知识

6.3.1 无线地勘软件的使用

无线地勘系统主要实现工程管理、方案设计、AP 型号管理、仿真热图、智能识别障碍物等相关功能。以锐捷网络有限公司无线地勘系统 v1.2 版本为例,其提供了网络版,用户可以通过本地连接的方式查看本机的项目,同时,也可以通过远程连接的方式,查看他机的项目,从而实现多人协作。

1. 网络版

(1)本地连接

用户启动系统时进入版本选择界面,选择"本地连接",如图 6-1 所示。若端口号不被占用,单击"确

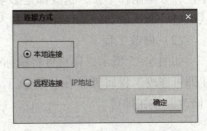

图 6-1 本地连接

定"按钮,即可连接本机的服务,从而可以查看本机的项目。

(2) 远程连接

远程连接用于查看他机的项目,如果主机1装了无线地勘系统软件,主机2也装了无线地勘系统软件,那么主机1只要通过选择"远程连接",正确输入主机2的IP地址,单击"确定"按钮即可,如图6-2所示。连接远程服务成功后,即可进入无线地勘系统首页,从而可以查看主机2的项目。此外,远程连接的IP地址输入框能够保存上一次输入信息,方便登录。

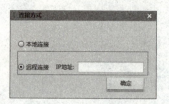

图6-2 远程连接

(3) 加锁

用户打开工程文件时,自动加锁该工程文件,此用户可以删除、修改、复制、拖动该工程文件,同时操作该工程文件所属的楼宇和工程,这时其他用户就不能打开、删除、修改、复制、拖动该工程文件,也不能操作该工程文件所属的楼宇和工程。

(4) 解锁

用户关闭工程文件、掉线、正常退出系统时,对相应的加了锁的工程文件自动解锁,从而方便下一个用户使用。

2. 工程管理

一个工程代表一个实际的无线网络建设项目,用于组织项目所有相关的方案设计、规划热图等,具体功能如下:

(1) 新建工程

在无线地勘系统首页,单击"新建工程"或者单击"文件"→"新建工程",如图6-3所示,打开"新建工程"对话框。

 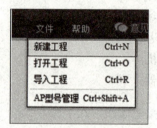

图6-3 新建工程

在"新建工程"对话框中,在相应的位置输入项目名称、地勘人员、地勘日期、建设单位、方案制作单位,这些都是必填的,填好后单击"确定"按钮。其中,地勘日期是默认当前日期,而其他是保存上次输入的记录,如图6-4所示。

(2) 修改工程

如图6-5所示,用户可将鼠标移到左下方,单击"工程管理"栏最下方的"属性"按钮即可修改工程属性。在"修改工程"对话框中,在相应的位置进行修改,改好后单击"修改"按钮即可。

图 6-4 "新建工程"对话框

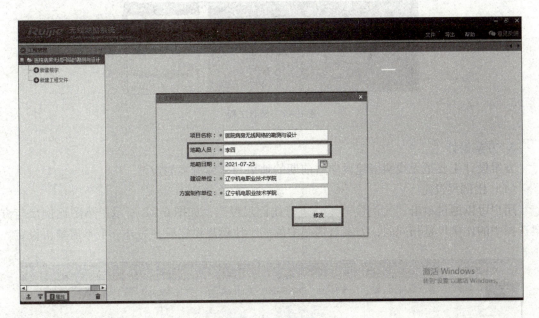

图 6-5 修改工程

(3) 打开工程

在无线地勘系统首页,单击"打开工程"或者单击"文件"→"打开工程",如图 6-6 所示。

在"打开工程"对话框中,单击要打开的工程并单击"确定"按钮,即可打开之前创建的工程。

(4) 删除工程

用户可将鼠标移到工程名称上右击并单击"删除工程",或者单击"文件"→"删除工程",如图 6-7 所示,还可以单击"工程管理"栏下方的"垃圾筒"按钮,可删除工程。这时为了防止误删,工程删除时有提示,用户单击"确定"按钮即可。

图 6-6 打开工程

图 6-7 删除工程

3. 方案设计

方案设计主要是无线网络建设项目前期的地堪与整体方案的设计。

（1）比例尺设定

用户可以通过单击"比例尺"工具进行比例尺设定，如图 6-8 所示。热图比例尺与方案选择中的比例尺是相同的，方案与热图中的一个比例尺设定后，另外一个不需要再设定。

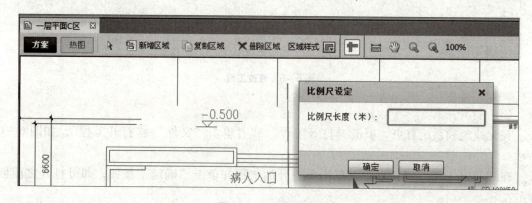

图 6-8 比例尺设定

（2）距离测量

设置好比例尺之后，单击"测距"工具即可以测量两点间的距离，如图 6-9 所示。

(3) 背景图移动

用户单击"移动"工具即可移动图片进行全面观察，如图 6-10 所示。

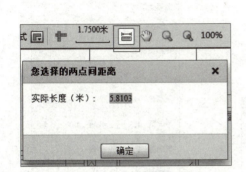

图 6-9 距离测量

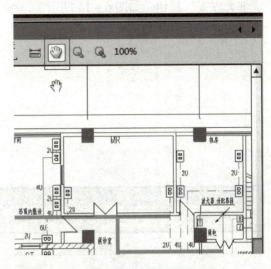

图 6-10 背景图移动

(4) 工程图纸放大与缩小

分别单击"缩小"和"放大"工具进行缩小、放大工程图纸，如图 6-11 所示。

(5) 设置区域样式并添加覆盖区域

用户单击"区域样式"进行区域样式设置后，单击"新增区域"按钮添加覆盖区域，如图 6-12 所示。

图 6-11 工程图纸放大与缩小

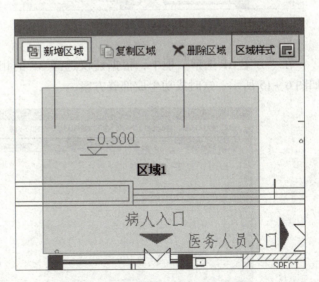

图 6-12 设置区域样式并添加覆盖区域

(6) 复制和删除覆盖区域

用鼠标选中某区域后，单击"复制区域"按钮进行区域复制，如图 6-13 所示，或单击"删除区域"进行区域删除。

无线移动互联技术

(7) 推荐方案

用鼠标选中某区域后,在最右侧"区域覆盖属性"框中进行设置,然后单击"保存并生成部署方案"按钮,如图 6-14 所示。

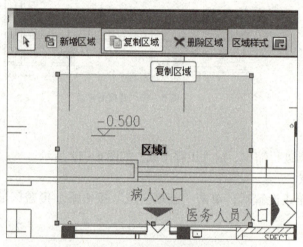

图 6-13 复制覆盖区域

图 6-14 设置"区域覆盖属性"

在"方案 AP 选型"框中,根据建议选择 AP 的相关内容,选好后单击"确定"按钮,如图 6-15 所示,这时成功生成部署方案。

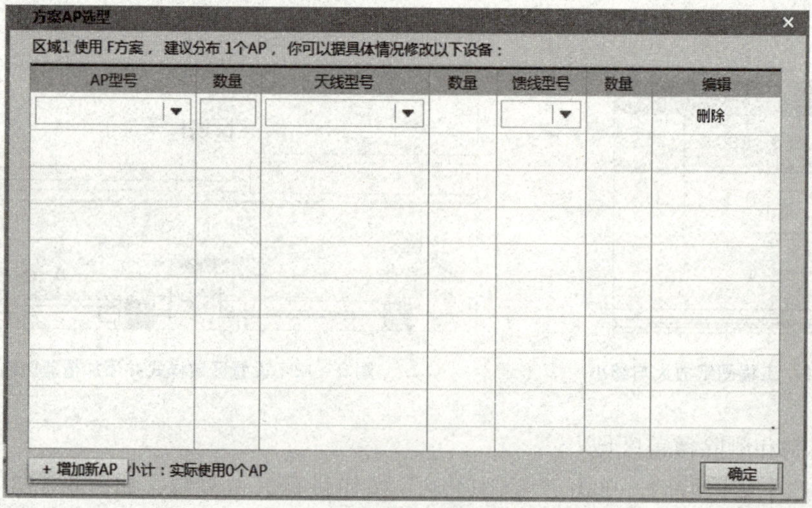

图 6-15 AP 选型

210

第 6 章 微企业无线局域网的规划与设计

(8) 自定义方案

用鼠标选中某区域后，在下侧列表中单击"自定义方案"按钮，如图 6-16 所示。

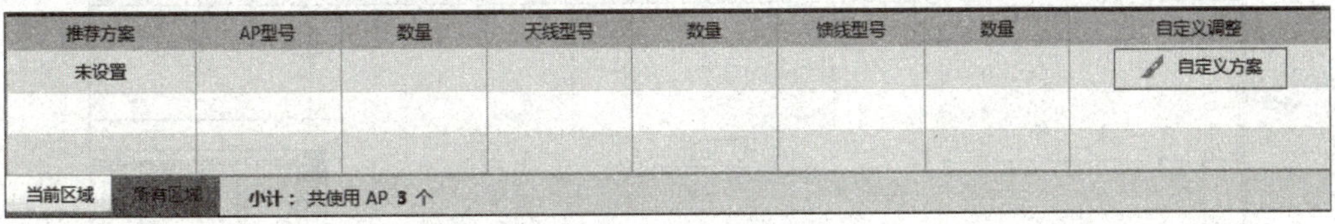

图 6-16 自定义方案

在"方案 AP 选型"框中，选择 AP 的相关内容，选好后单击"确定"按钮，这时成功生成自定义方案，如图 6-17 所示。

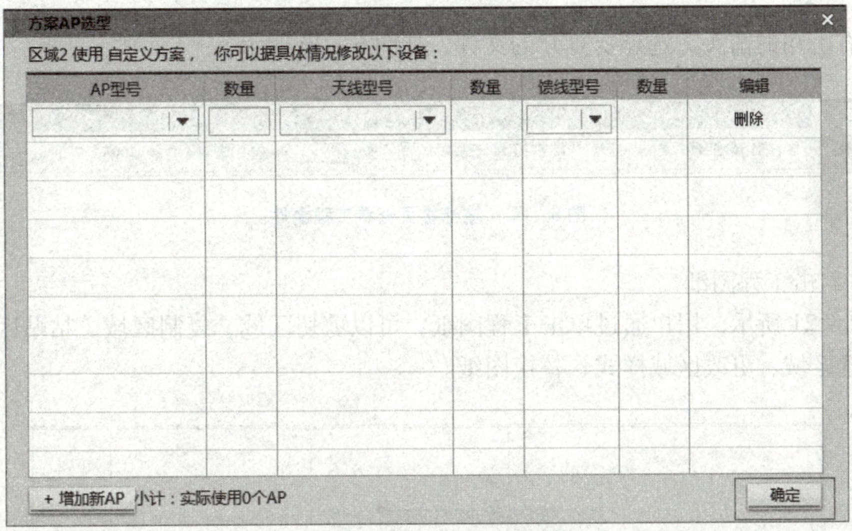

图 6-17 AP 选型

(9) 单个工程文件的方案预览与修改

如图 6-18 所示，列表显示这个工程文件中所有覆盖区域的方案及对应的 AP 型号和数量，可以手动调整列表中方案的细节，还可以修改内容。

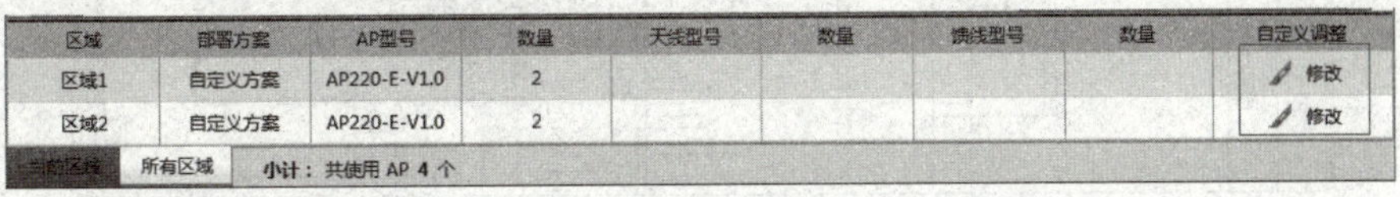

图 6-18 单个工程文件的方案预览与修改

(10) 在标签页关闭工程文件

如图 6-19 所示，右击工程文件标签页中的某个工程文件，即可支持关闭该工程文件、关闭其他工程文件和全部关闭，或者单击标签上的"×"按钮进行逐个关闭。

(11) 在标签页查看工程文件

在工程文件标签页中，当打开的工程文件过多时，为了方便查看工程文件，用户可单击

211

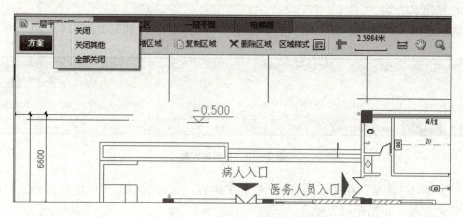

图 6-19　在标签页关闭工程文件

窗口页面右上角的箭头，选择要打开的文件，如图 6-20 所示。

图 6-20　在标签页查看工程文件

（12）右击工程图纸

如图 6-21 所示，用户通过单击工程图纸，可以剪切区域、复制区域、粘贴区域、删除区域、全选区域、更改区域样式、替换图纸。

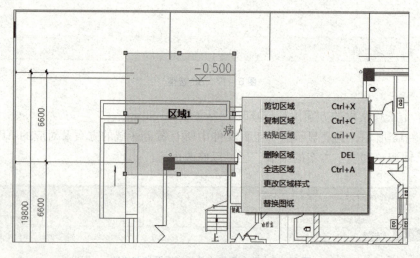

图 6-21　工程图纸编辑

（13）按方案导出

如图 6-22 所示，在上方单击"导出"选项。

如图 6-23 所示，在弹出的"导出报告"对话框中，选择"按方案"，选择全部工程文件或部分工程文件，同时选择文件保存地址，单击"导出报告"按钮，这样就可以导出关于方案的 Word 文档了。

图 6-22 导出报告

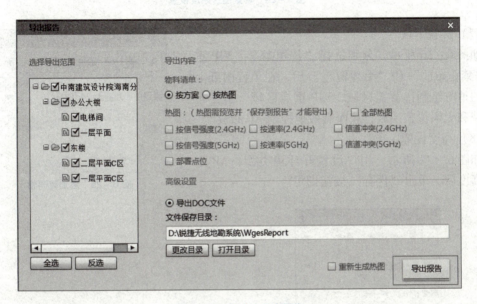

图 6-23 按方案导出报告

4. 仿真热图

将方案选择与设计结合使用，当整体方案确定后，可根据前面产生的方案自动规划和部署 AP。

（1）比例设置

设置热图的比例尺的方法与设置方案的比例尺的方法一样。

（2）距离测量

测量热图两点间距离的方法与测量方案两点间距离的方法一样。

（3）图片移动

热图中移动图片的方法与方案的一样。

（4）热图放大与缩小

放大与缩小热图的方法与方案的放大、缩小方法一样。放大或缩小时，热图上的其他图元也跟着放大或缩小。

（5）背景图透明度调整

如图 6-24 所示，用户可以单击透明度工具进行不同透明度的调整。

（6）障碍物添加

如图 6-25 所示，单击"添加障碍物"工具后，选择不同类型的障碍物，并设置障碍物的形状与厚度，然后添加到工程图纸上。

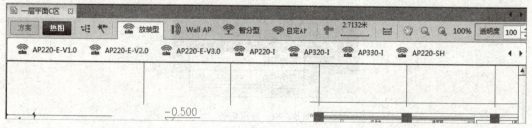

图 6-24　背景图透明度设置

(7) 覆盖区域

如图 6-26 所示，分别选择"待覆盖""VIP 重点""禁止布放"和"无须覆盖"后，在工程图纸上对应的地方绘制待覆盖区域、VIP 重点区域、禁止布放区域和无须覆盖区域，从而有效地控制 AP 布放。

(8) 高度设置

如图 6-27 所示，用户设置好环境类型、AP 距地面高度后，单击"保存"按钮即可。

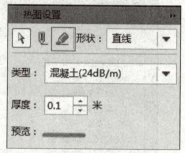

图 6-25　添加障碍物

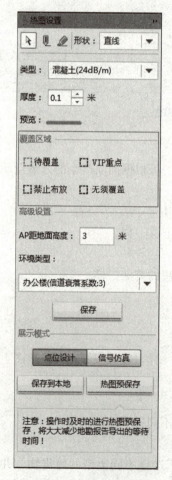

图 6-26　设置覆盖区域

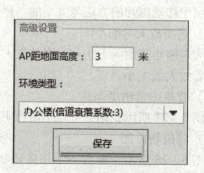

图 6-27　高度设置

(9) AP 自动布放

如图 6-28 所示，用户通过单击"自动布放"工具，系统根据方案选择中对应覆盖区域选定方案的 AP 数量来自动布放 AP。

(10) AP 自动规划信道和功率

如图 6-29 所示，用户单击"自动规划信道和功率"工具，系统根据既定的信道和功率规划算法，对图纸上已有的 AP 进行信道和功率自动规划设置。

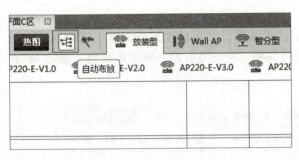

图 6-28　自动布放 AP

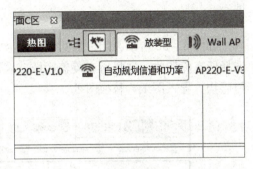

图 6-29　AP 自动规划信道和功率

(11) AP 操作

如图 6-30 所示，用户可以分别拖动"放装型""Wall AP""智分型"下的 AP 到热图中，并且在对应 AP 上右击，即可修改信道和功率，同时，也可以删除该 AP。其中，智分型 AP 还可以智分部署。

(12) 信号仿真

如图 6-31 所示，单击"信号仿真"按钮，选择"按信号强度""按速率"或"信号冲突"。如果需要保存热图到本地，则单击"保存到本地"按钮。需要特别注意的是，操作时及时进行"热图预保存"将大大减少地勘报告导出的等待时间。

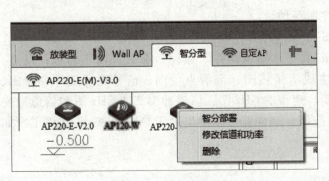

图 6-30　AP 操作

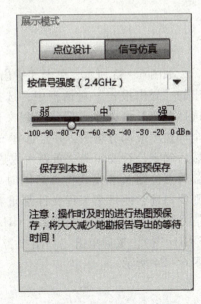

图 6-31　"信号仿真"设置

(13) 在标签页关闭工程文件

热图工程文件的关闭方法同方案一样。

(14) 在标签页查看工程文件

热图工程文件的查看方法同方案一样。

(15) 在 AP 标签页查看 AP

在 AP 标签页中,当自定 AP 中添加过多的 AP 后,为了方便查看 AP,用户可单击左右箭头。

(16) 右击工程图纸

如图 6-32 所示,用户通过右击热图上的工程图纸,可以全选障碍物、选择所有 AP、选择所有障碍物、选择所有覆盖区域、复制障碍物、粘贴障碍物、修改障碍物、删除 AP 和障碍物、导入图纸、替换图纸。

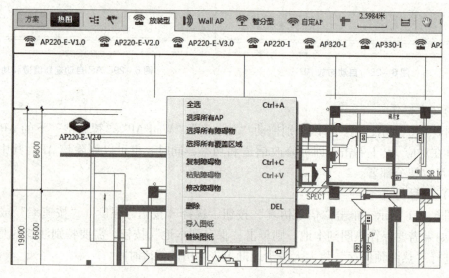

图 6-32 工程图纸设置

(17) 按热图导出

如图 6-33 所示,单击"导出"选项。在弹出的"导出报告"对话框中,选择"按热图",选择全部工程文件或部分工程文件,同时选择全部热图或部分热图,并且选择文件保存地址。然后确定是否要勾选"重新生成热图",如果在

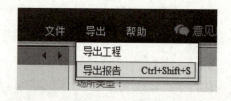

图 6-33 导出报告

部署点位图及各模式仿真热图时单击了"热图预保存"按钮,那么可以不勾选;反之,则要勾选,使每个工程文件都重新生成 7 张热图(部署点位图、信号强度 2.4 GHz 图、信号强度 5 GHz 图、速率 2.4 GHz 图、速率 5 GHz 图、信道冲突 2.4 GHz 图和信道冲突 5 GHz 图),最后单击"导出报告"按钮,这样就可以导出关于热图的 Word 文档了,如图 6-34 所示。

第 6 章 微企业无线局域网的规划与设计

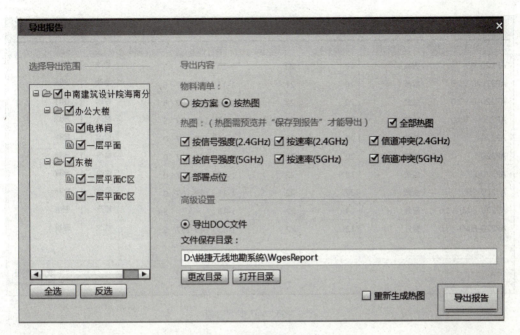

图 6-34 按热图导出报告

5. AP 型号管理

如图 6-35 所示，用户通过单击热图上的自定 AP 工具或者单击"文件"→"AP 型号管理"进行 AP 型号管理。

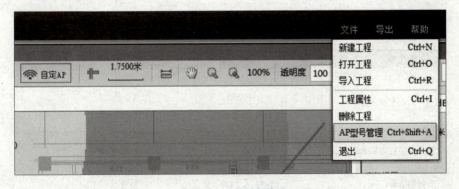

图 6-35 AP 型号管理

在"AP 型号管理"对话框中可以修改、删除、增加 AP，如图 6-36 所示。

单击"增加新型号"按钮后，出现"AP 型号新增"对话框，用户填写好后单击"保存"按钮，如图 6-37 所示。

6. 智能识别障碍物

单击"热图设置"对话框上的"智能识别障碍物工具"，如图 6-38 所示，弹出"智能识别障碍物"对话框进行智能识别障碍物，如图 6-39 所示。

无线移动互联技术

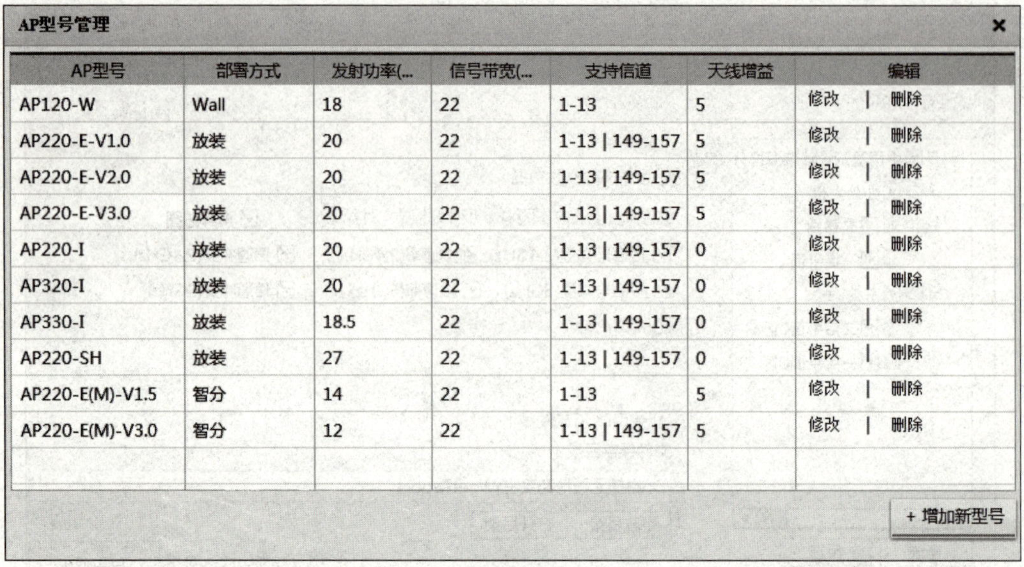

AP型号	部署方式	发射功率(...	信号带宽(...	支持信道	天线增益	编辑
AP120-W	Wall	18	22	1-13	5	修改 | 删除
AP220-E-V1.0	放装	20	22	1-13 | 149-157	5	修改 | 删除
AP220-E-V2.0	放装	20	22	1-13 | 149-157	5	修改 | 删除
AP220-E-V3.0	放装	20	22	1-13 | 149-157	5	修改 | 删除
AP220-I	放装	20	22	1-13 | 149-157	0	修改 | 删除
AP320-I	放装	20	22	1-13 | 149-157	0	修改 | 删除
AP330-I	放装	18.5	22	1-13 | 149-157	0	修改 | 删除
AP220-SH	放装	27	22	1-13 | 149-157	0	修改 | 删除
AP220-E(M)-V1.5	智分	14	22	1-13	5	修改 | 删除
AP220-E(M)-V3.0	智分	12	22	1-13 | 149-157	5	修改 | 删除

+ 增加新型号

图 6-36 AP 型号管理

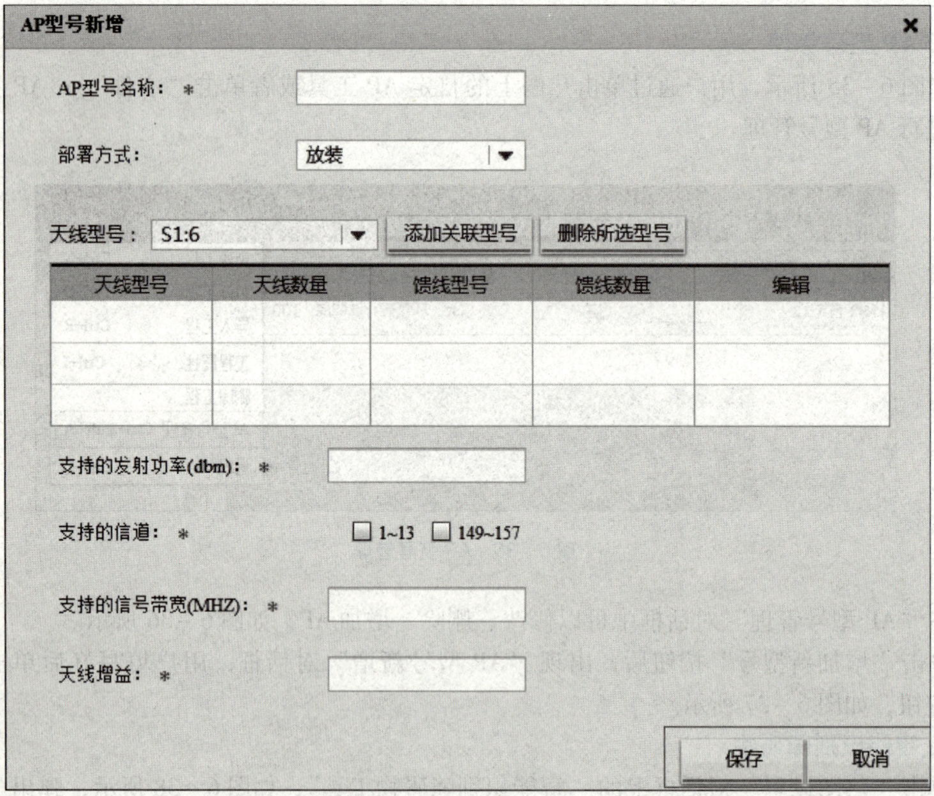

AP型号新增

AP型号名称：＊ _____

部署方式： 放装 ▼

天线型号： S1:6 ▼ [添加关联型号] [删除所选型号]

天线型号	天线数量	馈线型号	馈线数量	编辑

支持的发射功率(dbm)：＊ _____

支持的信道：＊ ☐ 1~13 ☐ 149~157

支持的信号带宽(MHZ)：＊ _____

天线增益：＊ _____

[保存] [取消]

图 6-37 AP 型号新增

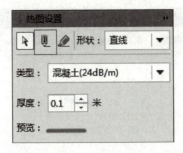

图 6-38 智能识别障碍物工具

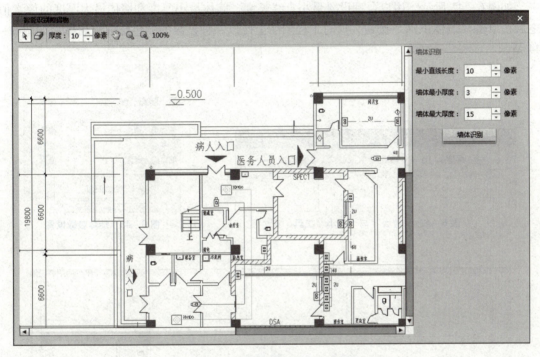

图 6-39 "智能识别障碍物"对话框

(1) 工程图纸擦除

如图 6-40 所示,用户通过单击"橡皮擦"工具,并且设置其厚度,即可擦除工程图纸上不需要识别的部分。

图 6-40 "橡皮擦"工具

(2) 工程图纸移动

如图 6-41 所示,用户通过单击"移动"工具即可以移动底图进行全面观察。

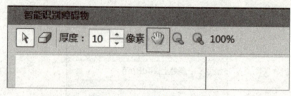

图 6-41 "移动"工具

(3) 工程图纸放大与缩小

如图 6-42 所示,分别单击"缩小"和"放大"工具进行缩小、放大工程图纸。

(4) 墙体识别

如图 6-43 所示,用户合理设置最小直线长度、墙体最小厚度和墙体最大厚度的像素值之后,单击"墙体识别"按钮,这时工程图纸上便以一种显眼的颜色标记出墙体,如图 6-44 所示。

图 6-42 "放大"与"缩小"工具

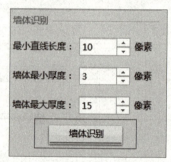

图 6-43 墙体参数设置

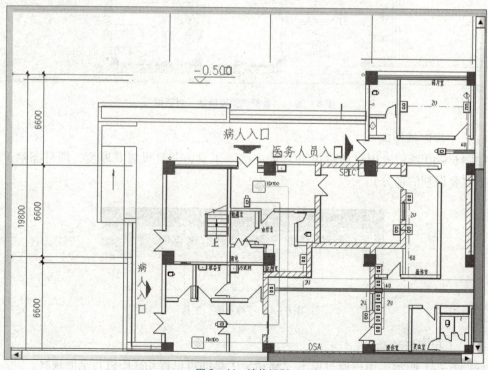

图 6-44 墙体识别

(5) 识别修正

如图 6-45 所示，单击"墙体识别"按钮后，统计出了系统识别墙体的数量，为了能看清识别出的墙体，用户可以选择标记墙体的颜色。当然，如果识别出来的墙体有误，用户还可以使用橡皮擦擦掉底图，单击"重新识别"按钮进行墙体识别。

(6) 墙体生成

如图 6-46 所示，用户确定识别的墙体无误后，就可以选择生成墙体填充的类型是混凝土、砖还是石灰，单击"墙体生成"按钮，这时在工程图纸上就生成了所需的墙体，如图 6-47 所示。

图 6-45 墙体识别修正

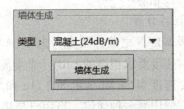

图 6-46 墙体填充的类型设置

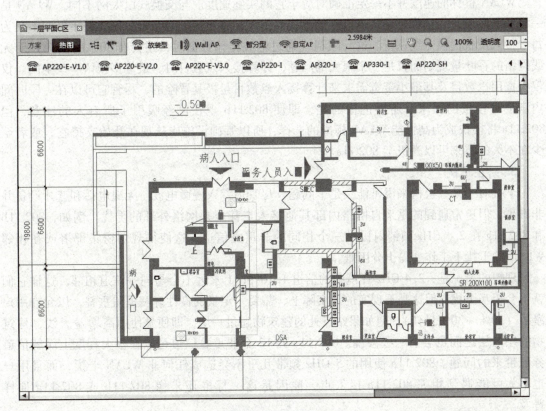

图 6-47 墙体生成

6.3.2 无线网络项目的规划与设计

规划接入点是规划 WLAN 的关键，需要有足够的蜂窝重叠覆盖以供漫游，并需要足够的带宽以供应用。如果无线接入点不足，可能导致吞吐量出现问题，同时也会使覆盖区域零星散落，对用户的漫游和工作地点造成一定的限制。

1. 考虑移动性需求

在做接入点规划时，需要考虑用户的移动性需求。一种用户在整个覆盖区域内移动时，需要一直与 WLAN 相连接；另一种用户只需要偶尔接入 WLAN。第一种需求需要跨越 WLAN 的无缝漫游，此 WLAN 需要大接入点密度；第二种需求属于间断性的无线连接，接入点密度可以相对小一些。

2. 计算吞吐量

在部署 WLAN 之前，需要考虑 WLAN 最常使用的是哪种通信，是电子邮件和 Web 通信，或是对速度要求很高的 ERP（企业资源规划），还是 CAD（计算机辅助设计）应用程序；是需要速度为 54 Mb/s 的 802.11a 和 802.11g，还是只需要速度为 11 Mb/s 的 802.11b 就足够。不管使用哪一种通信，当用户与接入点的距离过远时，网络速度都会显著下降，所以安装足够的接入点不只是为了支持所有的用户，也是达到用户需要的连接速度所要求的。

WLAN 宣称的速度并不一定准确对应于它的实际速度。与交换式以太网不同，WLAN 是一种共享介质，它更像是老式以太网的集线器模型，将可用的吞吐量分割为若干份而不是为每个接入设备提供专线速度。这一限制（通过电波传输数据时，还会有 50% 的损耗）对无线网络的吞吐量规划而言是一个很大的问题，计算接入点数目时，最好多预留一些空间。仅仅根据用户数目及其最小带宽需求来计算接入点数目是极其冒险的，尽管它可以在一段时间内满足对容量的需求。还要记住的是，即使 802.11b 现在已经吸引了所有人的注意，但 802.11a 将很快成为高性能 WLAN 标准的选择，所以基础设施应从现在开始支持它，或者至少在不久的将来可以升级至 802.11a。

3. 防止干扰

干扰对于某些机构来说可能会是个问题。尽管追踪入侵微电波、无绳电话和蓝牙设备并非难事，但更常遇到的是来自网络内部其他接入点甚至是网络外部的干扰。例如，802.11 和 802.11g 在 2.4 GHz 频带内提供三个相同的非重叠信道，这使得规划密集部署或在相邻 WLAN 的干扰下工作变得十分困难。

理想的情况是，2.4 GHz 环境中的信道 1、6 和 11 永远不会与同一信道相邻，这样它们就不会相互干扰，但这是不现实的。实际上，需要一定量的良性蜂窝覆盖重叠，以允许用户漫游（20%～30% 最佳），但如果站点处的建筑物超过一层，即便是使用高增益天线，建筑物的层与层之间也会有一些渗漏。802.11a 的 12 个非重叠信道可以在很大程度上缓解信道分配带来的问题。802.11a 使用的 5 GHz 频带几乎不会造成任何非 WLAN 干扰，而且用户也不太可能遇到相邻 802.11a 接入点，原因是这一标准还未像 802.11b 或 802.11g 那样普及。

4. 关注覆盖区域

WLAN 的射频信号频率越低，无线网络传输速度越慢，有效范围就越远。由于大量射频信号以较低频率传播，同时，信噪比的灵敏度因为高速调制方式而增加，所以速度为 1 Mb/s 的 2.4 GHz 802.11b 信号的传播距离远远超过速度为 54 Mb/s 的 5 GHz 802.11a 信号。

WLAN 的覆盖范围除了受不同射频带和吞吐量变化而造成的波传播特征影响之外，还会因为自由空间路径损耗和衰减而受到限制。自由空间路径损耗更大程度上是开放或户外环境方面的问题，实际上是无线电信号因为波前扩展引起的扩散导致接收天线接收不到这些信号。衰减则在 WLAN 的室内安装中比较常见，它是振幅下降或者射频信号在穿过墙壁、门或其他障碍物时减弱造成的。这就是 WLAN 在密集建筑物周围性能不好的原因。当面对这种物理上的干扰时，即使是弹性比 5 GHz 信号好得多的 2.4 GHz 信号，仍然会遇到某些射频问题。

多路径效应也是影响覆盖范围的重要因素之一。所谓多路径效应，就是信号被反射并回送的现象。在大多数情况下，多路径效应使接收到的信号被削弱或是被完全抵消，于是有一些本来应该充分传播信号的区域几乎或根本没有射频信号覆盖。防止多路径效应的办法是拆除或重新安置机柜和网络设备机架之类的干扰对象，同时增加接入点密度或功率输出。

5. 使用自动化工具

以上提到的所有这一切，都要从无线站点勘察着手。站点勘察将评估和规划无线基础设施的射频（Radio Frequency，RF）环境和接入点的设置，以确保 WLAN 正常工作。从便携式 WLAN 硬件工具箱到提供站点覆盖区域详细视图的软件包，有许多很方便的工具可以帮助完成站点勘察。

站点勘察工具使得部署 WLAN 的工作能够非常顺利地进行。射频建模软件，例如 Trapeze Networks 的 RingMaster，可根据进入楼层计划自动确定接入点位置来帮助自动决定接入点的初始布局。其他工具，例如 Network Instruments 的 Observer，可通过运行软件的便携式或手持式设备来提供有关射频环境的信息。综合工具，例如 Ekahau 的 Site Survey，会从 WLAN 的系统范围角度记录同样的射频数据和用户的位置。不管使用什么工具，仍然需要手动进行站点勘察，这是勘察工具所不能代替的。

RingMaster 之类的规划工具可以确定接入点位置、信道分配、功率输出设置及其他配置属性。它们使用用户密度和吞吐量这类参数作为标准。问题在于仍然必须在基于 CAD 的楼层规划中对诸如混凝土外墙和金属门之类的建筑物指定预设衰减级别，除非规划中已经包含此信息。这些工具的缺点是，它们一般都是针对厂商自己的无线交换机和接入点而建立的，从而缺少通用性。

接入点勘察工作完成后，需要验证和描述这些接入点的覆盖区域。为此，可使用随客户机 WLAN 卡提供的站点勘察实用程序（假定供应商捆绑了该实用程序）或者使用随高级监视工具提供的实用程序，例如 Observer 或者是一些便携式 WLAN 分析仪。

6. 实际设计操作

（1）定义 WLAN 需求

主要内容：结合楼层结构设计及建筑类型确定可能的接入点位置。

要点：

• 画楼层草图，步行检验其准确性，若楼层结构较为复杂，则需要拍照，作为 RF 站址勘测使用。

• 分析用户应用：上网浏览，E-mail，文件传输。

• 定义信息类型（DATA、VOICE、VIDEO）；计算吞吐量及数据速率。

- 估算用户数并确定用户是固定的还是移动的，是否包括漫游。作为移动用户跨 IP 域移动，需考虑用动态 IP。
- 确定有效覆盖范围。
- 确定有效连网区域。
- 根据用户应用建立用户安全等级。若要传输各级敏感数据，如信用卡号，需设计通过个人防火墙。
- 了解终端用户设备：硬件及操作系统。
- 作为移动用户，需考虑电池供电时长：802.11 网络接口卡（NIC）功耗为 200 mA 左右，用户在移动时，需确定是否加备用电池，或激活电源管理，或及时充电。
- 系统接口：确定用户特别的终端接口，如 IBM AS/400 需加中间件及 5250 终端仿真。
- 根据项目规模估计投资成本。
- 进度：明确用户现实中所需的完工日期，以便与计划同步。

（2）WLAN 的损耗

基本损耗换算：dB = 10lg（输入信号功率/输出信号功率）。

估算公式：一般为 100 dB 损耗/200 ft，障碍物损耗参照表 6-1。

表 6-1 障碍物损耗参照表

物体	损耗/dB
石膏板墙	3
金属框玻璃墙	6
煤渣砖墙	4
办公室窗户	3
金属门	6
砖墙	12.4

WLAN 的损耗的相关参数包括可接收值 EIRP（Equivalent Isotropically Radiated Power，即有效全向辐射功率）和接收灵敏度。

例：EIRP 为 200 mW（23 dBm），接收灵敏度为 -76 dBm，允许损耗为 99 dB。

利用测站软件来测试最小范围，或用 WLAN 分析仪如 AireMagent/AiroPeek 测量信号功率。

（3）规划网络大小

数据速率：仅当一帧发送时的速率。多帧时，由于路由协议开销及共享媒体接入延时，每个用户不能连续发送数据。

吞吐量：不计协议、管理帧的发送信息速率，对 802.11b 约为 6 Mb/s。

应用所需带宽：

用户浏览：100 Kb/s。

高质量视频流：2 Mb/s。

所以，一个 AP 接入点支持浏览用户 60 个（6 Mb/s/100 Kb/s）或视频用户 3 个。

可利用仿真工具 OPNET 对用户网络进行仿真计算。

(4) FCC 对 EIRP 的限制

①对移动用户：

用户无线 NIC 采用全向天线，增益为：小于 6 dB，1 W。

AP 点采用最高 100 mW，3 dB 全向天线。EIRP 最高达 200 mW。

②对固定用户：

采用点对点高增益定向天线，天线增益至少 6 dB，EIRP 允许最高达到 4 W。

(5) 最小化 802.11 干扰问题

常见干扰源：微波炉、无绳电话、蓝牙设备及其他无线 LAN 设备。

对 WLAN 干扰最为严重的设备是 2.4G 无绳电话，其次为 10 ft 内的微波炉，再次是蓝牙设备，如笔记本和 PDA。

有效措施：

①分析潜在的 RF 干扰。

②阻止干扰，关掉相应设备。

③提供足够的 WLAN 覆盖，增强 WLAN 信号。

④正确选择配置参数。在跳频系统中，改变跳频模式或者改变信道频率。

⑤应用新的 802.11a WLAN，采用 5G 的 802.11a，相对于 2.4G，可以有效减少干扰。

(6) WLAN 部署步骤

①分析用户需求。

②设计（技术细节：系统结构、选用标准 802.11b/802.11a、选择 AP 供应商、选择天线类型、进行 MAC 层设置等）；分析可行性。

③研发：为特别应用定制用户软件。

④安装测试：AP 安装要高一点，用 PoE（电力搭载以太网线）来对接入点提供电源，可灵活布置 AP。

(7) 接入控制

功能：为接入用户进行授权、认证。

认证机制：大多数接入控制器有内置用户数据库，一些接入控制器提供额外接口到认证服务器，如 RADIUS 和 LDAP（根据用户数及网络规模进行选择）。

链路加密：从用户到服务器提供数据加密，如 IPSEC 及 PPTP，来加密 VPN 通道。此项提供除 802.11 WEP 之外的保护。一定要确保传输的用户姓名及密码。

子网漫游：采用 Span Multiple Subnets 技术，用户不必重新认证，也不必中断。

带宽管理：设定用户级别（如浏览、视频等）及吞吐量限制。

(8) RF 站址勘测步骤

获得建筑蓝图或画楼层草图，以表示墙及通道等位置。

亲自目测发现潜在的可能影响 RF 信号的障碍物，如金属架及部件。

标识用户区域：在图上标识固定及移动用户的区域。另外，标识用户可能漫游到的地方。

标识估计接入点初步位置，以及天线、数据线及电源线位置。

检验接入点位置：Symbol 及 Proxim 提供免费的测站工具，以便确定相关的接入点、数据速率、信号强度、信号质量。可以下载这些软件到笔记本上来测试每一个预测位置的覆盖范围，并确认交流插座的位置。当有频率干扰，需用频谱分析仪来分辨干扰。

文件建立：建立测站所读的信号记录日志及每一个接入点传输边缘的信号日志，作为基本的设计辅助。

（9）Ad – Hoc 模式的应用

802.11 的 Ad – Hoc 标准允许网络接口卡作为一个独立的基本服务设备（IBSS）使用，而无须 AP。用户采用对等方式彼此直接通信。

优点：

① 节省成本：不必购买安装 AP。

② 快速建立时间：只需启用 NIC 的时间。

缺点：

① 网络接入有限：Ad – Hoc 无线网络没有分布式系统结构，用户不能有效接入 Internet 或其他有线服务，虽然可以用一台加装无线 NIC 的 PC 经过配置后作为共享连接接入 Internet，但是这不能满足更大规模用户。

② 难以管理网络：由于网络拓扑架构的流动性及缺乏中心设备，网络管理人员不易监测网络性能，难以进行安全审查。

（10）公共 WLAN 应用常见问题

公共 WLAN 主要集中于机场、会议中心、酒店、码头。

良好的开端：开始前好好思考人们是否会使用你的 WLAN，他们会付多少钱，而不要想当然地认为"我们只要建好，人们就会来"。作为一个简单的开头，可以只放一个 AP 在咖啡屋里，并给 ISP 缴纳一定费用，随着用户的增加而扩大规模。

与其他在线服务一样，WLAN 也可以向用户推送广告。实际上，你可以首先向用户推送广告，希望他们能从广告中购买足够量的产品，以抵销系统的开销费用。当用户付费时，应将广告成本控制在最低限度。

系统设计：对于公共场所的 WLAN，例如机场、酒店、咖啡厅等，要最大限度地满足用户的连接需求，尽可能不要改变用户原有设备的配置，确保用户不用升级操作系统，不用安装特定的连网软件就能接入 WLAN。

对于认证而言，有许多公司可以提供此类接入控制器，如 Bluesocket、Reefedge、Nomadix、Cisco、Proxim。

建立公共 WLAN 的要点：

关掉 WEP：虽然 WEP 可以提供一些安全保障，但因为分布问题，WEP 在公共 WLAN 中没有任何实际意义。取而代之，常见的用户终端会选择动态方式的安全措施，如 EAP – TLS 协议等。

广播 SSID（服务设置标识）：SSID 对公共 WLAN 用户来说是一个障碍，因为很多时候用户必须根据本地公共 WLAN 提供商的 SSID 来配置 SSID。如果接入点 AP 广播 SSID，Windows XP 可以自动探测到 SSID 并且不用用户干预就可以配置到用户系统中。否则，你需要指导用户如何配置到你的 WLAN 中。

开放 DHCP 服务：当用户从另外一个热点区域漫游进入你的区域时，他们的用户设备需要一个本地网的 IP 地址。为使漫游过程中用户尽量不更改配置，建立 DHCP 服务来自动为访问客户分配 IP 是极为必要的。大多数版本的 Windows 操作系统可以自动激活操作系统，用户不用做任何事情。

（11）客户支持

对许多公司进行客户支持是一个大问题，而对公共 WLAN 进行客户支持的问题就更加突出，公共 WLAN 提供商必须面对不同种类的用户、用户硬件、操作系统及 NIC。客户支持适用于临时小团队大信息量数据通信，如医疗队临时会议等。

6.4 项目实践

6.4.1 展览中心无线网络的勘测与设计

1. 工作任务

某展览中心应参展活动需求，需要搭建无线网络环境，以便支持即将开展的会展活动。展会区域 5 000 m^2，分为 2 个展区。展会人流量预计为 300 人/h，接入密度较大。同时，展会还提供无线视频直播服务，该应用对 AP 的吞吐性能有较高的要求，为此，主办单位决定在参展区域使用无线网络进行网络覆盖，某网络公司承接该项目，对无线网络进行勘测与设计，并派工程师小王到展览中心进行现场勘测，以确定 AP 点位位置。

2. 需求分析

一个新的无线项目的部署，首先需要针对目标区域做好无线网络的勘测与设计，具体涉及以下工作任务：

①评估无线接入用户的数量。
②评估用户无线上网的吞吐量。
③获取需要无线覆盖的建筑平面图。
④AP 选型。
⑤AP 点位设计与信道规划。
⑥无线复勘。
⑦输出无线地勘报告。
⑧了解无线地勘存在的风险及应对策略。

3. 任务实施

（1）对无线网络的用户数量进行评估

从项目背景中得知，展会区域为 5 000 m^2 的开阔空间，分为 2 个展区，展会人流量预计为 300 人/h。根据展区业务特征和以往经验，展区最多可容纳 2 000 人，预计高峰期参观人数在 900 人左右，不同时间段预计参展人数见表 6-2。

表 6-2 用户数量评估

时间	预计参展人数
9:00—10:00	300
10:00—11:00	600
11:00—13:00	900

续表

时间	预计参展人数
13:00—14:00	600
14:00—15:00	900
15:00—16:00	600
16:00—17:00	300

(2) 对无线网络的用户数进行评估

无线网络工程师最终同展览中心信息部负责人确认，本次无线覆盖将按以往经验，以70%的用户接入无线为依据，并针对每个区域做了细化的统计，统计结果见表6-3，最终设定无线接入人数为630人左右。

表6-3 AP接入数量统计

无线覆盖区域	AP接入数量
展区1	250
展区2	250
大型会议室	100
小型会议室	30
办公室	6

(3) 对无线网络的吞吐量进行评估

通过和展览中心信息部沟通，将在两个会议室和两个展会的展台区域设置视频直播服务，其他区域将为用户提供实时通信、微信视频、搜索、门户网站等应用通信。

根据业务调研结果，参考以往业务应用接入所需带宽的推荐值，经会展信息中心信息部确认，展览中心为视频直播服务提供不低于10 Mb/s的无线接入带宽，为参展用户提供不低于512 Kb/s的无线接入带宽，为办公区域用户提供不低于2 Mb/s的无线接入带宽。最终各区域的无线接入带宽需求见表6-4。

表6-4 无线接入带宽需求情况

无线覆盖区域	AP接入数量	AP接入带宽/(Mb·s^{-1})
展区1	250	140
展区2	250	140
大型会议室	100	65
小型会议室	30	25
办公室	6	12

展览中心的无线信号需要为视频直播服务、参展用户及办公区域用户提供不同的无线接

入带宽，无线工程师决定设置多个 SSID，每个 SSID 限制不同的速率。最终确定的各 SSID 信息见表 6-5。

表 6-5 SSID 设置

接入终端	SSID	是否加密	限制速率
视频直播	Video	是	不限速
参展用户	Guest	否	512 Kb/s
办公用户	Office	是	2 Mb/s

(4) 绘制展览中心现场草图

地勘工程师经前期电话沟通，已知展览中心负责人手上并没有该建筑的任何图纸，因此，工程师小勘经预约，在约定时间携带激光测距仪、笔、纸、卷尺等设备到达了现场，并边绘制草图边开展现场调研工作。同时，工程师小王对现场环境进行调研，并反馈给无线工程师：

- 2 个展区均有铝制板吊顶。
- 会议室及办公室没有吊顶。
- 展区人流量主要集中在展台附近。

(5) 在 Visio 中绘制电子图纸

打开 Visio，并进行页面设置，将绘图比例设置为 1∶30，如图 6-48 所示。

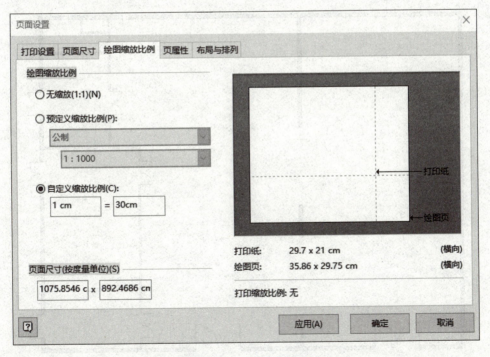

图 6-48 Visio 页面设置

根据草图绘制墙体，如图 6-49 所示。

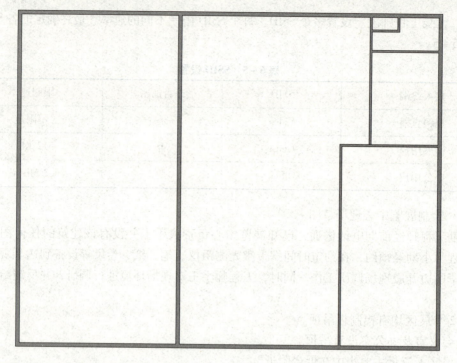

图 6-49 绘制墙体

在墙体上绘制门、窗，如图 6-50 所示。

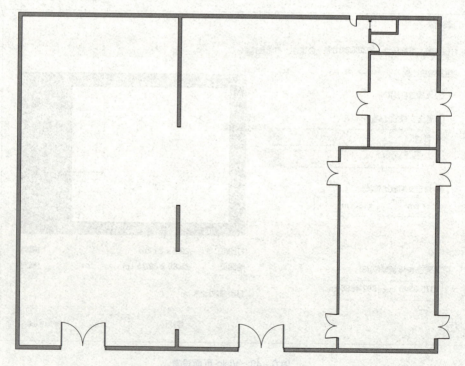

图 6-50 绘制门、窗

添加桌椅、讲台等室内用品，如图 6-51 所示。

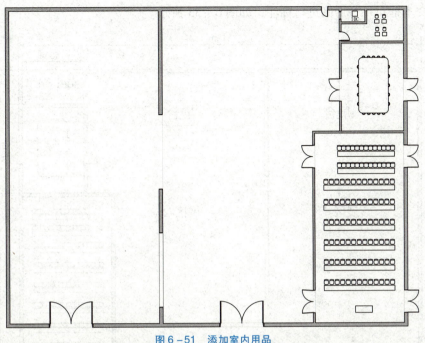

图6-51 添加室内用品

使用标尺对主要墙体的距离进行标注，如图6-52所示。

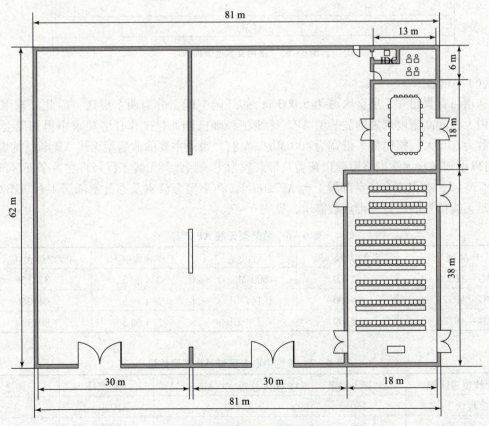

图6-52 使用标尺添加标注

使用文本框对每个房间进行标注,如图 6-53 所示。

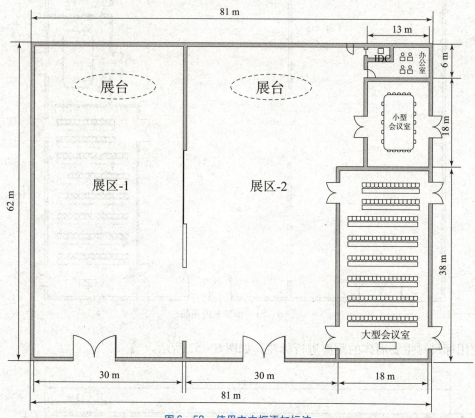

图 6-53 使用文本框添加标注

(6) AP 选型

从项目背景得知,展会区域为 5 000 m² 的开阔空间,分为两个展区,因此,选用适合在室内大开间高密度部署的放装型 AP。无线工程师已经通过工作任务要求中得知展会无线接入数为 630 人,整体接入带宽为 400 Mb/s 左右。锐捷主要的放装型无线 AP 产品见表 6-6,可以得知本次无线网络覆盖以覆盖及带点数为主。因此,无线工程师将在每个展区部署 3 个 AP720-I,在大型会议室部署 1 台 AP720-I,在小型会议室及办公室部署 1 台 AP320-I 来满足无线信号的覆盖及带点数需求,见表 6-7。

表 6-6 放装型无线 AP 产品

产品型号	发射功率/mW	吞吐量	工作频段/GHz	推荐/最大接入数
RG-AP320-I	≤100	600 Mb/s	2.4 和 5	32/256
RG-AP520-I	≤100	1.167 Gb/s	2.4 和 5	64/256
RG-AP720-I	≤100	1.734 Gb/s	2.4 和 5	80/384

表 6-7 展览中心各区域 AP 部署数量

无线覆盖区域	AP 接入数量	AP 接入总带宽/(Mb·s⁻¹)	AP 型号	数量
展区 1	250	140	AP720-I	3
展区 2	250	140	AP720-I	3

续表

无线覆盖区域	AP 接入数量	AP 接入总带宽/(Mb·s^{-1})	AP 型号	数量
大型会议室	100	65	AP720-Ⅰ	1
小型会议室	30	25	AP320-Ⅰ	1
办公室	6	12		

(7) AP 点位设计及信道规划

工程师小王做完现场的充分调研后，将根据无线产品特征和应用场景情况进行无线 AP 点位的设计和模拟仿真。为方便工程师准确进行无线 AP 的点位设计与信道规划，采用无线地勘系统。接下来将根据无线地勘系统进行 AP 点位设计及信号模拟仿真，将工程图导入无线地勘软件进行 AP 点位设计及信道规划。

(8) 无线复勘

无线工程师完成了 AP 点位图初稿，为确保 AP 实际部署后信号能覆盖整个会展大厅，现需要携带地勘测试专用工具箱到现场进行无线复勘，测试实际部署后的信号强度。地勘测试专用工具箱包括以下设备：地勘专用电源、地勘专用 AP、地勘专用支架、手机、笔记本、地勘专用测试 APP 和软件、配置线等。在 AP 点位图上选择测试点，并指定 AP 覆盖范围的 2~3 个最远点进行测试，例如，在图 6-54 所示的 AP 点位图中，针对目标 AP，工程师选择了两个测试点。

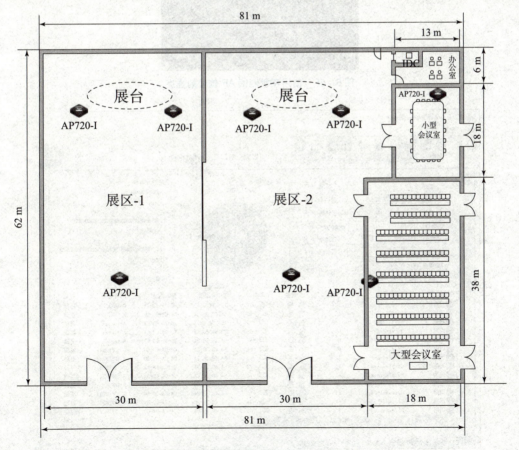

图 6-54 无线复勘

无线移动互联技术

　　使用地勘专用移动电源为 AP 进行供电，按 AP 规划配置对 AP 进行配置，将 AP 架设在 AP 点位设计图对应的位置（AP 实际安装位置）。在测试点处使用手机（例如安装 WiFi 分析仪）测试 AP 信号的强度，结果如图 6-55 所示；使用笔记本（例如安装 WirelessMon）测试信号的强度，结果如图 6-56 所示。

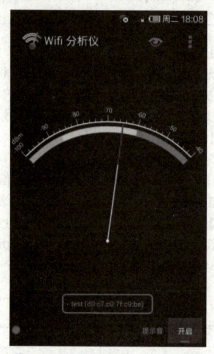

图 6-55　使用手机测试 AP 信号的强度

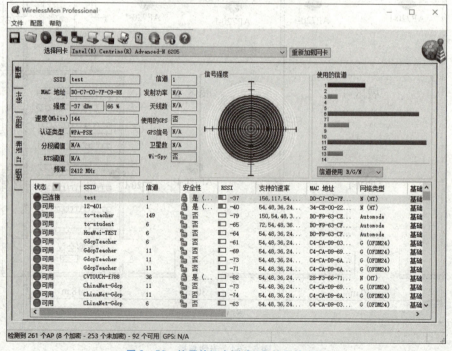

图 6-56　使用笔记本测试 AP 信号的强度

在记录手机和笔记本测试数据时,应选择测试软件信号相对平稳的数值,并登记在无线复勘登记表中,结果见表6-8。在地勘现场测试中,如果测试点位的数据不合格,则应当根据现场情况,适当调整 AP 点位位置或 AP 功率,直到测试点数据合格为止,同时,针对调整的 AP 信息(位置、功率等)来修订原来的设计文档。

表6-8 无线复勘登记表

AP 编号	测试位置	手机信号/dBm	笔记本信号/dBm
AP720-I-3	展厅1西南角	-65	-37
AP720-I-3	展厅1东南角	-63	-40
…	…	…	…

(9)现场环境检查

工程师在现场进行无线复勘的同时,需要检查安装环境并进行记录,确保 AP 能够根据点位图进行安装和后期维护,并将检查结果登记。现场环境检查表见表6-9。

表6-9 现场环境检查表

序号	检查方法	检查要求(通过为√,不通过为×,不检查为/)	检查结果	是否通过
1	现场检查	安装环境是否存在潮湿、易漏地点	否	√
2		安装环境是否干燥、防尘、通风良好	是	√
3		安装位置附近是否有易燃物品	否	√
4		安装环境是否有阻挡信号的障碍物	否	√
5		安装位置是否便于网线、电源线、馈线的布线	是	√
6		安装位置是否便于维护和更换	是	√
7		安装环境是否有其他信号干扰源	是	√
8		安装环境是否有吊顶	是	√
9		采用壁挂方式,安装环境附近是否有桥架、线槽	是	√
10		安装位置是否在承重梁附近	否	√
11	沟通确认	安装位置墙体内是否有隐蔽线管及线缆	否	√

无线复勘的完成标志着无线网络的勘测与设计基本完成,接下来,工程师需要输出无线地勘报告给用户做最终确认。输出无线地勘报告要点如下:

①在无线地勘系统中,根据复勘的结果优化原 AP 规划方案。
②在无线地勘系统中导出无线地勘报告。
③在导出的无线地勘报告的基础上对地勘报告进行修订。

根据用户的网络建设需求修改无线网络容量设计。物料清单需要补充无线 AC、PoE 交换机、馈线、天线等内容。在无线地勘软件中优化原无线网络工程后,单击右上角的"导出"下拉式菜单,选择"导出报告"或者使用 Ctrl + Shift + S 组合键。在弹出的"导出报告"对话框中选择"按热图",并按工程要求输出 2.4 GHz 相关的热图,结果如图6-57所示。单击"导出报告"按钮输出地勘报告。

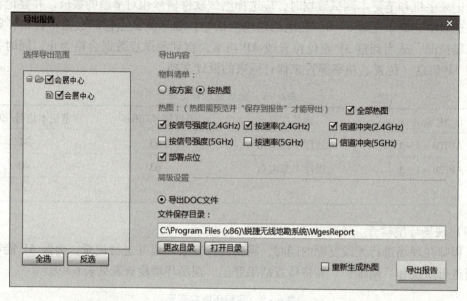

图 6-57 输出 2.4G 相关热图

(10) 物料清单优化

由于无线地勘系统导出报告时物料清单只输出 AP 数量，无线工程师需要将其他设备手动添加到地勘报告中。考虑到 AP 的供电，需要配备一台 PoE 交换机；同时，展览中心无线覆盖拟用 FIT AP 模式对 AP 进行统一管理，因此需要配备一台无线控制器。最终确定的物料清单见表 6-10。

表 6-10 最终物料清单

楼层信息	设备类型	设备型号	数量
展览中心	无线 AP	AP320-I	1
	无线 AP	AP720-I	7
核心机房	PoE 交换机	S2928G-24P	1
	无线控制器	WS6008	1
合计			10

(11) 制作地勘报告 PPT

地勘报告完成后，无线工程师需要向展览中心网络部汇报本次地勘的结果，为方便进行汇报，无线工程师需要将地勘报告及其他材料清单进行整理，制作一份地勘汇报 PPT。

4. 项目验证

无线地勘报告如下所示，报告封面如图 6-58 所示。

图 6-58 无线地勘报告封面

一、设计参考

1.1 覆盖规划原则

1. 系统的覆盖规划应主要考虑为保证 AP 无线信号的有效覆盖，从而对 AP 天线进行选址与相关配置。通常有综合分布式系统和独立 AP 覆盖方式，设计时，应根据覆盖场点的实际情况进行选择。

2. 对于有多个 WLAN 网络存在的区域，AP 的布放应尽量避免频率的干扰，扩容增加的 AP 可以通过扫频的方法检测原有 AP 的频率，然后再进行频率设计。

3. 一般情况下，室内天线接口处的输出功率的最大值为 20 dBm，在用户数较多，AP 数量较多的区域，可以通过降低发射功率来减小覆盖范围，以达到减少同频干扰的目的。

4. 覆盖方案设计中，选择 AP 时，应综合考虑设备性能、系统整体成本及无线干扰等因素。

1.2 频率规划与干扰控制

1. 在一个 AP 覆盖区内，直序扩频技术最多可以提供 3 个不重叠的信道同时工作。考虑到制式的兼容性，相邻区域频点配置时，宜选用 1、6、11 信道。

2. 频点配置时，首先应对目标区域现场进行频率检测，对于覆盖区域内已有 AP 采用的信道，应尽量避免采用。

3. 对于室外区域干扰，宜调整（定向）天线方向角，避免天线主瓣对准干扰源，或者调整功率。

4. 对于室内区域存在多套室内覆盖系统的情况，应充分考虑其他通信系统使用的频段，设计时预留必要的保护频带，以满足干扰保护比的要求。

5. 室外 AP 覆盖区频点配置时，为了实现 AP 的有效覆盖，避免信道间的相互干扰，在进行信道分配时，宜引入移动通信系统的蜂窝覆盖原理，对 1、6、11 信道进行复用，如图 6-59 所示。

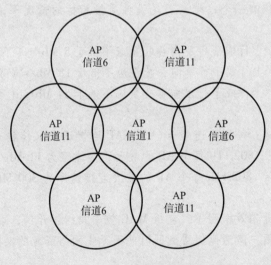

图 6-59 AP 信道规划

6. 配置室内 AP 覆盖区频点时，应充分利用建筑物内部结构，从平层和相邻楼层的角度尽量避免每一个 AP 所覆盖的区域对横向和纵向相邻区域可能存在的干扰。

7. 系统设计时，应注意避免干扰源的影响。

8. WLAN 规划设计时，结合现场勘察和测试之后，应指定覆盖区域的每个 AP 的工作频率，可通过无线控制器实施 AP 自动频率调整。

1.3 无线网络覆盖质量指标

1.3.1 覆盖指标

为能够提供优质的无线服务，校区所有房间（面板 AP 除外）内要求无线信号强度 2.4 GHz、5 GHz 同时不低于 −60 dBm，丢包率小于 1%；室外环境无线信号在无线蜂窝覆盖边缘时强度 2.4 GHz、5 GHz 同时不低于 −75 dBm。同时，为了达到信号稳定，同频率、同信道的干扰信号强度不得高于 −75 dBm。

1.3.2 信号质量

目标覆盖区域内 95% 以上位置，用户终端接收到的下行信号 S/N 值大于 10 dB。

1.3.3 速率指标

在目标覆盖区内，单用户接入最大下行业务速率大于等于 AP 上连中继带宽的 90%。

1.3.4 信号外泄

室内 WLAN 信号泄露到室外 10 m 处的强度不高于 −75 dBm。

二、无线网络容量设计

2.1 并发用户数

WLAN 网络在进行多终端接入设计时，按照每个 802.11 NAP 的并发用户为 40 个进行设计。

2.2 吞吐量要求

WLAN 的数据业务吞吐量是容量设计的重要因素。在设计时，应充分考虑各类数据业务的特点和带宽的需求。

在目标覆盖区域内仅有一个终端，满足设计质量指标的情况下，系统吞吐量设计按照如下要求进行：

在 802.11b 模式下，上行或下行单向吞吐量应不低于 5 Mb/s（不加密）；

在 802.11g 模式下，上行或下行单向吞吐量应不低于 18 Mb/s（不加密）；

在 802.11n 模式下，上行或下行单向吞吐量应不低于 54 Mb/s（不加密）。

2.3 容量估算

WLAN 容量计算方式：每用户速率 =（每个 AP 连接速率 × 传输效率）/（用户数量 × 忙时用户激活比例）。其中，802.11b 每个 AP 的最大连接速率为 11 Mb/s，802.11g 每个 AP 的最大连接速率为 54 Mb/s，802.11n 每个 AP 的最大连接速率为 300 Mb/s，802.11ac 每个 AP 的最大连接速率为 1 Gb/s。

传输效率：表示总开销效率因子，包括 MAC 效率和纠错开销，取 50%。

用户数量乘以忙时用户激活比例得到同时使用无线网络资源的实际用户数量。

三、物料清单和热图

3.1 物料清单

物料清单见表 6-11，共需要 8 个 AP。

表 6-11 物料清单

楼层信息	AP 型号	数量
展览中心	AP320 – I	1
	AP720 – I	7
合计		8

3.2 热图

展览中心部署点位如图 6-60 所示。

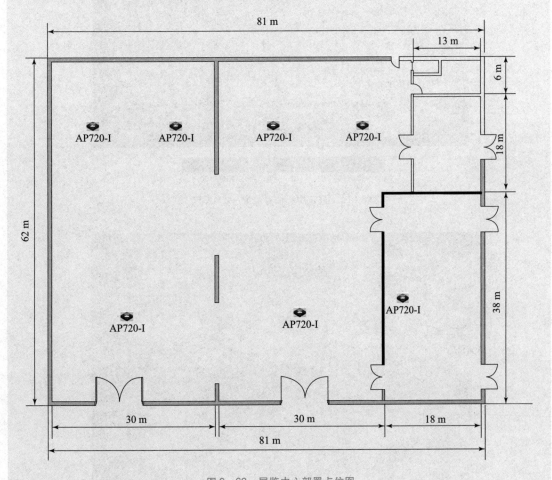

图 6-60 展览中心部署点位图

展览中心信号强度（2.4 GHz）如图 6-61 所示。
展览中心速率（2.4 GHz）如图 6-62 所示。

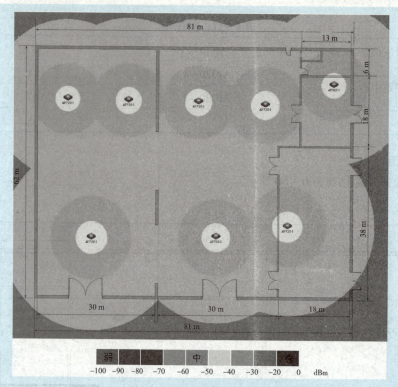

图6-61 展览中心信号强度（2.4 GHz）

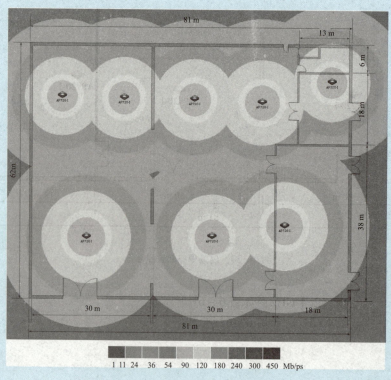

图6-62 展览中心速率（2.4 GHz）

6.4.2 公司办公室无线网络的勘测与设计

1. 工作任务

某公司在智慧大厦租用了一层楼用于办公。该楼层为走廊型对称布局，共有25个房间，楼层南、北各有1间大型会议室，其建筑平面图如图6-63所示。工程师小王所在的网络公司承接了该项目，现要求对该公司无线网络进行勘测与设计。

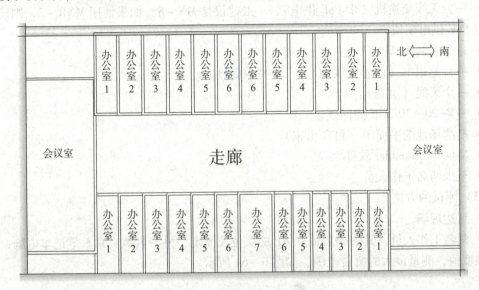

图6-63 公司办公室建筑平面图

2. 任务实施

第一步：收集客户信息与客户需求

项目实施前，需向集成商或用户了解或提供项目实施所需必要条件，收集客户信息应尽可能详细，信息收集可根据不同产品型号进行适当调整。

当实施条件不具备时，需等待实施条件准备充分后，再进行现场实施。另外，还要了解客户的详细需求。

- 了解有线网络架构，确认无线交换机的安装位置（一般与核心交换机相连）。
- 用户使用的地址网段及路由情况（都是L2，用户默认网关指向核心交换机L3）。
- 是否有语音应用（尽量采用L2漫游）。
- 确认AP接入无线交换机的方式（静态、DHCP、DNS）。
- 确认用户认证方式（Web、MAC、802.1x）。
- 确认用户使用的认证、计费系统（Eyou、城市热点、SAM）。
- 确认用户的访问控制策略（ACL）。
- 确认其他的应用功能（带宽限制、用户间隔离等）。
- 无线覆盖区域的具体需求。

第二步：现场勘测

（1）进行现场勘测

- 由于场地环境复杂，通过现场勘测可以确定AP安装位置。
- 通过现场勘测可以更精确地获得AP的实际数量。

- 确定是否需要使用外挂天线，并确定安装方式。
- 确定具体的 AP 型号。
- 与客户协商布线、施工细则。
- 确定 AP 安装的进度。

（2）准备工作
- 一台无线交换机（带 PoE 供电），一般建议是 MX-8，如果使用 MXR-2，则建议多带外置 PoE 供电模块。
- 一个或两个 AP。
- 一台笔记本（内置无线网卡），支持 802.11b/g。
- 一个天线（可选）。
- 一条 20~30 m 长的网线。
- 勘测场地的平面图（打印出来）。
- Network Stumbler 软件。
- 至少两名工作人员。

（3）测试的方法
- 到达现场。
- 两名工作人员，其中一名负责 AP 的摆位及固定，另一名负责拿着笔记本电脑，读取信号强度值，测量最大的覆盖范围，如图 6-64 所示。

图 6-64 测试示意图

- 将控制器放置在易于取电的位置。
- 结合之前在平面图上规划的 AP 预设位置，来确定 AP 摆放的位置，从而验证实际信号覆盖效果。

（4）AP 的摆位
- 与用户协商 AP 的安装位置，一般有放在天花板内、放在天花板外、垂直挂在墙上这几种。
- 放在天花板内，天线尽量伸出来。一般情况下，MP-71 挂墙或者放天花板内将天线伸出；MP-372 吸顶安装。
- AP 应尽量摆放在将要安装的位置。
- 当 AP 实在不能摆放在天花板内或高处时，可用手举高或摆放在同一垂直位置的其他高度。
- 如果使用 AP 内置天线，则天线需与地面垂直。

AP 通过固定件安装在天花板上，如图 6-65 所示。

第6章 微企业无线局域网的规划与设计

图 6-65 AP 安装在天花板上

AP 外接天线时，将 AP 放在天花板内，将吸顶天线安装在天花板，如图 6-66 所示。

图 6-66 吸顶天线安装

AP 壁挂式安装如图 6-67 所示。

（5）确定 AP 的具体位置和安装方法

根据现场对信号的测试效果，确认以下问题：

- AP 的数量是否足够。
- 原先设计的 AP 安装位置是否合理。
- 是否要增加外挂天线。

另外，对于信号覆盖，可遵循以下原则：

- 不必对所有地方都要求较高的信号强度，这样会很费钱（分级）。

无线移动互联技术

图 6-67　AP 壁挂式安装

- 重点考虑常用的或可能会用到无线连接的地方。
- 对无法施工的位置，考虑增加 AP 数量去覆盖。

第三步：无线设备加电检查

为了确保设备在正式上电运行时没有问题，建议在设备刚运到集成商或用户处就对设备进行加电检查，以确保设备的软件版本是最新的或者没有 Bug，并且在配置前将原有的配置都清除掉，保证所做的一切配置自己最清楚，以免由于有以前的错误配置而导致出现其他故障时不好排查。

项目实施时，还要出一个 AP 与对应安装位置的图，便于在 AP 发生故障时，可以很快找到 AP，如图 6-68 所示。

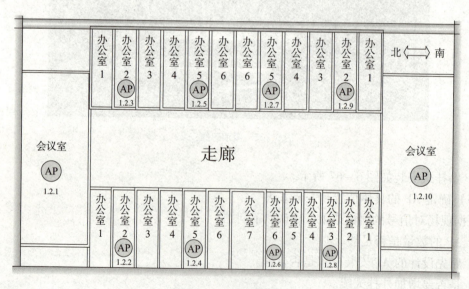

图 6-68　安装位置图

第四步：网络规划

根据客户需求，在实施前，需对以下几点进行规划：

- 网络拓扑。
- 设备 IP 地址。
- 无线用户 IP 地址。
- SSID。

根据以上规划，制作并纳入项目实施方案中。确认实施方案时，需要详细了解和确认用户的真实需求，以及应用的背景和环境。制订完善、可靠、可行的规划，同时，引导用户规避一些可能会产生的风险，最终以书面方式确定出实施方案及规划细则。

(1) 组网规划

一般情况下，都是将无线交换机与核心交换机相连，无线交换机为二层网络设备，不支持路由功能，所以无线用户的网关都落在核心交换机。

(2) VLAN 规划

- 用户 VLAN。

划分多个 VLAN 划开广播域。无线用户的 DHCP 最好使用原有 DHCP 或者重新配置一台 DHCP 服务器，不建议使用无线交换机上的 DHCP。

- AP 所用 VLAN。

AP 所用 VLAN 依附在接入交换机，AP 的 DHCP 使用原有的 DHCP。

(3) SSID 规划

- 不同的应用，原则上使用不同的 SSID，出于安全考虑而将 SSID 隐藏时，该 SSID 的命名尽量让人不容易猜出实际的应用。
- 原则上不同的 SSID 都对应不同的 VLAN。
- 对外广播的 SSID 尽量简单明了，让人一看就知道意思。
- SSID 加密。

(4) Radio 规划

信道、功率默认为自动调整。特殊区域发现某信道有严重干扰时，推荐使用手动信道。

(5) 认证规划

- Web 认证。

通常，在热点区域都使用 Web 认证，Web 认证的好处是大大减少了网管人员的工作量。对于无线用户来说，打开 IE 浏览器，输入网址便会弹出认证页面，输入相应的用户名密码即可通过认证。

- MAC 地址。

对于没有 IE 浏览器或者不支持 802.1x 的无线客户端，只能使用此认证方式，例如 WiFi 手机。并且 MAC 地址认证对于无线用户来讲是完全没有感知的，只需要将设备的 MAC 地址输入认证数据库中，无线交换机就会对无线设备的 MAC 地址进行判别。

- 802.1X。

目前有些学校或者企业的高级用户使用此种加密方式，高级的动态密钥具有最高的安全性。

（6）ACL 规划

无线交换机支持基于 MAC、源目的 IP、协议、端口号等的 ACL 策略。可以根据客户的需求调研来灵活配置。

（7）带宽限制、用户间隔离等规划

限制每个用户的带宽，限制整个 SSID 的带宽。

第五步：工程实施

一般的安装顺序是首先安装 AP，然后安装天馈线系统，最后安装无线交换机。

（1）AP 的安装

- AP 位置的确定。

设计 AP 的安装位置时，根据实际情况装在墙上或天花板。AP 必须设定相应的编号，以便以后很直观地找到，例如根据楼名或办公室名来命名 AP。AP 放置位置必须与前期设计位置相符，按照设计图中相对应的位置安装，将相应编号的 AP 安装于设计图中的对应位置。

注：安装在 AP 前，要将 AP 的序列号和对应位置记录下来。

- AP 与网线的连接。

将 AP 的以太网口与网线正确连接，以达到 Power 灯亮为准。从网线安放到 Power 灯亮需要 10 s 左右。如果灯不亮，可能是网线、PoE、AP 出现了问题，需记录相对的 AP 编号再进行排查。

- AP 的安装固定。

与用户协商 AP 的安装位置，一般有放在天花板内、放在天花板外、垂直挂在墙上这几种。如果放在天花板内，信号会有损失，所以，如果是 MP-71，建议在天花板上挖个洞将天线伸出来。

- 天线指向。

具有内置天线的 AP 即 MP-71 和 MP-372 的天线必须垂直于地面。

- AP 安装方式汇总（表 6-12）。

表 6-12 AP 的安装方式

区域	安装方式	设备型号
具有天花板的区域覆盖	在天花板上可以固定的位置上安装相应的 AP 固定件，将 AP 安装于固定件中，使 AP 固定。具有内置天线的 AP，将天花板穿洞，使其天线伸出，并垂直于地面	MP-71
	将 AP 固定件安装在 AP 后端，再使用卡件卡到天花板的龙骨上	MP-422
室内大开阔区域定向覆盖	定向天线：定向为板状，通过安装在墙面上的天线的安装件固定在天线固定件上，固定件需要垂直安装，并使用室内软跳线将 AP 和天线连通。室内软跳线（超柔 0.5 m 连接线 N-A）N 端连接天线一端，A 端连接 AP 指定天线连接端	MP-422 加定向天线（室内）

续表

区域	安装方式	设备型号
室外全向覆盖	全向天线：室外天线为柱状全向天线，通过天线的安装件固定在固定件上。固定件需要安装方定制，垂直安装。 安装室外天线时，需要连接避雷装置，馈线一端连接室外天线，另一端连接避雷器。避雷器再通过室内软跳线和AP连通，避雷器的接地端子应和避雷系统连接。室内软跳线（超柔 0.5 m 连接线 N－A）N 端连接避雷器，A 端连接 AP 指定天线连接端 室外天线的安装还需要做防水处理，连接端的接口需要用防水胶带缠裹。天线下方有一个排水孔，做室外防水处理时，应将此孔留出，不能封住，否则，长期使用后会引起积水而导致天线故障	MP－422 加定向天线（室外）

(2) AP 位置的确定

设计 AP 的安装位置时，根据实际情况装在墙上或天花板。AP 必须设定相应的编号，以便以后很直观地找到，例如根据楼名或办公室名来命名 AP。AP 放置位置必须与前期设计位置相符，按照设计图中相对应的位置安装，将相应编号的 AP 安装于设计图中的对应位置。

(3) 无线交换机的安装

- 无线交换机的安放位置。
- 无线交换机与有线交换机的连接。
- 无线交换的上电。

第六步：检验

方案实施完毕后，对设备工作状态及各项功能进行检验，检验重点如下：

- 设备指示灯状态。
- AP 信号质量。
- SSID 是否可以连接。
- 是否可以正常认证。

第七步：用户培训

方案实施完毕后，需对用户进行现场培训，培训应包括：

- 设计方案介绍。
- 基础知识。
- 操作指南。

第八步：提交实施报告

实施报告应包括方案设计拓扑、方案中规划的 IP 地址、用户 SSID 相关规划、设备密码配置等。

3. 项目验证

使用 Network Stumbler 软件查看具体的 S/R 值，如图 6－69 所示。

建议信号以达到 －75 dBm 以上为标准边界，在 ±5 dBm 范围内浮动。使用系统自带的无线小图标，如图 6－70 所示。

无线移动互联技术

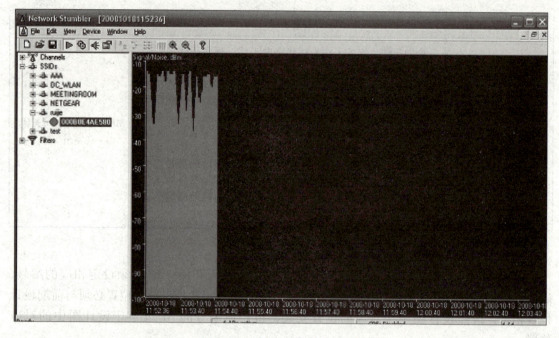

图 6-69　Network Stumbler 软件

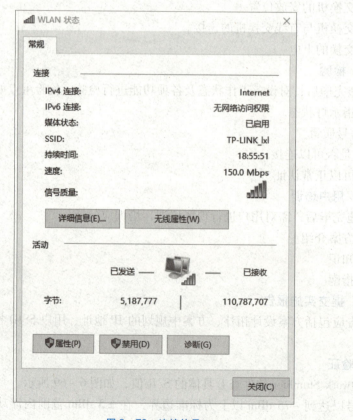

图 6-70　连接信号

建议信号以达到 2 格或以上为标准边界，由于无线终端各有差异，笔记本的无线网卡性能或者网卡驱动会造成此信号格显示不准确，所以此方法只能作为参考。

6.5 项目拓展

6.5.1 理论拓展

1. 建筑平面图可以用_____软件绘制。
2. 到现场绘制草图需要携带_____、_____、笔、纸等设备。
3. 锐捷的放装型 AP 包括 RG – AP320 – I、RG – AP520 – I 和_____型号。
4. 当使用没有 PoE 功能的交换机时，无线 AP 需要由_____模块进行供电。
5. 判断无线信号强度的方法是_____。无线信号强度的单位是_____。

6.5.2 实践拓展

某职业院校新建了一栋学生宿舍，该宿舍楼为走廊型对称布局，每层有房间 12 间，房间入口设有洗漱间，其建筑平面图如图 6 – 71 所示。校方要求尽快完成宿舍无线网络的覆盖，具体要求如下：

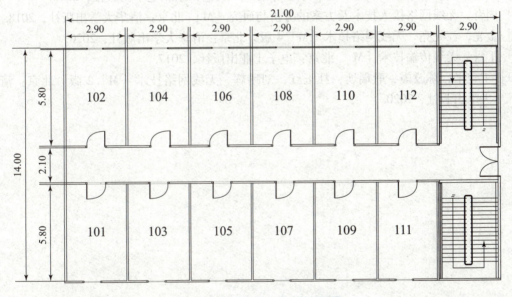

图 6 – 71　职业院校宿舍建筑平面图

（1）实现所有宿舍网接入校园网中。
（2）宿舍楼需实现宿舍内无线高质量覆盖，无线漫游稳定。
（3）101~104 为专升本学生宿舍，要求提供更好的接入带宽。

根据如上要求进行项目的业务规划，包括相应的 VLAN 规划、设备管理规划、端口互联规划、IP 规划、WLAN 规划、AP 组规划、AP 规划、智分型 AP 天线规划等，利用无线地勘软件进行规划与设计，最终输出无线地勘报告。

参 考 文 献

[1] 黄君羡,汪双顶. 无线局域网应用技术[M]. 北京:人民邮电出版社,2019.
[2] 张鹏. 无线网络技术高级教材[M]. 北京:机械工业出版社,2018.
[3] 孙桂芝. 无线组网技术[M]. 北京:机械工业出版社,2020.
[4] 杨东晓,张锋,冯涛,任晓贤. 无线网络安全[M]. 北京:清华大学出版社,2021.
[5] 大卫·D. 科尔曼(David D Coleman). 无线局域网权威指南[M]. 北京:清华大学出版社,2021.
[6] 黄君羡,欧阳绪彬. WLAN 技术与应用[M]. 大连:东软电子出版社,2018.
[7] 周奇. 无线网络接入技术及方案的分析与研究[M]. 北京:清华大学出版社,2018.
[8] 金光,江先亮. 无线网络技术[M]. 4 版. 北京:清华大学出版社,2020.
[9] 丁丹. 无线传输技术[M]. 北京:电子工业出版社,2017.
[10] 王建平,陈改霞,耿瑞焕,杜玉红,刘鹏辉. 无线网络技术[M]. 2 版. 北京:清华大学出版社,2020.